工业自动化 技术丛书

U0187167

ROS ROBOT PROGRAMMING
PRACTICAL INTRODUCTION

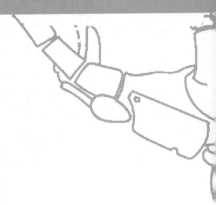

ROS机器人编程零基础
入门与实践

刘伏志　朱有鹏◎著

机械工业出版社
CHINA MACHINE PRESS

本书是针对 ROS（机器人操作系统）初学者的入门教程，内容聚焦于 ROS 的使用和开发。以 Ubuntu 操作系统安装和使用为起点，依次介绍了 ROS 安装、实体/仿真机器人搭建、机器视觉、SLAM 建图、导航、多机器人系统等知识，最终引导读者独立完成机器人应用开发的任务。本书中的实验环境和代码基于 ROS 的 Noetic 版本。

本书为读者提供了全部案例源代码和学习资料，读者可以直接扫描二维码下载。

本书适合 ROS 用户及其编程开发人员使用，也可以作为高等学校或培训学校相关专业的参考教材。

图书在版编目（CIP）数据

ROS 机器人编程零基础入门与实践 / 刘伏志，朱有鹏著. —北京：机械工业出版社，2022.11（2024.8 重印）
（工业自动化技术丛书）
ISBN 978-7-111-71691-4

Ⅰ. ①R… Ⅱ. ①刘… ②朱… Ⅲ. ①机器人-操作系统-程序设计
Ⅳ. ①TP242

中国版本图书馆 CIP 数据核字（2022）第 179098 号

机械工业出版社（北京市百万庄大街 22 号 邮政编码 100037）
策划编辑：汤 枫 责任编辑：汤 枫
责任校对：张艳霞 责任印制：李 昂

北京捷迅佳彩印刷有限公司印刷

2024 年 8 月第 1 版 • 第 4 次印刷
184mm×260mm • 16.25 印张 • 399 千字
标准书号：ISBN 978-7-111-71691-4
定价：99.00 元

前　言

随着科技的发展，机器人已经从科幻小说走进了人们的日常生活中，如房间里用来清洁地板的扫地机器人，餐厅中穿梭往来送餐的服务机器人，商场中引导顾客的引导机器人，园区中配送快递的无人快递配送车，道路上的自动驾驶汽车等。伴随而来的是行业对于机器人相关技术人才的需求愈加旺盛。而面对着功能各异、形态千差万别的机器人，它们之间有着什么差异？有着什么共性？应该从哪里开始了解它们？怎样才能掌握机器人开发相关的技术？

机器人操作系统（Robot Operating System，ROS）就是一个很好的入手方向，ROS 是一套应用于机器人开发的软件框架，最初应用于科学研究领域，由于其强大的功能、开源的特性和良好的社区环境，逐渐被越来越多的商业公司应用到产品开发中。ROS 经过了多年的发展，已经成为机器人行业的事实标准。

提到 ROS 的学习，人们最常听到的一个说法是"学习曲线很陡峭"，这是指 ROS 在入门学习阶段比较艰难。而结合相关的学习经验和众多学生的反馈，可以发现导致 ROS 学习入门难的几个原因如下：

第一，ROS 目前主流使用的操作系统平台为 Linux 操作系统的发行版，例如 Ubuntu，而多数非计算机专业的学生在此前并没有了解过 Linux 操作系统，加上 Linux 中的主要操作都是通过终端命令行输入指令完成的，和日常广泛使用的 Windows 操作系统依赖图形化界面的操作方式有很大的区别，这就导致了很多用户没法熟练地使用，而 Linux 操作系统是 ROS 运行的基础环境，不能熟练使用必然会给 ROS 的学习带来很大的阻碍。

第二，对于 ROS 中常用的工具掌握不熟练，甚至不知道有这些工具的存在，正所谓"工欲善其事必先利其器"，而"利其器"的前提则是"知有器"，ROS 为开发者提供了很多用于调试和诊断问题的工具，每种工具有各自擅长分析和解决的问题，不会灵活地使用各类工具来辅助机器人的开发和调试，必然会极大地影响开发和学习的效率。

第三，目前很多 ROS 相关的教程是基于仿真软件或者一款特定的机器人硬件而展开的，对于仿真软件中的机器人与实体机器人之间的区别和联系，以及怎样去移植和适配，并没有做出很好的阐述，这就使用户在学习完成后想要搭建自己的机器人平台或者将教程中的软件移植到其他机器人平台上时存在一定的难度。

第四，现在已经有很多个人或组织开源了自己所开发的 ROS 功能包软件并配套了详细的使用教程，初学者可以根据文档或视频教程去运行这些软件实现相应的功能，或者基于开源的软件做一些修改来快速实现自己的功能，但是当初学者想要实现一些新的功能，并且没有现成的开源软件可以参考时就会无从下手。究其原因是对 ROS 的编程思想缺乏了解，开源的软件通常只是给出了一套实现功能的代码和使用教程，但是对于功能实现的分析过程和思路却鲜有提及，即告诉了"怎么做"但没有告诉"为什么这样做"。

针对以上几个问题，本书在内容选取和结构编排上做了一些针对性的设计。

第 1 章为学习 ROS 必备的 Linux 知识，介绍 Linux 操作系统的安装、使用，为后面在 Linux 中使用 ROS 打下基础。

第 2 章为认识 ROS，介绍 ROS 的安装，梳理 ROS 中众多概念的联系，通过官方提供的例程来熟悉各种工具的使用。

第 3 章为 ROS 编程基础，介绍 ROS 开发环境的搭建和编程的基本方式，巩固第 2 章中的 ROS 概念和工具知识点。

第 4 章为 ROS 机器人平台搭建，介绍 ROS 机器人的主要构成部件和选型参考，以及组建一套可以用于开发学习的机器人。

第 5 章为机器人仿真环境搭建，介绍在机器人仿真软件中搭建机器人仿真平台以及与实体机器人和仿真环境中机器人的区别与联系，为第 6、7、8 三个章节中的机器人例程运行做准备。

第 6 章为 ROS 中的 OpenCV 和机器视觉，介绍机器人中的机器视觉，机器视觉是目前机器人研究中一个重要的组成部分，本章介绍 ROS 和 OpenCV 结合方法以及经典的机器视觉实验。

第 7 章为激光雷达 SLAM 建图和自主导航，介绍机器人使用激光雷达完成 SLAM 构建地图和在地图中导航的实验。

第 8 章为 ROS 多机器人系统，介绍该系统的搭建和控制。

第 9 章为自己编写程序控制机器人，结合实例分析 ROS 机器人应用开发的思路，以及相关 API 接口的查找、使用方法，并编写代码来实现相应功能。

由于作者水平有限，书中难免有疏漏之处，敬请读者批评指正。

作　者

二维码清单

名　称	图　形	名　称	图　形
1-1　软件安装包		1-2　镜像文件（1）	
1-3　镜像文件（2）		1-4　镜像文件（3）	
1-5　balenaEtcher 软件下载		1-6　Win32 Disk Imager 软件下载	
2-1　功能包 bingda_tutorials		3-1　VSCode 安装包	
4-1　Nano 系列机器人控制器硬件及源码		4-2　PuTTY 软件下载	
4-3　base_control 功能包		5-1　Stage 仿真器仿真环境功能包	
5-2　模型库		5-3　仿真功能包	
6-1　功能包 robot_vision		6-2　摄像头功能包	
6-3　功能包 opencv_apps		7-1　功能包源码 lidar	
7-2　功能包源码 robot_nav-igation		7-3　gmapping 说明	

名　　称	图　形	名　　称	图　形
7-4　hector_mapping 说明		7-5　slam_karto 说明	
7-6　move_base 说明		7-7　amcl 说明	
7-8　nav_core 说明		7-9　pluginlib 开发说明	
7-10　teb_local_planner 说明		7-11　global_planner 说明	
7-12　costmap_2d 说明		8-1　功能包源码 multi_robot	
9-1　示例代码			

目　　录

第 1 章　学习 ROS 必备的 Linux 知识

1.1　Linux 操作系统介绍

Linux 是一款广受开发者欢迎的操作系统，伴随 Linux 一起出现的有 UNIX、内核、操作系统、Ubuntu、发行版等名词，本节从 Linux 的发展历史和部分计算机概念定义的角度，梳理 Linux 以及经常伴随它一起出现的名词之间的关系。

1.1.1　Linux 的诞生

计算机是由 CPU、内存、硬盘等硬件所组成的，为了有效地驱动和管理这些硬件资源，并且利用这些硬件资源来运行软件，实现需要的功能，需要一套软件来管理硬件并提供软件开发接口，这样的软件就是操作系统，而 Linux 就是这样一个操作系统。常见的个人计算机操作系统除了 Linux 操作系统外，还有微软的 Windows、苹果的 macOS，另外手机上运行的 Android、iOS、HarmonyOS 也属于操作系统。

在 Linux 诞生之前，已经有过很多开发操作系统和统一计算机软件标准的尝试，其中一些项目对 Linux 的发展有着深远的影响，见表 1-1。

表 1-1　对 Linux 发展有着重大影响的事件

年　份	事　件
1965 年前后	贝尔实验室（Bell）、麻省理工学院（MIT）及通用电器（GE）共同发起了 Multics 计划，旨在让大型计算机可以提供多个终端机联机使用，解决主机少、用户多、需要排队等待使用的问题
1969 年	Multics 项目进度落后，资金短缺，贝尔实验室退出该计划，同年，贝尔实验室成员肯·汤普森（Ken Thompson）根据 Multics 计划中的经验使用汇编语言编写了一个小的操作系统 Unics
1973 年	Unics 在贝尔实验室内部大受欢迎，丹尼斯·里奇（Dennis Ritchie）开发出了 C 语言，并和肯·汤普森共同使用 C 语言重新编写了 Unics 的核心，命名为 UNIX，并提供了源代码，所以快速地在学术界流行起来
1979 年	美国电话电报公司（AT&T）出于商业考量，决定收回 UNIX 的版权，从第 7 版 UNIX（System V）开始不再提供源代码，同时也是在这个版本开始支持 x86 架构的个人计算机系统（注：AT&T 是贝尔实验室的母公司）
1984 年	理查德·马修·斯托曼（Richard Mathew Stallman）发起 GNU 计划，旨在建立一个自由、开放的 UNIX 操作系统（Free UNIX），但是初期 GUN 计划仅有斯托曼一个人在运作，开发操作系统对于一个人来说工作量过于庞大，所以他转而去开发 UNIX 软件，其中很多软件直到现在依然在使用，例如 C 语言编译器 GNU C Compiler（gcc）、终端 bash
1985 年	为了避免 GNU 所开发的自由软件被其他人所利用而成为专利软件，理查德·马修·斯托曼与律师草拟了有名的通用公共许可证（General Public License，GPL）协议，GPL 协议对后世的开源软件和开源协议有着深远的影响
1986 年	由于 UNIX 不再提供源代码对学术界和高校的教学产生了严重的影响，安德鲁·塔南鲍姆（Andrews Tanenbaum）教授于 1984 年开始决定编写一个和 UNIX 兼容的操作系统，为了避免版权纠纷，他编写的操作系统没有直接引用 UNIX 的源代码，并在 1986 年完成，取名为 Minix
1988 年	为了维护各种操作系统之间的软件接口的兼容性，电气与电子工程师协会（IEEE）发布了 POSIX（Portable Operating System Interface）标准，规范了操作系统内核与应用程序之间的接口，这意味着有了一套标准来规范操作系统和软件的开发

林纳斯·托瓦兹（Linus Torvalds）是芬兰赫尔辛基大学计算机科学专业的一名学生，他在接触到 Minix 系统后认为这是一个很优秀的操作系统，但是由于塔南鲍姆教授设计 Minix

的目的是教学，重点是讲授操作系统原理等知识，并不愿意做很多功能层面的改进，所以林纳斯决定参照 Minix 操作系统的设计理念和代码自己动手来实现一个操作系统。

　　1991 年，林纳斯独立完成了第一个公开的 0.02 版本，在完成最初的版本后，林纳斯选择公开了自己源代码，并在 Minix 的网络论坛（BBS）中发布了一条消息，如图 1-1 所示，邀请其他开发者尝试和完善自己的操作系统。

Hello everybody out there using minix-
I'm doing a (free) operation system (just a hobby,
won't be big and professional like gnu) for 386(486) AT clones.

I've currently ported bash (1.08) and gcc (1.40),
and things seem to work. This implies that i'll get
something practical within a few months, and I'd like to know
what features most people want. Any suggestions are welcome,
but I won't promise I'll implement them :-)

图 1-1　林纳斯 BBS 消息原文

　　由于当时存放源代码的文件夹名称为 Linux，所以大家便把这个操作系统称为 Linux。彼时的 Linux 系统仅仅只能运行在英特尔 i386 处理器平台上，功能也很简陋，除了完成对硬件的驱动外，只实现了 BASH、GCC 等少数几个软件的运行。但这仅仅只是一个开始，Linux 即将开启属于它自己的时代。

　　得益于林纳斯最初选择的开源路线以及互联网技术的成熟，众多的开发者远程通过网络加入到 Linux 的开发中来，共同为 Linux 的开发贡献自己的力量，同时 Linux 在诞生伊始就确定了自己兼容 UNIX 的基本路线，所以设计上是参考标准的 POSIX 规范。最终在 1994 年完成了第一个正式版的 Linux 内核：Version 1.0。并于 1996 年完成了 2.0 版本，同年确立了企鹅 Tux 作为 Linux 的吉祥物（见图 1-2）。2000 年，非营利性的联盟 Linux 基金会成立，致力于促进 Linux 的发展。

　　值得一提的是，Linux 内核现在的开发模式依然是最初采用的众多开发者远程协作共同开发的模式。

图 1-2　Linux 吉祥物企鹅 Tux

1.1.2　Linux、UNIX、系统、内核和发行版

　　UNIX 作为现代操作系统的开山鼻祖，启发了后续一众操作系统的开发，其中就包括了 Linux。对于这种受到 UNIX 影响并且和 UNIX 系统有一定的兼容性，但没有直接引用 UNIX 源码的操作系统，人们称为"类 UNIX"（UNIX-like）操作系统，Linux 就属于类 UNIX 系统。

　　严格来说，当时林纳斯开发的 Linux 并不是一个完整的操作系统，而是一个操作系统内核。

　　操作系统（Operating System，OS）是一组主管并控制计算机操作、运用和运行硬件与软件资源，以及提供公共服务来组织用户交互的相互关联的系统软件程序，同时也是计算机系统的基石。操作系统需要处理如管理与配置内存、决定系统资源供需的优先次序、控制输入与输出设备、操作网络与管理文件系统等基本事务。操作系统也会提供一个让用户与系统交互的操作界面。

　　内核（Kernel，又称为核心）在计算机科学中是一个用来管理软件发出的 I/O（输入与

输出）请求的计算机程序，它将这些要求转译为数据处理的指令并交由中央处理器（CPU）及计算机中其他电子组件进行处理，是现代操作系统中最基本的部分。它是为众多应用程序提供对计算机硬件的安全访问的一部分软件，这种访问是有限的，并由内核决定一个程序在什么时候对某部分硬件操作多长时间。直接对硬件操作是非常复杂的，所以内核通常提供一种硬件抽象的方法，来完成这些操作。有了这个方法，通过进程间通信机制及系统调用，应用进程可间接控制所需的硬件资源（特别是处理器及 I/O 设备）。

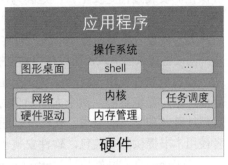

图 1-3　操作系统和内核

根据以上定义，可以知道操作系统内核是操作系统的一个组成部分（见图 1-3）。

林纳斯开发的和 Linux 基金会目前维护的就是 Linux 操作系统内核。而一个单独的操作系统内核对用户来说是没法使用或者说没有太大的使用价值的，通常还需要和一些应用软件例如 shell、图形桌面等一起使用，而这样一个将 Linux 内核和应用软件打包在一起的操作系统就称为 "Linux 发行版"。

目前的 Linux 发行版已经有超过百种，每种有着各自的特点和擅长的领域，比较知名的有 Debian、Ubuntu、CentOS 等，其主要的区别在于预装的软件和软件包管理方式不同。

发行版在继续做修改和打包后同样也还是 Linux 发行版。例如基于 Ubuntu 使用轻量级 MATE 桌面的 Ubuntu MATE。

本书采用目前对 ROS 支持最为完整的 Ubuntu 作为操作系统，机器人端的嵌入式主机上使用 Ubuntu MATE。图 1-4 所示，依次为 Debian、Ubuntu 和 Ubuntu MATE 的 Logo。

图 1-4　几款 Linux 发行版 Logo

1.2　Ubuntu 环境搭建

本节介绍在 Windows 操作系统中安装虚拟机软件、在虚拟机软件中的运行方式、安装 Ubuntu 操作系统的方式以及搭建 Ubuntu 操作系统环境作为开发实验环境。

1.2.1　VMWare 的安装使用

计算机上安装 Ubuntu 操作系统通常有两种方式，一种是通过启动引导将操作系统安装到计算机的硬盘中（下文称为原生安装），另外一种是通过在已有的操作系统中安装虚拟机软件，在虚拟机软件中安装操作系统。

这两种方式各有优缺点，原生安装的方式可以完全发挥计算机的性能，对外部设备的连接支持更好，但是目前国内主流使用的操作系统是 Windows，Ubuntu 日常使用时在软件支持等问题上还是有所欠缺，所以需要准备一台计算机专门用于安装 Ubuntu 操作系统或者在已经安装了 Windows 操作系统的计算机上对硬盘做分区，使用一个专门的硬盘分区来安装双系统。不过即使是安装了双系统，同一时间依然只能使用一个操作系统，切换操作系统需要重新启动计算机，这对于日常使用来说并不太方便。

然而对于通过虚拟机的方式，因为虚拟机只是一个运行在 Windows 下的软件，所以可以同时使用 Windows 和虚拟机中的操作系统。此外虚拟机软件不会对计算机的硬盘做分区等操作，安装过程更安全。但是因为使用了虚拟化技术，所以性能上相比原生安装会有一定的损失，并且对一些高通信带宽的外部设备连接支持不是很好。

为了使读者能够拥有一个统一的实验环境，并且本书中的各项操作没有高性能和高通信带宽外部设备接入的需求，所以使用虚拟机的方式来安装 Ubuntu 操作系统。

虚拟机软件使用 VMware Workstation 15 Player，这一软件主要用于非商业用途，是免费的，对个人用户学习比较友好，而且也比较稳定，能满足后续开发和学习的需求。软件可以通过 VMWare 官方网站下载获取，或者使用本书提供的安装包，软件安装包可扫描二维码 1-1 下载。

1-1 软件安装包

VMWare 官方网站地址为https://www.vmware.com/cn/products/workstation-player.html。

打开网页会有软件相关介绍，单击"立即下载"按钮即可跳转到下载页面。跳转后页面如图 1-5 所示，右上角可以选择网页语言为中文，左上角选择主版本号，推荐使用 15.0 版本。

图 1-5 下载 VMware Workstation Player 页面

选择完成后单击"转至下载"按钮就可以进入下载产品页面，在图 1-6 所示页面中可以选择更详细的版本号，推荐选择 15.5.7 版本，选择完成后单击 for Windows 版本的"立即下载"按钮开始下载软件安装包。

图 1-6 下载产品页面

下载完成后打开"VMware-player-15.5.7-17171714.exe"安装包文件开始安装，根据系统提示按照步骤安装即可。

安装完成后即可运行 VMware Workstation 15 Player（下文中简称为 VMware），运行界面如图 1-7 所示，接下来可在 VMware 中安装 Ubuntu 操作系统。

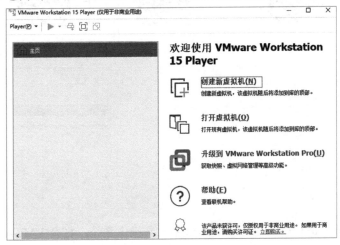

图 1-7　VMware Workstation 15 Player 运行界面

1.2.2　安装 Ubuntu 系统

在安装操作系统前，首先需要获取 Ubuntu 操作系统的镜像文件，这里推荐 Ubuntu 桌面系统（Ubuntu Desktop），即包含了图形化桌面，系统版本选择"Ubuntu 20.04.2.0 LTS"。

Ubuntu 通常每 6 个月发布一个新版本，版本命名方式为发布的"年份.月份"，例如 20.04.2.0 即发布于 2020 年 4 月，后面的 2.0 为小幅度升级或 bug 修复所产生的版本号，通常在描述版本时只说明前 4 位，即 20.04。

LTS（Long-Term Support）意为"长期支持"，一般为 5 年，例如 20.04 将提供免费安全和维护更新至 2025 年 4 月。LTS 版本通常为 2 年发布一次新版本，例如 20.04 之前的一个 LTS 版本是 18.04。注意：LTS 版本是描述一个版本的支持周期，并非一个分支版本，例如 20.04 为 LTS 版本，没有 20.04 非 LTS 版。

Ubuntu 除了有版本号外，还会有一个开发代号，开发代号通常为"形容词"+"动物"的命名方式，后文在软件安装时会涉及开发代号，这里以三个开发代号为例，见表 1-2。

表 1-2　Ubuntu 其中三个 LTS 版本和开发代号

版　　本	开发代号	中文译名
16.04	Xenial Xerus	好客的非洲地松鼠
18.04	Bionic Beaver	仿生的海狸
20.04	Focal Fossa	焦点的马岛长尾狸猫

Ubuntu 20.04 镜像可以扫描二维码 1-2～二维码 1-4 或者通过 Ubuntu 官方网站下载，Ubuntu 20.04 镜像下载地址为https://cn.ubuntu.com/download/desktop。网页如图 1-8 所示，单击"下载"按钮即可开始下载系统镜像文件。这个页面通常提供的是最新的 LTS 版本下载，

如果打开时显示的不是 20.04 版本，可以通过"下载"按钮下方的"其他下载"在历史版本列表中选择 20.04 版本。

1-2 镜像文件（1）

1-3 镜像文件（2）

1-4 镜像文件（3）

图 1-8　Ubuntu 20.04 镜像下载页面

　　镜像文件下载完成后就可以在 VMware 中安装操作系统，打开 VMware 软件，单击"创建新虚拟机"按钮。在弹出的窗口（见图 1-9）中选择"稍后安装操作系统"，单击"下一步"，在弹出的窗口（见图 1-10）中选择客户机操作系统为"Linux"，版本选择"Ubuntu"，单击"下一步"按钮，在弹出的窗口（见图 1-11）中编辑虚拟机名称（例如 Ubuntu20.04 learning）和虚拟机文件存放位置。单击"下一步"按钮，在弹出的窗口（见图 1-12）中设置磁盘大小，使用默认设置就可以了，后期有更大容量需求时可以继续扩充，单击"下一步"按钮，在弹出的窗口（见图 1-13）中自定义硬件设置，使用默认配置即可，单击"完成"按钮结束虚拟机配置。

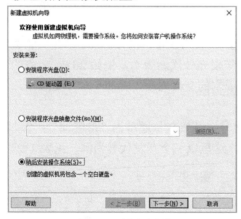

图 1-9　创建虚拟机

图 1-10　选择系统类型

　　虚拟机配置完成后 VMware 软件会退回到主页面（见图 1-14），左侧的虚拟机列表中会出现刚刚创建的虚拟机。单击"Ubuntu20.04 learning"选中虚拟机，然后单击右下角"编辑虚拟机设置"按钮，在弹出的窗口（见图 1-15）中单击左侧的"CD/DVD(SATA)"选项，在右侧选择"使用 ISO 映像文件"，然后单击"浏览"，在弹出的文件管理器中找到刚下载的操作系统镜像文件打开，然后单击"确定"按钮退出设置。

图 1-11　设置虚拟机名称

图 1-12　配置虚拟机硬盘大小　　　　　图 1-13　自定义虚拟机硬件

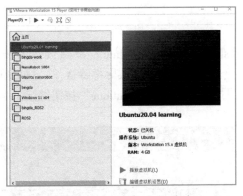

图 1-14　VMware 主页面　　　　　　图 1-15　选择操作系统镜像文件

　　设置完成后 VMware 软件会退回到主页面（见图 1-14），单击"Ubuntu20.04 learning"选中虚拟机，单击"播放虚拟机"按钮开始安装系统。安装过程中会先校验系统镜像文件（见图 1-16），校验通过后会进入安装界面（见图 1-17），左侧语言推荐选择"English"，然后单击"Install Ubuntu"按钮，选择键盘布局界面（见图 1-18）中选择"English(US)"，然后单击"Continue"按钮，在配置升级选项（见图 1-19）中选择"Normal installation"，下方的"Other options"中两个选项都不要选中，否则会从国外的服务器去下载一些更新和软件驱动,耗费大量的时间,设置完成单击"Continue"按钮。

图1-16 校验镜像文件

图1-17 安装界面

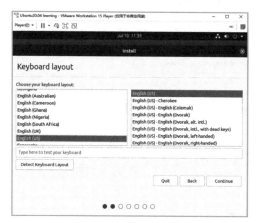

图1-18 选择键盘布局

图1-19 配置升级选项

在安装类型中(见图 1-20)选择"Erase disk and install Ubuntu"擦除硬盘并安装 Ubuntu。不要担心,这是在虚拟机环境中操作,不会对计算机硬盘做实际擦除操作。然后单击"Install Now"按钮,在弹出的确认安装窗口中(见图1-21)单击"Continue"按钮继续。

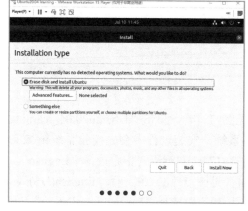

图1-20 安装类型

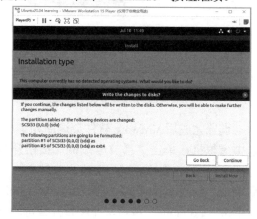

图1-21 确认安装

在时区设置界面中（见图 1-22）单击地图中中国的位置设置时区，然后单击"Continue"按钮继续，在用户名、密码设置界面中（见图 1-23）设置用户名、计算机设备名、密码和登录方式，例如用户名为"bingda"，设备名为"bingda-pc"，密码为"bingda"，登录方式为"Log in automatically"，单击"Continue"按钮将正式开始安装系统，安装界面如图 1-24 所示。

图 1-22　时区设置

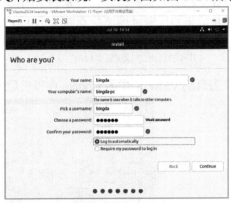

图 1-23　用户名、密码设置

安装用时和计算机性能有关，用时从几分钟到几十分钟不等。安装完成后单击如图 1-25 所示界面中"Restart Now"按钮重启虚拟机。

图 1-24　开始安装

图 1-25　重启系统

重启之后就进入 Ubuntu 系统中了，首次启动会有一些使用指导和用户体验提升计划等（见图 1-26），单击"Skip"按钮跳过即可，接下来就可以开始使用了。

图 1-26　首次启动系统

1.3 Ubuntu 桌面使用

和 Windows、macOS 一样，Ubuntu 也提供了图形化的桌面。虽然不同的操作系统在桌面设计上都有一定的差异，但是基本的操作逻辑是一致的，即使之前没有接触过 Ubuntu 操作系统的用户，通过图形化桌面也可以快速地学会使用操作系统。

1.3.1 Ubuntu 的桌面布局

当启动 VMware 中的 Ubuntu 虚拟机后就默认进入了 Ubuntu 的桌面环境，如图 1-27 所示。

图 1-27 Ubuntu 默认桌面

Ubuntu 的桌面环境和 Windows 的桌面环境在布局上略有差异。桌面左侧是程序坞（Dock），用于放置常用的软件，左键单击即可打开对应的软件，右键单击可以调出菜单，对软件进行操作或者加入/移出 Dock 等操作。

左下角的 9 个点图标是软件列表，左键单击后可以显示软件列表，如图 1-28 所示。可以从软件列表中启动需要的软件，如果列表中没有显示需要的软件，可以通过上方的搜索框来搜索。

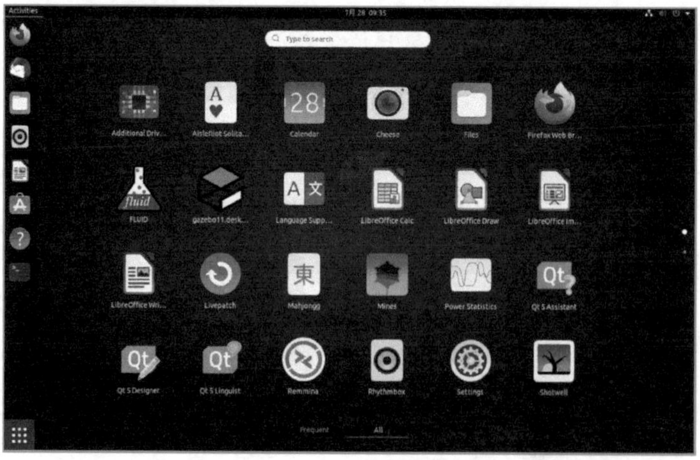

图 1-28 Ubuntu 软件列表

右上角是控制中心，如图 1-29 所示，这里可以快捷地设置网络、音量等，或者执行锁屏、关机、重启等操作。

Ubuntu 桌面操作并不复杂，打开、关闭应用程序，文件管理等设计逻辑和 Windows 没有太大的区别。了解基本的桌面布局后就可以去尝试 Ubuntu 中的各种功能操作练习，尽快熟悉桌面环境的操作。

图 1-29　Ubuntu 控制中心

1.3.2　安装 VMware Tools 工具

在使用 VMware 作为虚拟机软件运行 Ubuntu 时，有一个工具是非常有用的，那就是 VMware Tools，这是 VMware 提供的一个跨系统工具，安装之后可以实现 Windows 和 Ubuntu 之间的互相复制粘贴文本、文件，随窗口大小自动调整分辨率功能。

VMware Tools 的安装需要借助一些终端中的命令操作，读者只需要按照下面的步骤操作即可，暂不需要了解相关指令的含义，如果感兴趣可以在看完 1.4 节后再回看这一节中的相关命令操作。

选择 "Player" → "管理" → "安装 VMware Tools" 选项，如图 1-30 所示。

单击后 Ubuntu 中会提示插入了光盘，这是一个虚拟的光盘驱动，打开文件管理器，如图 1-31 所示，单击 "Vmware Tools" 光盘，将光盘中的压缩包文件复制到 "Desktop" 目录中。

然后在 "Desktop" 目录中解压压缩包文

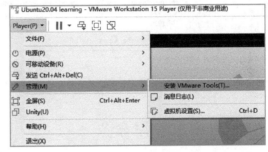

图 1-30　安装 VMware Tools

件，如图 1-32 所示。打开解压产生的目录，进入 "vmware-tools-distrib" 目录下，空白处单击右键，选择 "Open in Terminal" 选项打开一个终端（见图 1-33）。

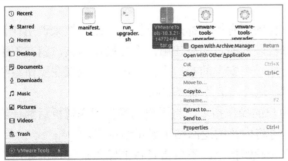

图 1-31　VMware Tools 光盘

图 1-32　解压压缩包

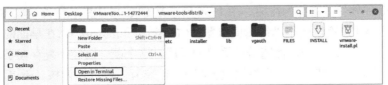

图 1-33　进入软件安装包目录

在终端中输入"sudo ./vmware-install.pl", 然后输入用户密码, 在终端中输入密码时终端不会显示输入的内容, 终端中显示内容不会有变化, 正常输入即可, 后文中涉及终端中输入密码时读者需要注意这一点。

输入完密码按〈Enter〉键确认即可开始安装。这时终端中会提示是否确认安装(见图 1-34), 默认选项是 no, 需要手动输入 yes 然后按〈Enter〉键。接下来, 所有需要用户选择的提示直接按〈Enter〉键就可以了。

```
bingda@vmware-pc:~/Desktop/VMwareTools-10.3.21-14772444/vmware-tools-distrib$ su
do ./vmware-install.pl
open-vm-tools packages are available from the OS vendor and VMware recommends
using open-vm-tools packages. See http://kb.vmware.com/kb/2073803 for more
information.
Do you still want to proceed with this installation? [no] yes
```

图 1-34   确认安装提示

出现图 1-35 所示的提示即为安装完成, 现在可以删除"Desktop"目录下的压缩包和解压产生的目录, 并在"回收站"(Trash)中清空删除的文件。重启虚拟机软件后 VMware Tools 工具生效。

```
Found VMware Tools CDROM mounted at /media/bingda/VMware Tools. Ejecting device
/dev/sr0 ...
Enjoy,

--the VMware team
```

图 1-35   安装完成提示

1.4   shell 和常用命令

在 Linux 系统中, 相比于图形桌面, 更多的是通过命令行来操作。本书中使用的 Ubuntu 系统也不例外, 熟练使用命令是熟悉 Ubuntu 系统使用中的一个重要且必需的环节。

1.4.1   shell、终端和命令

通过 1.1.2 节可以知道, 计算机所执行的所有操作都是通过操作系统内核来调用计算机的硬件完成的。但是内核是直接操作计算机硬件的, 如果让用户直接操作内核, 稍有不慎就可能导致计算机宕机甚至损坏。所以就需要一个安全的接口来操作内核, 就像在操作系统的"核"之外再裹上一层"壳"来保护"核", 这个"壳"就是 shell。

shell 是一类专门的程序, 用于接收用户的操作指令, 将用户的操作指令解析后翻译给内核去处理, 如果内核处理后有返回结果, 再将内核的返回结果展示给用户。

但是 shell 只是负责接收和解析用户的操作指令, 不负责具体的输入过程, 例如用户通过键盘输入指令, 键盘按键按下之后, 捕获字符还需要其他软件来实现。实现从用户接收输入后交给 shell 的软件, 就称为终端。图 1-36 所示是 Ubuntu 中默认的终端软件 Terminal。

终端更严谨地说应该叫作"终端模拟器"(Terminal Emulator), 在早期的计算机中, 有一个硬件终端用于输入指令, 而随着计算机的发展, 这个硬件已经不复存在了。现在的"终端"是通过将自己"伪装"成一个终端设备和 shell 交互。硬件、内核、shell 和终端之间的关系如图 1-37 所示。

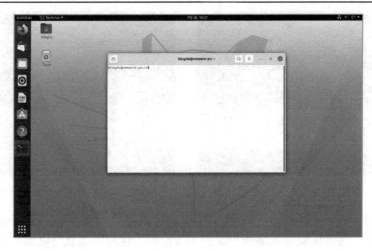

图 1-36　Terminal 软件

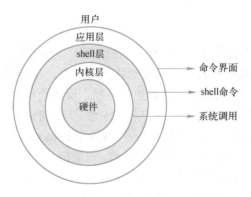

图 1-37　硬件、内核、shell 和终端关系

　　shell 是独立于内核之外的，那么它在操作系统中实现的方式也就可以是不唯一的，目前比较常见的有 bash（Bourne-Again shell）和 zsh（Z shell）两款软件，其中 bash 是 Ubuntu 中默认的 shell。而在终端中所输入的用于控制操作系统的内容就是命令。终端、shell、bash、命令各自的功能见表 1-3。

表 1-3　终端、shell、bash、命令各自的功能

名　　称	功　　能
shell	一个处理用户请求的工具，并不是某一款具体的软件，而是这一类软件的总称，它负责解释用户输入的命令并发送给内核处理，同时接收内核返回的处理结果并输出
bash	一款实现 shell 功能的软件，是 Ubuntu 中的默认 shell
终端	捕获用户输入的内容，交给 shell 处理，并显示 shell 的输出内容
命令	shell 可以接收的用于控制操作系统的指令

　　在 Ubuntu 中使用打开终端常用有两种方式。

　　第一种方式可以通过单击桌面左下角的 9 个点图标调出软件列表，如图 1-38 所示。搜索栏中输入"terminal"搜索终端软件，图 1-39 所示出现 Terminal 软件后单击即可打开。

　　第二种方式可以通过快捷键〈Alt+Ctrl+T〉快速地打开 Terminal 软件。

图 1-38　程序搜索栏

图 1-39　Terminal 软件

两种方式打开终端效果是一致的，打开后可以通过右键单击 Terminal 图标，选择"Add to Favorite"将图标固定在桌面左侧的 Dock 栏，这样下次就可以很方便地直接单击打开，如果需要新开一个窗口，可以右键单击"New Window"新开一个终端窗口。

1.4.2　常用 shell 命令

在 shell 命令的实验中会涉及一些文件系统的知识，文件系统将在 1.7 节展开说明，这里只需要知道 Linux 文件系统中最顶层的目录称为根目录，根目录的名称为"/"，即斜杠符号。Linux 中所有以"/"开头的路径都是绝对路径，反之是相对路径。"～"代表的是当前用户的主目录，它的绝对路径是/home/用户名（注意，这里的第一个'/'符号代表的是根目录），对于实验中的"bingda"用户来说，'～'等价于/home/bingda。

打开终端后看到的是类似如图 1-40 所示的内容，这就是命令提示符，出现命令提示符意味着用户可以输入命令了。

命令提示符中前一个"bingda"是当前用户名，后一

> bingda@bingda-pc:~$

图 1-40　命令提示符

个"bingda-pc"是计算机的设备名，"～"表示当前的工作目录，即当前用户主目录，"$"表示当前为普通用户（注：普通用户相对的是超级用户，这部分内容将在 1.8 节中介绍）。

Linux 中 shell 命令的基本格式为"命令 [选项] [参数]"，其中命令是必须要有的，而选项和参数，根据命令的不同，可以有 0 个或多个，同一个命令，带不同的选项和参数可以产生不同的结果。下面列举了一些常用命令的功能和用法，希望读者可以根据本节内容在Ubuntu 中操作以加深印象。

（1）ls　ls 为英文"list"的缩写，功能为显示指定工作目录下内容。

该命令常用参数见表 1-4。

表 1-4　ls 命令常用参数

参　　数	功　　能
-a	显示所有文件，包括以'.'号开头的隐藏文件
-l	显示文件属性，包括大小、日期、权限信息等
-R	将当前目录下的文件中的子文件展开显示

实验：尝试在终端中输入以下命令。

ls 为显示当前目录下文件。

ls -a 为显示当前目录下所有文件。

ls -l 为显示当前目录下所有文件属性。

ls -R 为显示当前目录下所有文件及其主目录。

ls -al 为显示当前目录下所有文件属性。

ls /sys 为显示/sys 目录下文件。

ls -l /sys 为显示/sys 目录下文件属性。

（2）pwd　显示当前工作路径，是"print work directory"的首字母缩写。

pwd 的用法很简单，直接使用 pwd，不带任何参数，即可显示当前所在目录。

实验：尝试在终端中输入命令 pwd。

（3）cd　切换目录，是"change directory"的首字母缩写。

该命令常用参数见表 1-5。

表 1-5　cd 命令常用参数

参　　数	功　　能
无参数	跳转到当前用户主目录，等价于 cd~和 cd /home/bingda
绝对路径	跳转到路径所对应的目录中
相对路径	
..	跳转到上一层目录
–	跳转到上一次的目录

实验：尝试在终端中输入以下命令。

cd ~为跳转到当前用户主目录。

cd /home/bingda 为通过绝对路径跳转到当前用户主目录（bingda 为当前用户名）。

cd 为默认跳转到当前用户主目录（无参数），以上三条命令实际效果是相等的。

cd Desktop 为通过相对路径跳转到当前目录下的 Desktop 目录中。

cd ..为跳转到上一级目录。

cd ../..为跳转到上一级的上一级目录，即上两级。

cd –为跳转到上次的目录，即上次执行 cd 命令时的目录。

（4）〈Tab〉键自动补全　通过〈Tab〉键可以自动补全命令、路径等，这是命令行操作中一个非常重要的功能，它不但能提高输入的效率，而且可以有效地避免输入错误的命令名称。

以补全命令为例，只需输入命令的前几个字符，然后按〈Tab〉键，如果当前输入的字符所对应的命令是唯一的，完整的命令会自动在命令行出现；反之则不会自动补全，但是再按一下〈Tab〉键，系统会列出符合当前输入字符的命令列表；如果没有出现列表，则当前输入字符没有对应的命令，需要检查输入部分的正确性。

（5）mkdir　创建目录，是"make directory"的缩写。

该命令常用参数见表 1-6。

表 1-6　mkdir 命令常用参数

参　　数	功　　能
目录名称	在当前目录下创建一个新的目录
路径名称+目录名称	在指定的目录下创建新的目录，路径可以为绝对路径或相对路径
-p	递归地创建目录，即在指定的目录下创建新目录，如果指定的目录不存在，则创建一个该目录

实验：将当前工作目录切换为'～'，尝试在终端中输入以下命令。

mkdir bingda1 为在当前目录下创建一个名为 bingda1 的目录。

mkdir bingda1/bingda2 为在当前目录下的 bingda1 目录中再创建一个 bingda2 目录。

mkdir /home/bingda/bingda1/bingda3 为通过绝对路径在用户主目录下的 bingda1 目录中创建 bingda3 目录。

mkdir -p bingda4/bingda5 在当前目录下的 bingda4 目录中创建 bingda5 目录，如果 bingda4 目录不存在，则创建 bingda4 目录。

（6）touch 修改文件或目录时间属性，或创建一个空文件。

实验：将当前工作目录切换为'～'，尝试在终端中输入以下命令。

ls -l 为获取当前目录下的文件和目录属性，记录 bingda1 目录的时间信息。

touch bingda1 修改 bingda1 目录的时间属性为当前时间。

ls -l 为观察 bingda1 目录的时间属性变化。

touch bingda 为创建一个空文件，名称是 bingda。

打开图形桌面中的文件管理器检查创建效果，确认新创建的 bingda 为文件而非目录。

（7）cp 复制文件或目录，是"copy"的缩写。

cp 需要带的参数稍多，它的命令格式为"cp [参数] 源文件 目标文件"，常用参数见表 1-7。

表 1-7　cp 命令常用参数

参　数	功　能
-r	如果源文件是一个目录文件，则复制目录下所有子目录和文件
-i	如果目标路径下有和目标文件同名的文件，则会提示是否覆盖源文件

实验：将当前工作目录切换为'～'，尝试在终端中输入以下命令。

cp bingda bingda1/ 为指定路径而不指定文件名，则会默认使用原文件名。

cp bingda bingda1/bingda.1 为指定路径和文件名，则会使用指定文件名。

使用文件管理器或者通过 ls 和 cd 命令来检验复制的结果。使用命令的方式时，在检验完成后记得将工作目录切回用户主目录继续下面的实验。

cp bingda1 bingda6 为复制 bingda1 目录到当前目录，并命名为 bingda6，系统会提示 cp: -r not specified; omitting directory 'bingda1'，因为 cp 默认是复制文件，复制目录需要加上 -r 参数。

cp -r bingda1 bingda6 为复制 bingda1 目录到当前目录，并命名为 bingda6，使用文件管理器或者通过 ls 和 cd 命令来检验复制的结果。

（8）mv 移动文件或目录到其他位置，是"move"的缩写。

mv 命令和 cp 命令有点类似，区别在于 cp 的复制是保留源文件的，而 mv 则会删除源文件，另外 mv 移动目录时是不需要传入参数的，常用的参数为 -i，功能同 cp 中的-i 参数。由于 mv 移动后不保留源文件的特性，所以它可以用来实现文件或目录的重命名操作。

实验：将当前工作目录切换为'～'，尝试在终端中输入以下命令。

mv bingda1/bingda bingda1/bingda2/bingda.3 为将 bingda1 目录下的 bingda 文件移动到 bingda1/ bingda2 目录下并命名为 bingda.3。

mv bingda bingda2 为将 bingda 重命名为 bingda2。

mv bingda6 bingda7 为将 bingda6 目录重命名为 bingda7。

使用文件管理器或者通过 ls 和 cd 命令来检验移动和重命名的结果。

（9）rm　删除文件或目录文件，是"remove"的缩写。

该命令常用参数见表 1-8。

表 1-8　rm 命令常用参数

参　数	功　能
-r	如果删除的是一个目录，则删除目录及其子目录和文件
-i	删除前提示用户，需要用户确认方可删除
-f	无视一切限制，强制删除

实验：将当前工作目录切换为"~"，尝试在终端中输入以下命令。

rm bingda.2 为删除 bingda.2 文件。

rm -r bingda7 为删除 bingda7 目录及其子目录和文件。

rm -ri bingda1 为删除 bingda1 目录及其子目录和文件，删除每个文件或目录前需要用户逐一确认，"y"键确认删除，'n'键取消删除并终止当前操作。

touch bingda 为再创建一个 bingda 的空文件。

chmod 444 bingda 为修改 bingda 文件的权限为只读（暂不需要理解这条指令，只需要执行即可，在 1.8 节中会介绍）。

rm bingda：输入本命令后，系统会提示无法删除 bingda 这个文件，因为文件是写保护状态，可以通过加入 -f 参数，即 rm -f bingda，强制删除。

rm -f bingda 为强制删除 bingda 文件。

使用文件管理器或者通过 ls 和 cd 命令来检验移动和重命名的结果，并继续通过 rm 命令删除在之前的练习中创建的其他文件和目录。

（10）clear　该命令为清除屏幕显示。

clear 只有一种用法和功能，即清除当前终端中显示的内容。

实验：尝试在终端中输入命令 clear。

（11）poweroff 关机和 reboot 重启　在 Ubuntu 中除了可以通过图像桌面中的电源按钮来实现关机和重启之外，还可以通过 poweroff 命令来关闭计算机，通过 reboot 命令来重启计算机。

实验：尝试在终端中输入以下命令。

poweroff 执行后计算机将会关机。

reboot 执行后计算机会执行重启操作。

1.5　Ubuntu 安装和卸载软件

操作系统中默认安装了部分常用的软件，例如 1.4 节中使用的终端模拟器软件。用户需要更多的功能可以自己去安装软件实现，Ubuntu 中安装软件的方式有多种，本节介绍常用的两种软件安装方式。

1.5.1　使用国内软件源提升下载速度

在安装 Ubuntu 时，默认的软件源地址可能是国外的服务器地址，这样会导致安装软件时下载速度比较慢，在安装前可以将其修改为国内地址以提升下载速度。

打开软件搜索栏，搜索"software & update"找到图 1-41 中左边第一个"Software & Updates"图标并打开它。

图 1-41　Software&Updates 图标

在弹出的窗口中，检查"Ubuntu Software"选项卡下的"Download from"选项，如图 1-42 所示，如果不是"Server for China"选项，则展开选项卡，选择"Others…"选项。

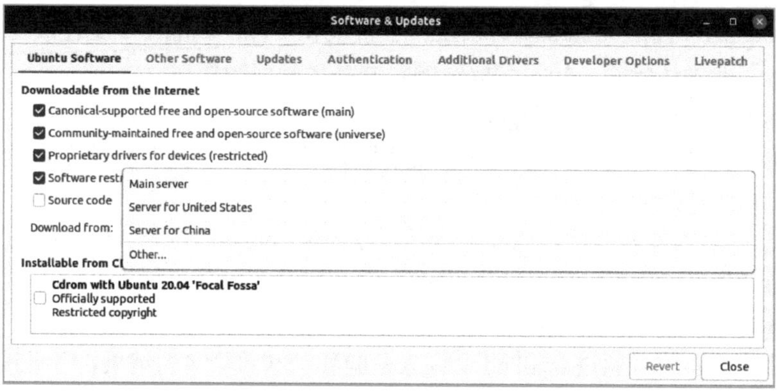

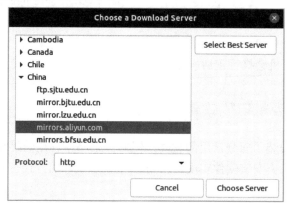

图 1-42　"Ubuntu Software"选项卡

在图 1-43 所示弹出的服务器地址中找到"China"，选择一个地址即可，或者在选中"China"后单击"Select Best Server"按钮来自动选择当前延迟最低的服务器，选择完成后单击"Choose Server"按钮保存。因为修改软件源配置需要管理员权限，所以会弹出输入密码的对话框，输入当前用户的密码确认即可。

图 1-43　服务器地址列表

设置完成后单击"Close"按钮关闭窗口，这时会弹出窗口提示需要更新软件列表，单击"Reload"按钮确认更新即可。

1.5.2　通过 apt 管理软件

apt（Advanced Packaging Tool）是一个 Ubuntu 中的 shell 前端软件包管理器，提供了软件的查找、安装、升级和卸载等功能，apt 在执行时需要管理员权限，所以在命令前需要加上 sudo 获取权限，权限将在 1.8 节中介绍。

在使用 apt 安装软件之前，首先需要更新本地的软件列表文件。

执行 sudo apt update 命令更新本地的软件列表，sudo 获取管理员权限时需要输入密码，然后安装软件包。通过指定软件包的名称 sudo apt install <软件名称>，install 可以一次安装多个软件，软件名称之间使用"空格"隔开，例如安装 vim 编辑器和结构化显示目录的工具 tree，可以执行 sudo apt install vim tree 命令，执行后会提示是否确认安装，输入"y"确认安装。也可以在输入命令时输入"-y"参数提前确认，如 sudo apt install vim tree -y。

安装软件完成后，就可以使用刚刚安装的软件了，Ubuntu 中的软件和 Windows 中的软件的一个重要区别就是，Windows 中的软件安装完成后基本会在桌面或者开始菜单生成一个启动图标，可通过单击启动图标来启动软件。而 Ubuntu 中的很多软件是没有图形界面的，只能依靠命令来启动，执行完成后自动结束。例如 tree 软件，可以在终端中输入 tree 来启动软件，它会以树状图输出目录结构，如图 1-44 所示，输出后就自动结束。

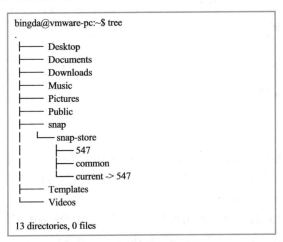

图 1-44　通过 tree 软件以树状图输出目录结构

如果软件不再需要使用了，可以通过 apt 来卸载，卸载的命令是 sudo apt remove <软件名称>，例如卸载刚安装的 tree 软件，可以执行 sudo apt remove tree –y 命令，卸载完成后在终端中再执行 tree，会提示 Command 'tree' not found，即软件不存在。

1.5.3　通过应用商店安装卸载软件

除了用 apt 方式安装软件，Ubuntu 中还有一个应用商店，可以很方便地在应用商店中选择和安装各种软件。单击图 1-41 所示左起第三个图标"Ubuntu Software"可打开应用商店。Ubuntu 的应用商店如图 1-45 所示，里面有热门的应用推荐等，也可以按类型去查找需要的应用软件。

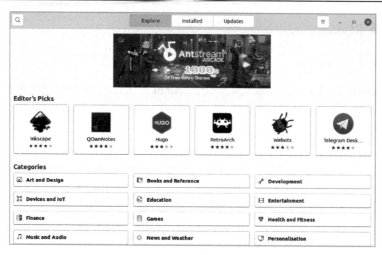

图 1-45　Ubuntu 的应用商店

　　如果需要搜索，单击左上角的"放大镜"按钮即可根据软件名称去搜索，例如需要安装 Visual Studio Code 软件，在搜索框中搜索"vscode"，稍等片刻就会出现搜索的结果，如图 1-46 所示。

图 1-46　Ubuntu 的应用搜索页面

　　单击对应的软件进入详情页，单击"Install"按钮即可安装，因为安装软件需要管理员权限，所以会弹出一个输入密码的对话框，输入当前用户的密码授权即可。安装完成后可以在终端中输入 code 启动 Visual Studio Code 软件。

　　应用商店中也可以卸载软件，单击如图 1-45 所示的"Installed"选项卡显示已经安装的软件，单击如图 1-47 所示中的"Remove"按钮即可卸载软件。

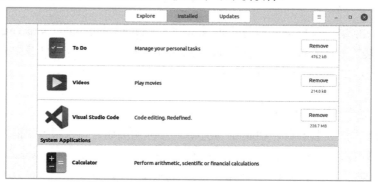

图 1-47　卸载应用商店中安装的软件

1.6 vim 编辑器使用

vim 是 Linux 系统中著名的文本/代码编辑器之一，它运行在终端中，不依赖图形化界面。虽然现在已经有很多很方便的图形化文本编辑软件，例如 Ubuntu 下的 gedit 等，但是在操作 Linux 系统时还是会有无图形桌面的情况，例如通过 ssh 远程登录机器人，这时只有一个命令行可以操作，如果需要做修改一些配置文件之类的文本编辑工作，就需要一个能在终端中运行的文本编辑器，这时候 vim 就可以派上用场了。

vim 的可扩展性非常强，通过各种插件几乎能胜任所有的文本或代码编辑工作，现在依然有开发者使用 vim 作为代码开发的主力工具。

建议读者学习 vim 时掌握基本的编辑、保存操作就可以了，只需要保证在非用它不可时能完成简单的文本修改工作即可，后文中也只会使用它来完成一些很轻量的文本编辑工作。有大量文本需要编辑或者代码开发时，推荐使用更符合用户使用习惯的图形化文本编辑器或者 IDE 工具来完成。

使用 vim 首先要了解 vim 的两种工作模式（也有说法是三种、四种模式，这里使用最简单的分类，即分为两种），分别是命令模式和插入模式。在命令模式下，vim 所接收到的键盘输入将作为命令去执行，插入模式下接收到的输入则是在编辑文本。

vim 编辑器的工作模式和工作模式切换如图 1-48 所示。首先通过 vim 或 vim +[文件名] 进入 vim 编辑器，如果文件名对应的文件存在，则会打开文件，如果文件不存在，则创建一个文件然后打开。进入 vim 时默认的是命令模式，可以通过按〈I/A/O〉键中任意一个来切换到插入模式。在插入模式下，终端的左下角将会显示"-- INSERT --"字样，此时输入的字符将作为文本内容显示在终端中，上下左右键可以移动光标在文本中的位置，输入完成后按下键盘上的〈Esc〉键将会退回到命令模式。命令模式中有以下几个常用的命令。

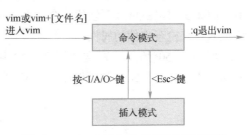

图 1-48 vim 的工作模式和工作模式切换

:q 为退出，仅适用于未对文本内容做修改时的退出；如果文本内容有修改，则需要保存后退出或使用下面的命令来强制退出。

:q!为舍弃对文本内容的修改退出。

:w 为保存。

:wq 为保存并退出，相当于:w 和:q 的组合，也是最常用的命令。

实验：将当前工作目录切换为'~'，尝试在终端中输入以下命令。

vim test，创建 test 文件并使用 vim 打开它。

按下键盘上〈I/A/O〉键中任意一个将 vim 切换为插入模式。

在插入模式下输入"Hello World"，按〈Enter〉键换行，再输入"Hello vim"，通过上下左右键移动文本中的指针，在 vim 字符段前插入"my"，最终使文本内容如图 1-49 所示。

> Hello World.
>
> Hello my vim.

图 1-49 文本内容

按下键盘的〈Esc〉键退回到命令模式，输入:wq 保存并退出。使用文件管理器通过图形化编辑器打开 test 文件，检查文件内容，实验结束。

使用 vim 时，最重要的是能正确区分当前所处的模式，初学者使用 vim 时遇到最多的问题就是没有正确区分 vim 的工作模式，可能出现尝试在命令模式下编辑文本，发现输入的字符无法在文本中显示，又或者是在插入模式下输入命令却无法退出的情况。

能正确区分工作模式，并记住上面列出的几个常用命令，在后续的章节中基本已经够用，一些能提高操作效率的快捷键操作将在后面用到时结合操作实例再做介绍。

1.7 Linux 文件系统

在命令行的操作中，命令提示符会提示当前的工作目录，在操作中也经常需要在不同的目录之间跳转，一些命令需要在正确的工作目录下执行才能获得预期的结果，为了能够更快捷地跳转到目标目录中，就需要了解整个系统中文件的结构。

1.7.1 Linux 文件系统结构

在 Linux 系统的设计理念中，有一个重要的概念叫作"一切皆文件"，即把计算机上的一切资源都视为文件来处理。普通文件是文件（例如文本文档、视频文件），目录（也就是常说的文件夹）是文件，硬件设备（例如摄像头、传声器）是文件，符号链接是文件（类似在 Windows 下的快捷方式）。在 Linux 中可以通过查看文件属性的方式了解文件所属的类型。例如在用户主目录下创建一个文件 bingda_file，再创建一个目录 bingda_directory，然后通过 ls -l 来检查文件的属性。

如图 1-50 所示，在文件属性一栏中，刚创建的 bingda_file 文件是以 '-' 开头，而 bingda_directory 目录文件是以字母 'd' 开头。

```
bingda@vmware-pc:~$ touch bingda_file
bingda@vmware-pc:~$ mkdir bingda_directory
bingda@vmware-pc:~$ ls -l
total 44
drwxrwxr-x 2 bingda bingda 4096 9月  11 14:32 bingda_directory
-rw-rw-r-- 1 bingda bingda    0 9月  11 14:32 bingda_file
```

图 1-50　bingda 用户主目录下的文件

Linux 中就是通过这样的方式来标识文件属性的，常见的文件类型有以下几种。

1）普通文件：以 '-' 标识，文本文档、压缩包、视频文件等都是属于普通文件。

2）目录文件：以 'd' 标识，目录也是一个文件，目录文件中存储的信息类似于一张清单列表，记录了归属在该目录下的文件。

3）设备文件：设备文件分为两种，一种是块（block）设备文件，例如硬盘等，以 'b' 标识；另一种是字符设备文件，例如鼠标、键盘等，以 'c' 标识。两者的区别在于块设备文件支持以块为单位的访问方式。在 Linux 中一个块为 4KB 大小，即一次可以存取 4096 或其倍数字节的数据。字符设备文件以字节流的方式进行访问，由字符设备驱动程序来实现这种特性，这通常要用到 open、close、read、write 等系统调用。

4）链接文件：以 'l' 标识，链接文件一般指的是一个文件的软链接（或符号链接），即源文件的快捷方式。删除源文件则链接文件也会消失。除了软链接外还有一种硬链接，硬链接文件不会显示为链接文件，而是会显示为普通文件。

可以通过下面的实验来验证，ln 为创建链接，默认为创建硬链接，加上-s 参数则为创建软链接。对 bingda_file 分别创建硬链接和软链接，然后查看文件属性。如图 1-51 所示，创建的软链接被标识为链接文件，且会通过"→"来指向链接的源文件，而硬链接则显示为普通文件。

```
bingda@vmware-pc:~$ ln bingda_file bingda_file_hard
bingda@vmware-pc:~$ ln -s bingda_file bingda_file_soft
bingda@vmware-pc:~$ ls -l
total 44
drwxr-x--x 2 bingda bingda 4096 7月   28 18:50 bingda_directory
-rw-rw-r-- 2 bingda bingda    0 7月   28 18:22 bingda_file
-rw-rw-r-- 2 bingda bingda    0 7月   28 18:22 bingda_file_hard
lrwxrwxrwx 1 bingda bingda   11 9月   11 14:26 bingda_file_soft -> bingda_file
```

图 1-51　链接文件

Linux 中除了这几种文件类型外，还有管道文件、套接字文件等，因为后文中不会涉及，这里不做展开。

操作系统中的文件种类繁多、数量庞大，如果每个开发者或者公司都按照自己的想法来组织文件，那必然会造成很大的混乱，所以就有了文件系统目录标准（Filesystem Hierarchy Standard，FHS），FHS 的目的是规范文件的组织形式，减少不同公司、不同操作系统之间的文件系统组织命名形式的差异。

在 FHS 中规定了 Linux 的文件系统以"/"目录作为根目录，也就是最高一级的目录，并且"/"目录是唯一的。可以通过 cd ..命令进行跳转到上一层的目录，然后通过 pwd 命令来输出当前的路径，则无论从什么目录开始执行，最终都会到达"/"目录，并且到达"/"目录后再执行跳转上一层命令也会始终停留在"/"目录，这也就意味着已经到达了顶层目录。在"/"目录下，可以执行 ls -l 命令来列出当前目录下的所有文件。

如图 1-52 所示，普通文件只有一个 swapfile，大多数都是目录文件，另外还有几个链接文件分别是 bin、lib、lib32、lib64、libx32、sbin。这 6 个链接文件都是指向/usr 目录下对应的目录文件，在 Ubuntu 18.04 中，bin、lib、lib64、sbin 文件都是目录文件，而在 Ubuntu 20.04 中改为链接文件，后文中介绍目录的存放规则时对这 4 个链接文件依然当作目录文件。libx32 和 lib32 这两个链接文件和所指向的目录文件是 Ubuntu 20.04 中新增的，目前这两个链接文件所指向的目录文件中并没有内容，所以在后面不再提及。

```
bingda@vmware-pc:/$ ls -l
total 945500
lrwxrwxrwx   1 root root        7 7月   10 19:52 bin -> usr/bin
drwxr-xr-x   4 root root     4096 9月   11 14:18 boot
drwxrwxr-x   2 root root     4096 7月   10 19:57 cdrom
drwxr-xr-x  20 root root     4260 9月    9 08:08 dev
drwxr-xr-x 143 root root    12288 9月    9 08:09 etc
drwxr-xr-x   3 root root     4096 7月   10 20:00 home
lrwxrwxrwx   1 root root        7 7月   10 19:52 lib -> usr/lib
lrwxrwxrwx   1 root root        9 7月   10 19:52 lib32 -> usr/lib32
lrwxrwxrwx   1 root root        9 7月   10 19:52 lib64 -> usr/lib64
lrwxrwxrwx   1 root root       10 7月   10 19:52 libx32 -> usr/libx32
drwx------   2 root root    16384 7月   10 19:49 lost+found
drwxr-xr-x   3 root root     4096 7月   10 21:32 media
drwxr-xr-x   3 root root     4096 7月   11 22:21 mnt
drwxr-xr-x   3 root root     4096 7月   16 10:27 opt
dr-xr-xr-x 406 root root        0 9月    7 09:31 proc
drwx------  10 root root     4096 8月    8 11:55 root
drwxr-xr-x  36 root root     1040 9月   11 14:19 run
lrwxrwxrwx   1 root root        8 7月   10 19:52 sbin -> usr/sbin
drwxr-xr-x  10 root root     4096 7月   12 18:11 snap
drwxr-xr-x   2 root root     4096 2月   10  2021 srv
-rw-------   1 root root 968110080 7月   10 19:49 swapfile
dr-xr-xr-x  13 root root        0 9月    7 09:31 sys
drwxrwxrwt  27 root root     4096 9月   11 14:20 tmp
drwxr-xr-x  14 root root     4096 2月   10  2021 usr
drwxr-xr-x  14 root root     4096 2月   10  2021 var
```

图 1-52　根目录下的文件

1.7.2 目录内容存放规则

前面提到 FHS 约定了文件的组织规则，也就是说图 1-52 中各个目录中的文件是按照文件类型或功能的规则来存放的，根据 FHS 中的约定和 Ubuntu 的实际操作，将各个目录中存放的文件整理后见表 1-9。

表 1-9　Ubuntu 中目录规则

目　　录	放置文件内容
/	根文件，Linux 文件系统的入口，是文件系统的顶级目录
bin	存放的都是一些用户最基本的可执行文件，如 cp、mv、ls 等
boot	存放和开机启动相关的文件，如 Linux 内核和启动配置文件
cdrom	CD 驱动器，在使用虚拟机时是虚拟机软件虚拟出的光驱
dev	存放连接到 Linux 系统的外部硬件设备的设备文件
etc	存放系统的配置文件，如网络配置文件等
home	存放所有用户主目录，如 bingda 用户主目录所在的路径就是/home/bingda，如有 bingda2 用户，他的主目录是/home/bingda2
lib	存放开机时以及/bin 或/sbin 目录下程序会调用到的库文件
lib64	为了隔离 32 位和 64 位而设置的不同目录
lost+found	用于当文件系统发生错误时，将一些遗失的片段放置到这个目录下
media	可插拔存储设备挂载点，如 U 盘连接到 Ubuntu 中就会在/media 下生成一个目录，这个目录就是 U 盘中文件所在目录
mnt	暂时挂载点，如临时挂载一个网络文件服务器
opt	可选的文件和程序存放目录，如后文要安装的 ROS 就在这个目录下
proc	存放系统运行信息，这是一个虚拟文件系统，它的数据是在内存中，可以发现它的属性中文件大小为 0
root	超级管理员（root 用户）的主目录，要注意 root 和根目录 '/' 有本质区别，root 是用户，就像 bingda 用户一样，只是它的权限更高
run	某些程序或者服务启动后，会将它们放在这个目录下
sbin	放在/sbin 底下的为开机过程中所需要的，里面包括开机、修复、还原系统所需要的指令
snap	snap 应用框架的程序文件
srv	一些网络服务启动之后所需要取用的数据存储在该目录下
swapfile	交换内存所在目录，交换内存是指使用硬盘容量来扩充运行内存的空间
sys	这个目录与/proc 非常类似，也是一个虚拟的文件系统，主要用于记录与核心相关的信息，它的大小也是 0
tmp	临时目录，被操作系统和许多程序用来存储临时文件，系统随时可能会删除该目录内的内容，不建议用户在该目录下长期存放文件
usr	usr 是 UNIX Software Resource 的缩写，也就是 UNIX 操作系统软件资源所放置的目录，而不是用户（user）的数据
var	/var 目录主要针对常态性变动的文件，包括缓存（cache）以及某些软件运行所产生的文件

1.8　root 用户和权限管理

Linux 系统对文件的权限有着严格的控制，它可以让不同的用户有不同的操作权限，以确保系统的运行安全。例如在安装、卸载软件，修改系统配置时，当前使用的普通用户无权限执行此类操作，需要用 sudo 为用户临时赋予管理员权限才能完成相关的操作。

1.8.1　Linux 中的权限概念

Linux 中的文件权限分为 3 种，即可读、可写和可执行。可读权限对应用户可以查看文件内容，可写权限对应用户可以对文件执行修改、保存、删除操作，可执行权限则意味着用户可以运行这个文件（当然需要这个文件本身是可以运行的）。

Linux 中的文件权限和用户管理有着紧密的关系，在文件权限的管理中将用户分为 3 个类别。第一类是文件的拥有者（user，使用 u 表示），第二类是同用户组用户（group，使用 g 表示），第三类是非拥有者所在用户组以外的用户，也称为其他用户（other，使用 o 表示）。用户和用户组的关系如图 1-53 所示。

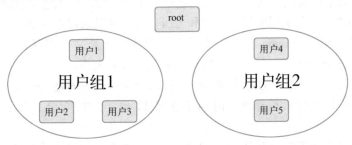

图 1-53　用户和用户组

以图 1-53 所示用户结构为例，假设一个文件 file1 的拥有者是用户 1，用户 1 所在的用户组是用户组 1，用户组 1 中还有用户 2、用户 3 这两个用户，系统中还有一个用户组名为用户组 2，用户组 2 中有用户 4、用户 5 这两个用户。

在这张图中，用户 1 所在的分类就是拥有者，用户 2 和用户 3 所在的分类是同用户组用户，而用户 4 和用户 5 所在的分类就属于其他用户。

图中还有一个用户"root"，root 用户是 Linux 中的超级用户，它对几乎所有文件都拥有完整的可读、可写和可执行权限，在权限描述时不会提及 root 用户的权限。

多用户和用户组在服务器运维领域是非常有用的，在本书中使用单一用户，不涉及多用户和用户组管理，关于这部分内容不做展开，感兴趣的读者可以自行检索学习。

1.8.2　文件/目录权限查看和修改

在介绍 ls 命令时，介绍过通过加上-l 参数可以查看文件的属性，属性中一共有 7 个字段，在 1.7.1 节中介绍了属性第一个字段中第一个字符代表的是文件的类型，那么后面几个字符和其他字段又是什么含义呢？

如图 1-54 所示，以 bingda_directory 目录为例，它属性第一个字段为"drwxrwxr-x"，其中第一个字符"d"代表这是一个目录文件，后面的"rwxrwxr-x"一共 9 个字符，可以 3 个为一组拆分成 3 组，即 rwx、rwx、r-x，这三组就代表了三类用户权限，从左到右依次为文件拥有者的权限、文件拥有者同用户组用户的权限以及其他用户的权限。

```
bingda@vmware-pc:~$ touch bingda_file
bingda@vmware-pc:~$ mkdir bingda_directory
bingda@vmware-pc:~$ ls -l
total 44
drwxrwxr-x 2 bingda bingda 4096 9月   11 14:32 bingda_directory
-rw-rw-r-- 1 bingda bingda    0 9月   11 14:32 bingda_file
```

图 1-54　bingda 用户主目录下的文件

权限使用 3 个字符表示，顺序为 r（read 可读）、w（write 可写）、x（execute 可执行），如果有该项权限，就使用对应的字母表示，如果没有这项权限，就用 '-' 表示该位。例如 "rwx" 表示可读可写可执行，"r-x" 表示可读可执行但不可写。

权限除了使用 r、w、x 三个字母的表示法外，还有一种数字表示法，即将 3 位权限看作一个 3 位的二进制数字，有权限为 1，无权限为 0。例如 rwx=111（二进制）=7（十进制），r-x=101=5，分解就是 r=4，w=2，x=1。

第二个字段中的数字代表的是文件包含的硬链接数量，对于普通文件，这个数字通常是 1，如果创建硬链接，则这个数字会出现相应的改变。如果是目录文件，这个数字代表的是目录下包含的一级子目录数，对于空目录，这个数字会是 2，因为每个目录下都至少包含两个子目录 "." 和 ".."，分别指向目录自身和上级目录（可以通过 ls -a 来验证）。第三个字段是文件的拥有者，例如 bingda 用户。第四个字段代表的是文件拥有者所在的群组，例如 bingda 用户所在的 bingda 组。第五个字段代表的是文件的大小，普通文件根据文件内容不同而大小不同，目录文件的大小固定为 4096B。第六个字段代表的是文件最后修改时间，例如 "9 月 11 14:32"，即文件最后修改的时间是 9 月 11 日 14 时 32 分。第七个字段代表的是文件名。

文件权限的修改使用的命令是 chmod，命令的基本格式是带两个参数，格式为 chmode 权限文件名。

其中权限部分的写法非常丰富，它可以使用指定权限的方法，也可以使用增加、减少的方法修改权限，权限的表示可以使用字母法或数字法。这里只介绍两种常用的使用方法。

第一种是设置权限，例如 chmod 666 bingda_directory，其中 666 为权限的描述，是使用数字法表示，即将文件权限设置为 rw-rw-rw-，即所有用户都可读可写不可执行。

第二种是增减权限，例如 chmod o-rw bingda_directory，其中 "o" 表示其他用户，"-" 表示减去，"rw" 表示可读和可写权限，所以连起来就是减去其他用户对 bingda_directory 文件的可读和可写权限，运行后文件的权限状况应该是 "rw-rw----"。类似的，chmod u+x bingda_directory 所表示的就是为文件拥有者增加对 bingda_directory 文件的可执行权限，执行之后文件的权限应该是 "rwxrw----"。

1.8.3 启用 root 用户

在 Linux 中，root 是超级管理员用户（super user），也称为超级用户、超级管理员等，其拥有最高权限，几乎可以操作系统内所有文件。在 Ubuntu 系统中，超级用户 root 默认是没有启用的，当普通用户需要通过管理员权限执行某些操作时，可以通过在命令前加上 sudo 来执行，使当前用户临时获得管理员权限。

在 Ubuntu 中，如果要启用 root 用户，首先需要为 root 用户设置密码。设置密码的操作就需要管理员权限，通过执行 sudo passwd root 来设置密码，输入密码后按〈Enter〉键确认，终端会提示输入新设置的 root 用户密码，例如设置密码为 "bingda"，输入后提示再次确认密码，再次输入 "bingda" 确认，两次密码一致即可完成设置，如图 1-55 所示。

root 用户已经启用后，在普通用户的终端中输入 su 命令即可切换到 root 用户，切换到 root 用户会提示输入密码，这里需要输入的是 root 用户的密码，正确输入后当前终端的用户就切换为 root 用户。

root 用户的命令提示符和普通用户有很明显的差别，首先 root 用户的命令提示符中最前面是用户名 root，其次，普通用户的命令提示符末尾是 "$" 符号，而 root 用户是 "#"。如图 1-56 所示，第一行是普通用户的命令提示符，第三行开始是 root 用户的命令提示符。

在 root 用户终端中，通过 cd～跳转到当前用户的主目录，然后用 pwd 显示当前的路径，如图 1-56 所示当前路径为 "/root"，和 1.7 节中介绍文件系统时描述的根目录 "/" 下的 "root" 目录的功能是一致的。

要将终端从 root 用户切换为普通用户也很简单，在 root 用户下输入 exit 即可切换为普通用户，如图 1-57 所示。

```
bingda@vmware-pc:~$ sudo passwd root
[sudo] password for bingda:
New password:
Retype new password:
passwd: password updated successfully
```

```
bingda@vmware-pc:~$ su
Password:
root@vmware-pc:/home/bingda# cd
root@vmware-pc:~# pwd
/root
root@vmware-pc:~#
```

```
root@vmware-pc:~# exit
exit
bingda@vmware-pc:~$
```

图 1-55 设置root用户密码　　　图 1-56 root用户终端和主目录　　　图 1-57 root用户切换为普通用户

本书在后文中都是使用 "bingda" 这个普通用户，需要管理员权限时会通过 sudo 来获取。同时这里也不建议初学者使用 root 用户进行操作，由于 root 用户具有最高的权限，可以操作几乎所有的文件，并且在删除或修改重要的系统文件时不会有提示，如果误操作可能会导致系统不能正常工作。

1.9　嵌入式单板计算机和 Linux

除了常见的如 PC 这一类的典型计算机，现在还有一类嵌入式单板计算机，图 1-58 所示的树莓派、图 1-59 所示的 Jetson Nano 都属于这一类。

图 1-58　树莓派

所谓嵌入式单板计算机，通常是指在一块电路板上集成了 CPU、内存、硬盘等组成计算机的必要组件，因此也称为卡片计算机、板卡等。这类设备因为体积小、功耗低，所以在移动机器人上使用很广泛。

在嵌入式单板计算机上通常是没有 PC 中的 BIOS 引导之类的程序的，给它们安装系统一般是使用一台 PC 直接给它的硬盘写入操作系统。

① 主存储器用微SD卡插槽　　⑥ USB3.0端口[X1]
② 40脚探头　　　　　　　　⑦ HOMI输出端口
③ 用于设备横式的微USB端口　⑧ 用于5V电源输入的USB-C
④ 千兆以太网端口　　　　　　⑨ MIPI CSI-2摄像机连接器
⑤ USB2.0端口D[2]

图 1-59　Jetson Nano

很多单板计算机都是使用一个 TF 卡或者 U 盘等可移动存储介质作为硬盘，具体使用哪种取决于单板计算机自身，例如前面提到的树莓派和 Jetson Nano 默认都是使用 TF 卡作为硬盘，如图 1-60 所示。

图 1-60　TF 卡

为这类单板计算机烧录镜像，只需要使用镜像烧录软件向存储介质中写入官方提供的或者是第三方打包的系统镜像即可。

想要烧录镜像，可以使用 balenaEtcher 软件，该软件可以扫描二维码 1-5 获得，或通过该软件的官方网站下载，其官方网站地址为 https://www.balena.io/etcher/。

1-5　balena-Etcher 软件下载

下载安装完成后即可使用，打开界面如图 1-61 所示，首先单击"Select image"按钮选择需要写入的系统镜像文件，然后单击"Select drive"按钮选择需要将系统镜像写入的存储介质，选择完成后务必确认选择了正确的存储介质并且存储介质中没有重要的文件，因为写入系统的镜像文件时会对存储介质进行格式化，如果确认无误，单击"Flash"按钮即可开始烧录。软件提示烧录成功即可将存储介质从 PC 上移除，然后装在单板计算机上即可启动。

除了写入操作系统，在开发中有时候还需要备份当前操作系统，以便在系统崩溃时可以恢复到制作这个备份时的系统状态，避免了再次从 0 开始安装需要的软件和环境等。

1-6　Win32 Disk Imager 软件下载

备份操作系统时可以使用 Win32 Disk Imager 软件，该软件可以扫描二维码 1-6 获得，也可以通过网络下载，其下载地址为https://sourceforge.net/ projects/ win32diskimager/。

将装有单板计算机系统的存储介质插入 PC，然后打开 Win32 Disk Imager，如图 1-62 所示。在右上角选择存储介质的盘符，如果存储介质有多个分区和盘符，选择字母序号最小的盘符。例如存储介质有 F 和 G 两个分区，则选择 F 分区。然后左上角选择备份镜像存放位置并输入文件名，文件名使用.img 后缀，单击下方的"读取"按钮即可开始备份操作系统。

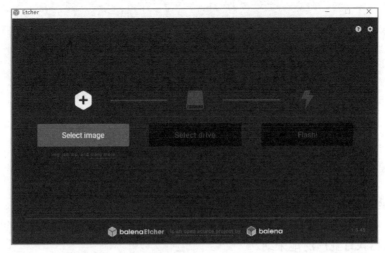

图 1-61　balenaEtcher 软件

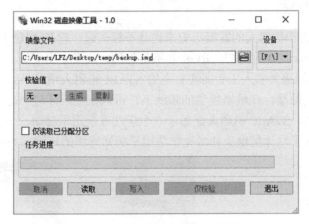

图 1-62　Win32 Disk Imager 软件

　　任务进度条走完则操作系统备份完成，产生的文件在图 1-62 所示对话框中选择的备份镜像存放位置。备份产生的系统镜像文件可以用于下次给单板计算机写入系统或者分享给其他人使用。

第2章 认识 ROS

2.1 ROS 是什么

ROS 的诞生时间并不长,但它在很短的时间里就从一个公司内部项目发展为机器人开发的事实标准。本节以 ROS 诞生的起因为切入点,探索 ROS 解决了机器人上的哪些问题,使得它能够被机器人行业广泛地采纳。

2.1.1 ROS 从何而来

ROS 的诞生相比于机器人的发展历史来说并不算久远,它在 2010 年 3 月才推出了第一个发行版本,和 Linux 的诞生一样,ROS 并不是忽然之间横空出世的,它的雏形最早可以追溯到 2007 年左右斯坦福大学人工智能实验室的 STAIR 机器人项目。STAIR 机器人项目希望完成一个服务机器人原型,在机器视觉的辅助下,可以在复杂环境中运动,还可以通过机械臂操控环境中的物体。STAIR 机器人配备了一个运动底盘用于移动,一个小型机械臂用于抓取周围物体,还配备了立体摄像头和激光雷达用于感知周围的环境,如图 2-1 所示。

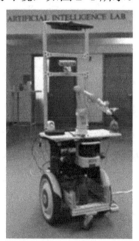

图 2-1 STAIR 机器人不同版本

当时负责 STAIR 机器人项目软件架构设计和开发的是美国斯坦福大学博士生摩根·奎格利(Morgan Quigley),随着项目开发的推进,他逐渐意识到从软件开发的角度来看,将各种功能集成在一个机器人上非常不容易,也是从那时他开始考虑采用"分布式"的方式来连接不同的模块,并将这一概念成功应用到机器人软件系统中,取名为 Switchyard。

摩根·奎格利的导师是吴恩达教授,吴恩达教授当时带领的人工智能实验室正在和 Willow Garage 公司(见图 2-2)合作,帮助它们开发 PR2(Personal Robot 2nd)机器人,如

图 2-3 所示。

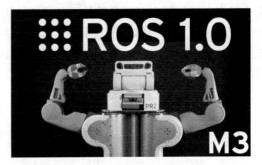

图 2-2   Willow Garage 公司   图 2-3   PR2 机器人

有类似项目开发经验的摩根·奎格利自然也加入并将开发 Switchyard 的经验充分应用到该项目中，而 PR2 项目中的机器人软件系统名正是 "ROS"。

2009 年，摩根·奎格利、吴恩达和 Willow Garage 公司的工程师们在当年的 IEEE 国际机器人与自动化会议上发表了 "ROS: An Open-Source Robot Operating System" 一文，正式向外界介绍了 ROS。因为摩根·奎格利对于 ROS 的诞生有着杰出的贡献，所以他也被称为 ROS 之父，而此时的摩根·奎格利还在攻读博士学位尚未毕业。

2010 年，PR2 机器人正式对外发布，作为机器人配套的软件系统，ROS 的第一个正式发布版本也一起发布，即 ROS 1.0。在 ROS 发布之后，受到了学术界和机器人产业的热烈欢迎，并在 2012 年举办了第一次开发者大会 ROSCon 2012。同年为了推动 ROS 的发展，Willow Garage 公司成立了非营利组织 "开源机器人基金会"（Open Source Robot Foundation，OSRF），并在 2013 年将 ROS 的开发和维护工作从 Willow Garage 公司移交到 OSRF 基金会。直到现在，ROS 依然是由 OSRF 在管理和维护。

2.1.2   为什么要使用 ROS

从 ROS 的诞生的背景来看，它主要解决一个复杂的机器人系统中，众多的外部设备和功能之间结合很困难的问题，而它给出的解决思路是 "分布式"，即将各个功能模块都独立出来，再通过一套标准的协议来连接各个独立的模块，使每个模块只需要负责一个具体的功能即可。例如机器人需要使用激光雷达实现导航时，激光雷达只需要捕获周围的环境信息，由定位软件来根据雷达的数据确定机器人的当前位置，路径规划软件根据机器人当前位置和目标位置来规划机器人的路径，再由机器人底盘驱动软件根据规划出的路径控制运动底盘上的电动机运动，使机器人最终到达目标位置。这样的好处在于，将机器人导航这样一个复杂的功能拆解成了若干个小的模块，降低了开发的难度，并且各个模块之间相互独立，通过一套协议来沟通，软件系统的耦合度也很低，当需要换更换机器人上搭载的硬件时，只需要修改对应的模块软件，不需要对整个软件系统进行大幅度的修改。

ROS 官方对 ROS 的定义是：机器人操作系统（ROS）是用于编写机器人软件的灵活框架。它是工具、库和规范的集合，用于简化在各种机器人平台上创建复杂而强大的机器人行为的任务。图 2-4 所示为著名的 ROS 等式，ROS=通信架构+工具+功能+生态系统。

通信架构提供了一套标准的通信协议，工具为开发过程的调试提供了很大的便利，至于功能，因为有了一套标准的通信协议，所以不同开发者开发的机器人和功能之间可以很容易组合起来，这样就会有很多软件可以直接使用，避免了重复开发。众多的开发者、使用 ROS 的企业和组织共同构建了生态系统，这个生态中包含了各种 ROS 学习交流会议、论坛以及支持或者使用 ROS 的设备，这使得 ROS 无论是从学习还是应用的角度来看，都成为一项通用的技能。

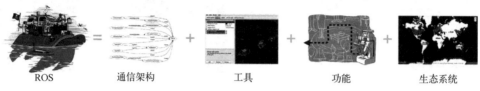

图 2-4　ROS 等式

从使用 ROS 的经验来看，ROS 最令人满意的有两点，第一是它将各个功能模块拆解后极大地降低了机器人的开发难度，机器人本身是一个相对复杂的系统，完全从 0 去构建涉及机械、电子电路、嵌入式、运动控制、上位机软件、算法等多个技术领域，而这些跨度极大的技能通常很难由一个人所掌握，团队中将各个功能模块分配给不同的人来完成，因为有标准的协议，负责不同模块的开发者只需要遵循协议，最终就可以很容易地将所有人的工作整合成一套完整的机器人系统。

第二是 ROS 通过多年的发展已经成为机器人开发的事实标准，这就构建出了一个良好的 ROS 生态。现在从市面上能买到的很多设备，例如运动底盘、激光雷达、相机、姿态传感器等开发厂商都会提供对应的 ROS 驱动，减少了用户的无意义重复工作。通过已有的设备驱动和各类功能软件，用户可以轻松地构建出产品原型，因此有越来越多的公司开始倾向使用 ROS，这也会使各类设备厂商更有积极性去支持 ROS。

2.2　如何安装 ROS

ROS 的版本更新命名规则和 Ubuntu 类似，并且 ROS 安装版本的选择和 Ubuntu 版本有一定的对应关系。从 ROS 的第二个版本（即 ROS 1.0）之后，每个发布版本（Distribution）都是以字母递增顺序命名的，每一代版本名称是以一个形容词+一种海龟名称来命名，在描述 ROS 版本时通常以发布版的版本名称描述，通常人们都使用版本中的形容词来称呼这个版本（例如 Noetic）。最近几年的更新节奏是每年 5 月 23 日发布一个新版本（即 Ubuntu 发布后 1 个月，同时这一天也是世界海龟日），隔年会伴随着 Ubuntu 的长周期支持版本发布一个 ROS 的长周期支持版本（LTS）。几个 ROS 版本见表 2-1。

表 2-1　几个 ROS 版本

版本代号	发布时间	海　报	吉祥物	对应的 Ubuntu 版本
Noetic Ninjemys（LTS）	2020 年 5 月 23 日			Ubuntu20.04 LTS

（续）

版本代号	发布时间	海　报	吉祥物	对应的 Ubuntu 版本
Melodic Morenia（LTS）	2018 年 5 月 23 日			Ubuntu18.04 LTS
Lunar Loggerhead	2017 年 5 月 23 日			Ubuntu16.04 LTS Ubuntu16.10 Ubuntu17.04
Kinetic Kame（LTS）	2016 年 5 月 23 日			Ubuntu16.04 LTS
Jade Turtle	2015 年 5 月 23 日			Ubuntu14.04 LTS Ubuntu15.04
Indigo Igloo（LTS）	2014 年 7 月 22 日			Ubuntu14.04 LTS

　　伴随着 2020 年发布的 Noetic，第一代 ROS（即 ROS1）也将不再发布新的版本，OSRF 将把主要精力放在第二代 ROS（即 ROS2）的开发上。

　　虽然 ROS1 将不再继续开发，但是学习 ROS1 仍然是非常必要且有价值的。因为 ROS2 目前尚处于开发中，主流的商业和科研机构依然在使用 ROS1，完全过渡到 ROS2 依然有很长的路，ROS2 的设计中也依然延续了 ROS1 的很多设计理念，学习 ROS1 后可以在未来更轻松地过渡到 ROS2。

　　本书使用最新的 Noetic 版本作为示例，这个版本是 ROS1 的最后一个 LTS 版本，会持续维护到 2025 年。这个版本和之前的版本相比很重要的一项升级是将默认的 Python 版本调整为 Python3（之前的版本一直在使用 Python2），这也更符合现在的编程语言发展趋势，同时也可以减少读者未来过渡到 ROS2（ROS2 中使用 Python3）时的编程语言障碍。

　　后文中会频繁地提及功能包（Packages）这个概念，这个概念会在第 3 章介绍 ROS 编程基础时展开介绍，在下文中遇到时，只需要知道它是 ROS 代码的软件组织单元，每个功能包都可以包含程序库、可执行文件、脚本或其他构件即可。

apt 方式安装 ROS Noetic

　　首先来到 ROS wiki 的安装指导页面，如图 2-5 所示，安装的 ROS 版本和所使用的 Ubuntu 版本是有对应关系的，本书中所使用的 Ubuntu 20.04 版本应该安装的 ROS 是 Noetic 版本。

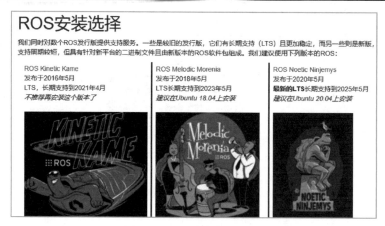

图 2-5 ROS 安装版本选择

如图 2-6 所示，安装时需要选择所使用的操作系统，图中左侧为操作系统，右侧为操作系统版本和支持的处理器架构，可以看到目前 Noetic 版本官方已经支持 Ubuntu、Debian、Windows10、Arch Linux 四个操作系统平台，其中对 Ubuntu 系统的支持最为完整，在 Focal 版本（即 20.04 开发代号）中支持 64 位的 x86 架构和 32 位或 64 位的 Arm 架构。

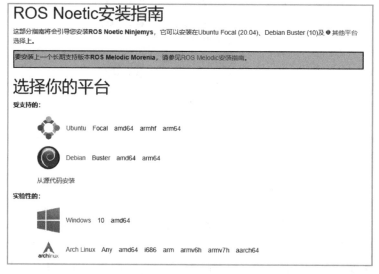

图 2-6 选择操作系统

安装过程可以分为三个部分，第一部分为配置软件源，第二部分为安装，第三部分为设置本地环境变量。

此外，国内用户可以访问各高校搭建的镜像站获取安装链接以提升安装速度，本书以中国科学技术大学的开源软件镜像站为例进行 ROS 的安装，如图 2-7 所示。镜像站地址为 https://mirrors.ustc.edu.cn/help/ros.html。

首先第一部分配置软件源，也就是将软件密钥添加到系统中，这里的软件密钥并非是商业软件中的授权密钥，而是说 Ubuntu 中每个发布的二进制软件安装包都是通过密钥认证的，安装软件源中的软件前需要将密钥导入本地。导入密钥可以使用如下命令执行，相比图 2-7 中给出的方法会简便一些：

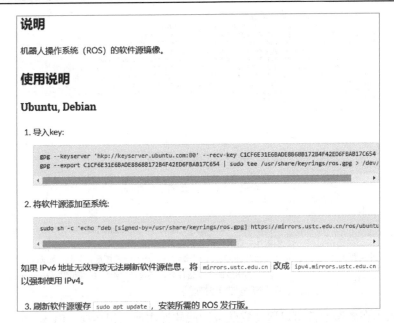

图 2-7　安装指导说明页面

sudo apt-key adv --keyserver 'hkp://keyserver.ubuntu.com:80' --recv-key　C1CF6E31E6BADE88-68B1-72B4F42ED6FBAB17C654

命令中的"C1CF6E31E6BADE8868B172B4F42ED6FBAB17C654"即为密钥，密钥一段时间后可能会变动，安装时请读者务必参照镜像站网页中密钥来执行。

注意：该命令为一行完整的命令，输入过程中不要换行。

再将 ROS 的软件源地址加入 Ubuntu 的软件源列表中：

sudo sh -c 'echo "deb [signed-by=/usr/share/keyrings/ros.gpg] https://mirrors.ustc.edu.cn/ros/ubuntu $(lsb_release -sc) main" > /etc/apt/sources.list.d/ros-latest.list'

注意：该命令同样为一行完整的命令，输入过程中也不要换行。

执行没有报错即为配置成功，如图 2-8 所示。

```
bingda@vmware-pc:~$ sudo apt-key adv --keyserver 'hkp://keyserver.ubuntu.com:80'
 --recv-key C1CF6E31E6BADE8868B172B4F42ED6FBAB17C654
Executing: /tmp/apt-key-gpghome.lDnQ4ldp4Z/gpg.1.sh --keyserver hkp://keyserver.
ubuntu.com:80 --recv-key C1CF6E31E6BADE8868B172B4F42ED6FBAB17C654
gpg: key F42ED6FBAB17C654: public key "Open Robotics <info@osrfoundation.org>" i
mported
gpg: Total number processed: 1
gpg:               imported: 1
bingda@vmware-pc:~$ sudo sh -c 'echo "deb [signed-by=/usr/share/keyrings/ros.gpg
] https://mirrors.ustc.edu.cn/ros/ubuntu $(lsb_release -sc) main" > /etc/apt/sou
rces.list.d/ros-latest.list'
```

图 2-8　配置成功

完成软件源配置后就可以进入第二部分即安装了，首先更新软件列表，如图 2-9 所示，可以看到更新的列表中已经有出现 ROS 相关的地址了。这时候就可以像安装普通软件一样，通过 apt install 来安装 ROS。

在这里官方有三个推荐的安装版本，这三个版本主要区别在于附带安装的软件功能包数量，具体见表 2-2。

```
bingda@vmware-pc:~$ sudo apt update
Hit:1 http://mirrors.aliyun.com/ubuntu focal InRelease
Hit:2 http://mirrors.aliyun.com/ubuntu focal-updates InRelease
Hit:3 http://mirrors.aliyun.com/ubuntu focal-backports InRelease
Hit:4 http://mirrors.aliyun.com/ubuntu focal-security InRelease
Ign:5 http://mirrors.tuna.tsinghua.edu.cn/ros/ubuntu focal InRelease
Get:6 http://mirrors.tuna.tsinghua.edu.cn/ros/ubuntu focal Release [3,794 B]
Get:7 http://mirrors.tuna.tsinghua.edu.cn/ros/ubuntu focal Release.gpg [833 B]
Get:8 http://mirrors.tuna.tsinghua.edu.cn/ros/ubuntu focal/main i386 Packages [17.2 kB]
Get:9 http://mirrors.tuna.tsinghua.edu.cn/ros/ubuntu focal/main amd64 Packages [557 kB]
Fetched 579 kB in 1s (611 kB/s)
Reading package lists... Done
Building dependency tree
Reading state information... Done
159 packages can be upgraded. Run 'apt list --upgradable' to see them.
```

图 2-9　更新的列表

表 2-2　ROS 安装的三个版本

版　本	功　能
ROS-Base（基础组件）	包含 ROS packaging、build 和 communication 库等 ROS 运行和编译时所需要的基础组件，没有图形化界面工具
Desktop（桌面版）	包括 ROS-Base 的全部组件，还有一些图形化工具，比如 rqt 和 rviz
Desktop-Full（完整桌面版）	除了桌面版的全部组件外，还包括二维/三维模拟器（simulator）和二维/三维感知包（perception package）

这三个版本在安装后都可以通过安装或卸载软件实现互相转换，ROS 中功能包的命名规则是 ros-<版本号>-<软件包名>，假设现在安装了 ROS-Base 版本，但是现在又需要用到 rviz，那么可以通过 sudo apt install ros-noetic-rviz（举例说明，请勿执行）手动来安装 rviz 包。

这里推荐安装最完整的 Desktop-Full 版本，避免后续频繁地补充安装其他软件包，执行 sudo apt install ros-noetic-desktop-full –y 命令安装，通过传入-y 参数可以在 apt install 过程中需要用户选择时默认选择 "y" 确认执行，避免再次手动确认。

安装完成没有报错即为安装成功，如图 2-10 所示。如果出现报错，需要根据报错信息去排查和解决。

```
Setting up ros-noetic-robot (1.5.0-1focal.20210601.153902) ...
Setting up ros-noetic-rqt-common-plugins (0.4.9-1focal.20210510.175837) ...
Setting up ros-noetic-perception (1.5.0-1focal.20210424.004413) ...
Setting up ros-noetic-viz (1.5.0-1focal.20210622.170522) ...
Setting up ros-noetic-desktop (1.5.0-1focal.20210622.170818) ...
Setting up ros-noetic-simulators (1.5.0-1focal.20210622.170405) ...
Setting up ros-noetic-desktop-full (1.5.0-1focal.20210622.171109) ...
Processing triggers for libc-bin (2.31-0ubuntu9.2) ...
bingda@vmware-pc:~$
```

图 2-10　ROS 安装成功

安装成功后继续执行第三部分，设置本地环境变量。现在计算机中已经安装了 ROS，但是还需要配置环境变量使操作系统能够知道系统中已经安装了 ROS 和安装的路径。为了避免每次打开终端都需要手动去加载环境变量，可以将这个环境变量写入.bashrc 文件中。

执行 echo "source /opt/ros/noetic/setup.bash" >> ~/.bashrc 将环境变量写入.bashrc 文件，如果需要环境变量在当前终端中就生效，还需要通过 source ~/.bashrc 使当前终端重新加载.bashrc 文件。source 操作只需要在当前终端中执行，以后打开新终端时 bash 会读取.bashrc 文件，环境变量会被自动加载。

现在 ROS 已经安装完成了，可以通过 roscore 来启动测试一下。在图 2-11 所示的终端信息中可以看到 ROS 已经正常启动了，至此 ROS 已经正常安装并可以运行了。结束运行可以通过〈Ctrl+C〉快捷键结束当前终端中运行的程序。

```
bingda@vmware-pc:~$ roscore
... logging to /home/bingda/.ros/log/397200b2-e5e7-11eb-86e6-7b7d185873bf/roslaunch-vmware-pc-52432.log
Checking log directory for disk usage. This may take a while.
Press Ctrl-C to interrupt
Done checking log file disk usage. Usage is <1GB.

started roslaunch server http://vmware-pc:36565/
ros_comm version 1.15.11


SUMMARY
========

PARAMETERS
 * /rosdistro: noetic
 * /rosversion: 1.15.11

NODES

auto-starting new master
process[master]: started with pid [52444]
ROS_MASTER_URI=http://vmware-pc:11311/

setting /run_id to 397200b2-e5e7-11eb-86e6-7b7d185873bf
process[rosout-1]: started with pid [52454]
started core service [/rosout]
```

图 2-11   通过 roscore 来启动测试

根据测试，Ubuntu 20.04 中没有指定 Python 的默认版本，ROS 的 Noetic 版本中默认使用的 Python 版本为 Python3，并且很多功能包中使用 "python" 来指定 Python 解释器。为了避免后续实验出现问题，建议测试并正确设置 Ubuntu 中默认的 Python 版本。

首先检查 Python 默认版本，输入 python -version
命令，如果出现如图 2-12 所示的'python' not found
的提示，则 Python 版本没有指定，需要用户手动
设置。

```
bingda@vmware-pc:~$ python --version

Command 'python' not found, did you mean:

  command 'python3' from deb python3
  command 'python' from deb python-is-python3
```

图 2-12   检查 Python 默认版本

如果获取的版本号第一个数字为 2，如 "Python
2.7.12"，则默认的 Python 版本为 Python2，需要重新设置。如果获取的版本号第一个数字为
3，则不需要修改。

设置 Python 默认版本为 Python3 的方法很简单，通过 apt 安装 python-is-python3 即可，
即 sudo apt install python-is-python3 安装完成后应当再次检查 Python 版本。

2.3 ROS 通信结构

ROS 虽然名为 "操作系统"，但是它和 Ubuntu 这一类操作系统是不同的，ROS 不是传统意义上的操作系统，不用于进程管理和调度，而是构建在其他操作系统之上的一种结构化的通信层，如图 2-13 所示。

OS 层：OS 层是操作系统层，也就是本书中使用的 Ubuntu，该层对 ROS 开发来说不需要过多了解，能够熟练地使用第 1 章中介绍的 Ubuntu 基本操作即可。

中间层：中间层有 TCPROS/UDPROS、Nodelet API、Client Library，是 ROS 中最基础的几个组件。TCPROS/UDPROS 是基于 TCP/IP 做的二次封装，取名为 TCPROS 和 UDPROS。Nodelet API 为了弥补 TCPROS/UDPROS 的一些不足，使用了一种共享内存而不是网络传输的方法实现一些数据的共享，降低了网络传输的带宽需求，Client Library 是客户端的库，这个库中把 UDPROS 和 TCPROS 继续进行封装，形成了一些 ROS 的具体通信实现方法，如后文中的话题、服务等。

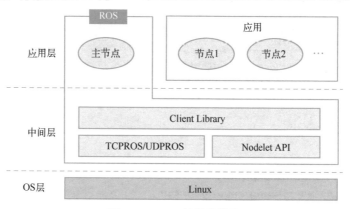

图 2-13   ROS 的通信结构

应用层：应用层的最左边是一个主节点，主节点是与中间层一起框起来，上面标注了一个 ROS。这是因为主节点是每一个 ROS 运行中必须要有，且只能唯一有的。所以说主节点也是 ROS 官方提供的，它用来管理右边这些应用层的节点（Node）。而每一个节点就是一个个相互独立的应用，也就是前面提到的一个个独立的功能模块。

通过以上内容可以归纳一下，ROS 的通信是在 OS 层之上，基于 TCP/IP 和客户端库的二次封装实现的一套通信体系。

2.3.1   节点和主节点

节点是一个可执行程序进程，通常一个节点负责机器人的某一个单独的功能，图 2-14 所示的是一个通过摄像头获取图像再进行图像处理后显示系统的结构。

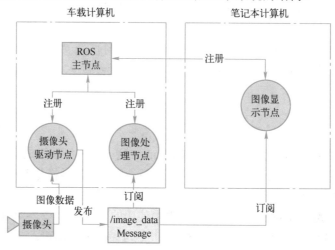

图 2-14   图像获取及处理系统的结构

其中的摄像头驱动节点负责驱动摄像头并获取图像。图像处理节点负责对摄像头获取的图像进行处理加工，图像显示节点负责用图形化的方法显示图像。

不同的节点可以使用不同的编程语言，例如摄像头驱动节点可以使用 C++来编写，而图像处理节点可以使用 Python 来编写。

各个节点也可以运行在不同的设备上，例如摄像头驱动和图像处理节点运行在车载计算机上，而图像显示节点运行在笔记本计算机上。

这些互相独立的节点需要一个统一的接口来管理，使它们互相之间知道彼此的存在并可以交换数据，这就是主节点（Master）需要负责的工作。如图 2-15 所示，主节点相当于一个管理中心，每一个节点启动的时候先要在主节点处进行一次注册（Registration），告诉主节点自己的基本信息，需要接收什么样的信息，需要发布什么样的信息。节点之间的通信应先由主节点进行"牵线"，然后才能进行两两之间的点对点通信。当然每一个节点都可以和多个节点进行通信，节点 1 在和节点 2 通信时也在和节点 n 通信。在一个 ROS 网络中，节点可以有多个，但是主节点有且只能有一个。

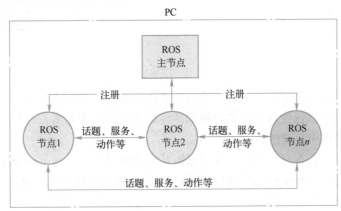

图 2-15 节点之间的通信

节点和节点之间的通信具体有 4 种实现方式，如图 2-16 所示。分别是话题（Topic）、服务（Service）、动作（Action）、参数（Parameters）。

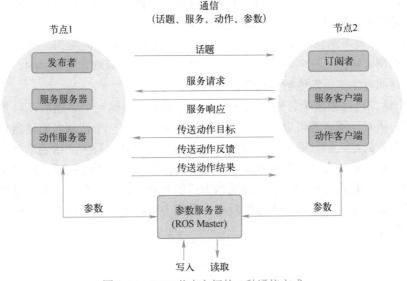

图 2-16 ROS 节点之间的 4 种通信方式

2.3.2 话题（Topic）

话题是 ROS 中最基础也是最常用的一种通信方式，图 2-17 所示是一个话题通信方式的模型。发布消息的一端称为发布者（Publisher），接收消息的一端称为订阅者（Subscriber），两者之间传递的就是话题（Topic），而话题的内容称为消息（Message）。

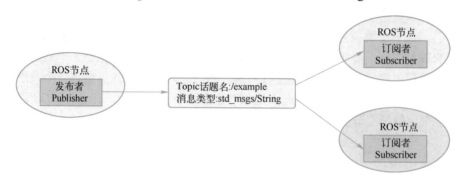

图 2-17　ROS 话题通信方式模型

图 2-17 中假设一个节点中只有一个发布者或订阅者，实际上一个节点中可以有多个发布者或订阅者，也可以包含后文中要介绍的其他通信方式的参与者，这里为了方便介绍每种通信的特点，对节点中包含的内容做了简化。

在图 2-17 中一共有三个节点，其中左侧是发布者节点，发布了 /example 话题，消息类型是 std_msgs/String，example 话题被右侧的两个订阅者节点所订阅。从图 2-17 中的通信模型可以看出话题通信的三个特点。

1）从发布者到订阅者的箭头是单向的，所以话题通信是单向的，即发布者向外发布消息，订阅者只接收消息，订阅者没有向发布者传递消息的行为。这种特性使得话题通信是不保证通信质量的，即发布者不知道发布的话题有没有被收到，而订阅者收到话题也不知道是由谁发布，以及发布的时间（有些消息类型中会包含时间戳信息，可以通过时间戳来判断发布时间，但是话题这种通信机制是不保证实时性的）。

2）发布者在发布消息时需要有一个话题名称作为这个消息的标识，而订阅者在订阅话题时也需要指明订阅的话题名。除了话题名之外，发布与订阅双方还需要约定好话题中消息类型，这样订阅者才能正确地解析出消息中的信息。

3）一个话题可以被多个订阅者点阅，所有订阅者订阅同一个话题后，只要发布者将话题发布出来，所有订阅者都可以收到这个话题。事实上，同一个话题名的话题也可以由多个发布者来发布，只是人们一般不会这样去做。因为在订阅者中只关注话题本身，并不知道话题的发布者是谁，同时有多个发布者发布同一消息会造成一些逻辑处理上的困扰。

从上面这三个特点可以归纳出话题通信方式的特点是简单、单向、多对多并且没有实时性保障。所以这种通信方式多用于数据发布，如图 2-14 所示，摄像头的数据就是通过话题通信方式来发布的。

2.3.3　服务（Service）

除了话题之外还有另外一种比较常用的通信方式，那就是服务。图 2-18 所示是一个服务通信方式的模型，服务通信方式中的参与者称为服务端和客户端，两者之间传递的内容称为服务，服务中包含两部分信息，分别是请求（Request）和应答（Response）。

图 2-18　ROS 服务通信方式模型

　　服务这种通信方式的过程是，由客户端向服务端发送服务的请求，服务端在收到客户端的服务请求后，会根据请求内容做处理（处理方式是用户自己设计的），然后将处理的结果即应答返回给客户端。例如设计一个加法的服务类型，客户端向服务端发送一个请求，请求的内容是两个数值（如 3 和 5），服务端在收到客户端的请求后，会对请求中的数值做相加操作，然后将相加的结果（8）作为应答发送给客户端，这样一次服务通信的过程结束。

　　从这个过程中可以看出，服务通信的服务端和客户端之间是一种双向的通信，这种双向是有条件的，通信只能由客户端发起。因为通信是双向的，所以相比于话题通信，服务通信的通信质量是有保障的，客户端可以知道服务端应答所耗费的时长，以及当客户端没有应答时也可以做一些对应的处理策略。在一次服务通信中，服务端必须是唯一的，但是客户端可以有多个，每个客户端发送请求后，服务端都会给对应的客户端发送应答信息。这种特性就使它很容易用来做一些具有逻辑要求的操作，例如控制机器人上的灯光就可以使用服务通信的方式。客户端发送一个关灯的请求，服务端收到请求后去执行关灯的操作，然后产生一个执行结果（成功或失败）的应答给客户端。这样客户端可以知道，控制灯光这个操作有没有被收到，以及执行的结果，在没有收到应答或者执行结果失败的情况下可以做一些异常情况的处理，有了结果的反馈可以极大地提升系统的可靠性。话题和服务两种通信方式的主要区别见表 2-3。

表 2-3　话题和服务两种通信方式的主要区别

名　称	话　题	服　务
同步/实时性	异步通信/弱	同步通信/强
实现原理	TCPROS/UDPROS	TCPROS/UDPROS
通信模型	发布/订阅	请求/应答
节点数量关系	多对多	多（客户端）对一（服务端）
应用场景	数据发布	逻辑任务处理
传递内容	rosmsg	rossrv

2.3.4　动作（Action）

　　在服务通信方式中，通信过程是客户端发送一个请求，服务端返回一个应答。这种方式在任务执行周期短的情况下是十分有用的，例如控制机器人灯光的例子，服务端收到关灯的请求后立即去执行关灯的操作，然后返回一个应答告诉客户端已经成功地关闭了灯光。

　　但是如果用服务通信方式让机器人移动到一个目标位置，就会产生一些困扰。例如设置的应答方式是开始执行就产生应答，那么就没有办法知道机器人有没有以及在什么时间到达目标位置。如果设置的应答方式是到达目标位置再产生应答，那么在到达目标位置前客户端都不会收到任何消息，此时客户端应该持续等待还是按照没有收到应答的逻辑去处理？如果在移动的过程中需要变更目标点或者取消原计划，又应该怎样操作？

动作（Action）就是为了解决上面这类问题所设计的一种通信方式，如图 2-19 所示。参与通信的双方称为动作客户端和动作服务端，传递的内容是话题，动作通信的底层是使用话题来实现的。

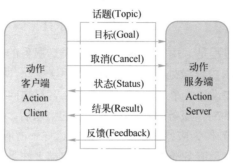

图 2-19　ROS 动作通信方式模型

动作通信的过程是，由客户端向服务端发送目标（Goal），服务端在收到消息后开始执行，在执行期间可以向客户端发送若干次执行过程的反馈（Feedback），也可以为执行的过程设置一些状态位，例如开始执行，执行到第一步、第二步等，这个状态就可以通过状态（Status）发送给客户端。在执行的过程中客户端可以向服务端发送取消（Cancel）的指令，服务端执行完成后会向客户端发送执行结果（Result）。

这个过程和前面介绍的服务通信有点类似，区别在于动作通信方式的服务端在执行动作的过程中可以向客户端发送 0 次至多次的反馈信息，另外服务端在执行动作的过程中会订阅动作的取消话题，如果发布取消话题，服务端会停止执行当前动作中的剩余部分。

动作通信是基于话题通信的发布订阅模型做了一层封装，通过多个话题实现双向多次通信。用户也可以自己通过话题实现动作的效果。

2.3.5　参数服务器

参数服务器是一种比较特殊的机制，它由 ROS 提供，随着 roscore 一起启动，不需要由用户来编写和启动，如图 2-20 所示。

参数服务器本质是一个字典，以 key-value 形式存储。它常用于配置参数，参数服务器中的参数是全局共享的，ROS 网络中所有节点都可以去获取或者设置参数服务器中参数对应的值。

如图 2-20 所示，在节点 1 中设置参数服务器中 foo 参数的值为 1，当节点 2 向参数服务器去获取 foo 参数时，参数服务器就会回复节点 2 当前 foo 参数的值为 1。可通过命令或者在节点中通过参数

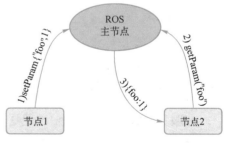

图 2-20　ROS 的参数服务器

的编程接口调整这个参数的值，此时节点如果再去获取参数就会拿到这个新的值。这适用于一些需要动态调节的参数，例如在机器人导航中，想要调节导航中的参数来观察移动效果，就可以用参数服务器来存储和调节参数的值，这样比设置参数→运行→停止→调整参数→再运行要方便很多。

2.4　ROS 常用 shell 命令

ROS 除了提供通信架构之外还提供了一些开发工具，这里的 shell 命令就是指 ROS 的命令行工具。这一节中会结合 ROS 提供的例程学习常用的 shell 命令使用，同时也会对 2.3 节中介绍的几种通信方式做实例操作和演示，希望读者学习本节时能够在 Ubuntu 中实际操作来练习以加深理解。ROS 的 shell 命令在的开发和学习中非常常用，对于下面提到的命令需要熟练掌握它们的使用方法。

1. roscore

这个指令在装完 ROS 的时候用到过。测试 ROS 启动时输入的命令就是 roscore，它的主要作用是启动 ROS 的主节点、一些必要的日志输出节点以及参数服务器。在 ROS 中，运行节点前必须要先运行 roscore 来启动主节点。

在 roscore 的启动日志中比较重要的几项，如图 2-21 所示。rosdistro 指明了当前运行 ROS 的发行版本代号，当前是 Noetic 版本。rosversion 是 ROS 的版本号。ROS_MASTER_URI 中是主节点的 IP 地址和端口号，其中 vmware-pc 是本机的本地地址，即 127.0.1.1，用户没有配置 ROS_MASTER_URI 的值时 ROS 会默认使用本地地址作为 IP。11311 是主节点运行的端口号，这是一个 ROS 中固定的端口号，所有节点启动后都会和这个端口建立通信去进行注册等操作。后文中在配置 ROS_MASTER_URI 时也是指定 IP 地址，端口号仍然使用 11311。

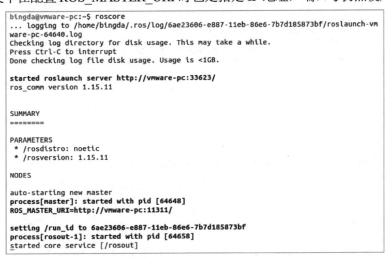

图 2-21　roscore 命令

2. rosrun

rosrun 命令的功能是运行一个 ROS 节点，rosrun 后面是要带参数的，参数至少有两个，第一个参数是功能包名，第二个参数是可执行程序名。

在原来打开的终端中运行 roscore，然后打开一个新终端，通过 rosrun 来运行一个节点，即 rosrun turtlesim turtlesim_node。turtlesim 是 ROS 提供的一个基础教学示例功能包，turtlesim_node 是 turtlesim 功能包中的一个节点，功能是启动如图 2-22 所示的界面，turtlesim_node 这个节点模拟了一个小海龟在海中游的场景，这个节点功能简单，但是对 ROS 中的节点、话题、服务等概念都有涉及，后文的演示中会经常用到这个节点。

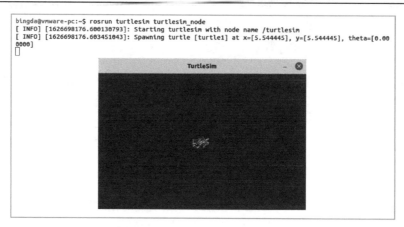

图 2-22 运行 turtlesim_node 节点

3. rosnode

rosnode 顾名思义是和节点有关的一些操作，它可以对节点进行操作或者查询节点相关的信息。直接运行 rosnode 可以看到它的一些介绍信息和可选参数等信息。打开一个新的终端运行 rosnode。如图 2-23 所示，rosnode 支持 ping、list、info、machine、kill 和 clearup 这几个参数。

```
bingda@vmware-pc:~$ rosnode
rosnode is a command-line tool for printing information about ROS Nodes.

Commands:
        rosnode ping     test connectivity to node
        rosnode list     list active nodes
        rosnode info     print information about node
        rosnode machine list nodes running on a particular machine or list machi
nes
        rosnode kill     kill a running node
        rosnode cleanup  purge registration information of unreachable nodes

Type rosnode <command> -h for more detailed usage, e.g. 'rosnode ping -h'
```

图 2-23 rosnode 命令基本信息

各个参数的用法可以通过 rosnode +参数+ -h 来获取帮助，例如 rosnode info -h，这些参数的用法和功能见表 2-4，读者可以在自己的 Ubuntu 中尝试输入表 2-4 中的命令来验证效果。

表 2-4 rosnode 的参数用法和功能

命　　令	功　　能
rosnode ping /turtlesim	测试和节点间的通信状况，ping 后面还需要加上节点名作为参数
rosnode list	列出当前 ROS 中的节点
rosnodeinfo /turtlesim	获取节点的信息，信息中包括发布和订阅的话题、运行的服务以及所占用的端口，info 后还需要加上节点名作为参数
rosnode machine vmware-pc	列出当前主机上所运行的节点，machine 后需要加上设备名作为参数，例如当前设备名 vmware-pc
rosnode kill /turtlesim	结束一个节点的运行，kill 后还需要加上节点名作为参数，执行后可以通过 rosrun 重新运行这个节点
rosnode cleanup	从节点列表中清除已经无法通信的节点，一些节点由于程序 bug 或者其他原因没有正常结束或者在运行中卡死，可以通过这种方式来释放节点所占用的资源

在开发中比较常用的是 list 和 info 两个参数，图 2-24 所示为执行 rosnode info/turtlesim 命令所输出的节点信息。

```
bingda@vmware-pc:~$ rosnode info /turtlesim
--------------------------------------------------------------
Node [/turtlesim]
Publications:
 * /rosout [rosgraph_msgs/Log]
 * /turtle1/color_sensor [turtlesim/Color]
 * /turtle1/pose [turtlesim/Pose]

Subscriptions:
 * /turtle1/cmd_vel [unknown type]

Services:
 * /clear
 * /kill
 * /reset
 * /spawn
 * /turtle1/set_pen
 * /turtle1/teleport_absolute
 * /turtle1/teleport_relative
 * /turtlesim/get_loggers
 * /turtlesim/set_logger_level


contacting node http://vmware-pc:45933/ ...
Pid: 64966
Connections:
 * topic: /rosout
    * to: /rosout
    * direction: outbound (49309 - 127.0.0.1:55162) [24]
    * transport: TCPROS
```

图 2-24　执行 rosnode info /turtlesim 命令所输出的节点信息

4. rostopic

rostopic 的功能是进行和话题相关的操作，它与 rosnode 类似，直接运行 rostopic 会输出它的一些介绍信息和可选参数等信息，如图 2-25 所示，可以看到它支持 bw、delay、echo、find、hz、info、list、pub 和 type 这几个参数。

```
bingda@vmware-pc:~$ rostopic
rostopic is a command-line tool for printing information about ROS Topics.

Commands:
        rostopic bw      display bandwidth used by topic
        rostopic delay   display delay of topic from timestamp in header
        rostopic echo    print messages to screen
        rostopic find    find topics by type
        rostopic hz      display publishing rate of topic
        rostopic info    print information about active topic
        rostopic list    list active topics
        rostopic pub     publish data to topic
        rostopic type    print topic or field type

Type rostopic <command> -h for more detailed usage, e.g. 'rostopic echo -h'
```

图 2-25　rostopic 命令基本信息

其中 list、info 两个参数和 rosnode 中类似，list 可以列出当前发布和订阅的话题名称列表，info+话题名可以输出话题的详细信息，包括消息类型、发布者和订阅者分别是哪个节点，其余参数的用法和功能见表 2-5。

表 2-5　rostopic 的参数用法和功能

命　　令	功　　能
rostopic bw /turtle1/pose	bw 是带宽（bandwidth）的缩写，所以这个参数就是测试话题所占用的通信带宽，bw 后需要加话题名作为参数，例如/turtle1/pose
rostopic delay /turtle1/pose	根据话题消息中的时间戳信息测试当前话题从发布到被订阅到的延迟，delay 后需要加话题名作为参数，如/turtle1/pose。注意：不是所有类型的消息中都包含时间戳信息，如果话题所使用的消息中没有时间戳信息，则会提示"msg does not have header"，例如/turtle1/pose
rostopic echo /turtle1/pose	订阅话题并将话题内容输出到终端中，echo 后需要加话题名作为参数，如/turtle1/pose。echo 会持续输出话题内容，使用〈Ctrl+C〉快捷键可以结束输出

（续）

命　令	功　能
rostopic find geometry_msgs/Twist	根据消息类型查找话题名，会列出当前使用这类型消息的话题名称，find 后需要加消息类型作为参数，例如 geometry_msgs/Twist
rostopic hz /turtle1/pose	测试话题输出频率，hz 后需要加话题名作为参数
rostopic pub 话题名 消息类型 消息内容	通过当前终端发布话题，如图 2-26 中发布一次/turtle1/cmd_vel 话题，turtlesim_node 中的小海龟会向前移动一下
rostopic type /turtle1/cmd_vel	查询话题所使用的消息类型，type 后需要加话题名作为参数，如/turtle1/pose。info 参数的功能中也包含了话题的消息类型信息

通过 rostopic 命令也可以直接从终端发布话题，如图 2-26 所示，通过 pub 参数发布运动控制话题使 turtlesim_node 窗口中的小海龟动起来。

```
bingda@vmware-pc:~$ rostopic pub /turtle1/cmd_vel geometry_msgs/Twist "linear:
  x: 0.1
  y: 0.0
  z: 0.0
angular:
  x: 0.0
  y: 0.0
  z: 0.0"
publishing and latching message. Press ctrl-C to terminate
```

图 2-26　通过 rostopic 命令和 pub 参数发布话题

5. rosservice

rosservice 是进行服务的相关操作，和前面两个命令类似，直接运行 rosservice 会输出它的可选参数等信息，图 2-27 中可以看到它支持 args、call、find、info、list、type、uri 这几个参数。

```
bingda@vmware-pc:~$ rosservice
Commands:
	rosservice args print service arguments
	rosservice call call the service with the provided args
	rosservice find find services by service type
	rosservice info print information about service
	rosservice list list active services
	rosservice type print service type
	rosservice uri  print service ROSRPC uri

Type rosservice <command> -h for more detailed usage, e.g. 'rosservice call -h'
```

图 2-27　rosservice 命令基本信息

其中 find、info、list、type 这几个参数读者可以根据前面的两个命令中的参数用法来类推在 rosservice 中的用法，并在实际操作中验证自己的想法，如果遇到困难可以通过 -h 来获取帮助信息。其余几个参数的用法和功能见表 2-6。

表 2-6　rosservice 的部分参数用法和功能

命　令	功　能
rosservice args /spawn	args 用于获取服务请求所需要的参数，args 后需要加服务名作为参数，如/spawn
rosservice call 服务名 请求数据	向服务发出一次请求，如图 2-28 所示，发送一次/spawn 服务请求来产生一只新的小海龟。其中最后一行的 name 为服务器产生的应答，在 turtlesim_node 的窗口中也会加入一只新的小海龟

```
bingda@vmware-pc:~$ rosservice call /spawn "x: 1.0
y: 1.0
theta: 0.0
name: 'test'"
name: "test"
```

图 2-28　rosservice call 命令

6. rosmsg

话题中的内容称为消息（Message），在 ROS 中常用缩写 msg 来代替，rosmsg 自然就是和消息有关的操作。直接运行 rosmsg 会输出它的可选参数等信息，如图 2-29 所示。

```
bingda@vmware-pc:~$ rosmsg
rosmsg is a command-line tool for displaying information about ROS Message types.

Commands:
        rosmsg show     Show message description
        rosmsg info     Alias for rosmsg show
        rosmsg list     List all messages
        rosmsg md5      Display message md5sum
        rosmsg package  List messages in a package
        rosmsg packages List packages that contain messages

Type rosmsg <command> -h for more detailed usage
```

图 2-29　rosmsg 命令基本信息

对于消息，用户只能执行查询相关的操作，图 2-29 中的参数用于列出消息类型列表或者消息的信息等操作，参数的用法和功能见表 2-7。

表 2-7　rosmsg 的参数用法和功能

命　　令	功　　能
rosmsg show geometry_msgs/Twist	显示消息中包含的信息，show 后需要加上消息类型作为参数，如 geometry_msgs/Twist 类型，执行后可以查看消息内容
rosmsg info	参数用法及功能和 show 完全一致（基本不用 info 这个参数）
rosmsg list	列出当前 ROS 的环境中包含的所有消息类型
rosmsg md5 geometry_msgs/Twist	显示消息的 md5 校验值，md5 后面需要加上消息类型作为参数，如 geometry_msgs/Twist 类型。通常用于校验两台设备上消息类型是否一致
rosmsg packages	列出包含消息类型的功能包，ROS 中消息类型都是在功能包中定义的，每个功能包可以定义 0 个或多个消息类型
rosmsg package std_msgs	列出功能包中包含的消息类型，package 后需要加上功能包名作为参数

7. rossrv

服务中的内容称为服务（Service），在 ROS 中常用缩写 srv 来代替，这里 rossrv 自然就是和消息有关的操作。类似于 rosmsg 用于查询消息类型的操作，rossrv 是用于查询服务类型的操作。rossrv 在操作方式上也和 rosmsg 类似，它们所支持的参数也是类似的。直接运行 rosmsg 会输出它的可选参数等信息，如图 2-30 所示。

```
bingda@vmware-pc:~$ rossrv
rossrv is a command-line tool for displaying information about ROS Service types.

Commands:
        rossrv show     Show service description
        rossrv info     Alias for rossrv show
        rossrv list     List all services
        rossrv md5      Display service md5sum
        rossrv package  List services in a package
        rossrv packages List packages that contain services

Type rossrv <command> -h for more detailed usage
```

图 2-30　rossrv 命令基本信息

需要注意的是，rossrv 和 rosservice 是两条完全不同的命令，rosservice 的功能是查询或执行发送服务请求等操作，而 rossrv 是用于查询各种服务类型和内容。

rossrv 的参数用法及功能和表 2-7 中 rosmsg 的参数用法和功能基本一致，这里不再重复列出。在图 2-28 中演示过使用 rosservice 向/Spawn 服务发送了一次请求，通过 rosservice type /spawn 可以查询到/Spawn 的服务类型是 turtlesim/Spawn，要获取 turtlesim/Spawn 服务类型的内容，可以通过 rossrv show turtlesim/Spawn 来查看服务的信息，如图 2-31 所示。

```
bingda@vmware-pc:~$ rossrv show turtlesim/Spawn
float32 x
float32 y
float32 theta
string name
---
string name
```

图 2-31　显示 turtlesim/Spawn 服务类型的内容

从图 2-31 中的执行结果可以看到，和消息类型的内容相比，服务类型的内容中有 "---" 来分割上下两部分。在前文中介绍服务通信时有提到，服务分为请求和应答两部分，这里的 "---" 就是用于分割请求和应答的，上半部分为客户端发送请求时包含的内容，下半部分是服务器产生的应答内容。

8. rosbag

rosbag 是 ROS 中提供的一个数据录制和播放工具，它可以将一段时间内 ROS 中所产生的全部或者部分话题录制保存为文件，然后再次播放。

设想一下，当开发者操作一台机器人在场地做一些测试来检验算法的效果时，传统的方法是，开发者每修改一次算法后就需要去进行一次实地的测试，这样不仅非常耗费时间，而且每次测试的环境或者操作过程也会存在一定的差异，这样也无法保证单一变量来评价修改效果。

这时候 rosbag 就很有用了，当开发者第一次做实地测试时，将传感器所产生的数据录制下来，以后每次修改算法后，只需要播放第一次录制的传感器数据就可以模拟出机器人在场地中实际运行过程中的数据。这样做不仅节省时间，也可以保证测试条件的一致性，进而保障实验的结果，开发者也可以将录制的数据分享给其他人，使其他人可以很容易地复现实验来检验研究成果。

可以通过直接执行 rosbag 命令来查看命令的帮助和介绍信息，这里重点介绍录制数据和播放数据两个功能。首先还是需要启动 roscore 和执行 turtlesim_node 节点，然后启动一个键盘遥控节点 turtle_teleop_key 用于控制 turtlesim_node 节点中的小海龟游动，程序如下：

```
roscore
rosrun turtlesim turtlesim_node
rosrun turtlesim turtle_teleop_key
```

turtle_teleop_key 节点可以通过键盘的〈↑〉、〈↓〉、〈←〉、〈→〉4 个按键来控制小海龟前进、后退、左转和右转，小海龟游动时会在背景中留下运动轨迹，如图 2-32 所示。注意控制小海龟移动时，鼠标的指针需要在运行 turtle_teleop_key 节点的终端中，否则节点无法捕获键盘的动作，也就无法控制海龟运动，窗口的范围也是小海龟可以活动的范围，小海龟运动到窗口边界时会 "撞" 上边界而无法运动。

（1）录制数据　键盘控制小海龟时，是通过发布/turtle1/cmd_vel 话题实现控制的，turtlesim_node 节点订阅到这个话题海龟就会移动。

现在启动一个新的终端，先执行 rosservice call /reset "{}"复位小海龟的位置为初始位置，然后录制/turtle1/cmd_vel 话题 rosbag record /turtle1/cmd_vel -O bag_test，其中 record 参数用于录制，/turtle1/cmd_vel 为话题名，-O 参数指定文件名，bag_test 为指定的文件名，rosbag record 的参数非常丰富，更多的参数可以通过 rosbag record -h 来获取帮助信息。

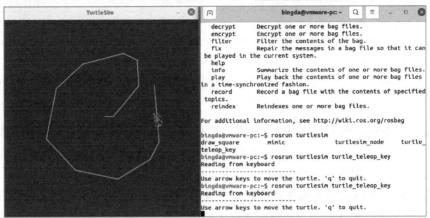

图 2-32　通过键盘控制小海龟运动

　　开始录制数据后，回到键盘控制节点中控制小海龟运动。录制一段时间数据后可以通过〈Ctrl+C〉快捷键来结束录制，并在当前的目录下产生一个名为 bag_test.bag 的文件，这就是刚刚录制话题产生的数据包。

　　（2）播放数据　再次执行 rosservice call /reset "{}"复位小海龟的位置为初始位置，然后播放数据包，即 rosbag play bag_test.bag，其中 play 用于播放数据包，bag_test.bag 为数据包文件名，关于更多的 play 参数也可以通过 rosbag play -h 来获取帮助。

　　数据包开始播放后可以看到窗口中的小海龟会沿着刚刚录制数据时小海龟的运动轨迹运动，这样就可以通过录制和播放数据来复现小海龟的运动轨迹，如图 2-33 所示。

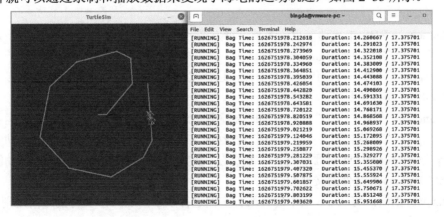

图 2-33　播放数据包控制小海龟运动

9. roscd、rospack 和 rosls

　　前面运行了很多次 turtlesim 功能包中所提供的节点，那么现在可能会有一个疑惑，turtlesim 这个功能包在什么位置？

　　在终端中可以通过 Linux 提供的 cd 命令在各个目录中跳转查找，但是这样操作并不太方便，ROS 给用户提供了一些文件系统工具，可以很方便地完成这样的操作。文件系统工具的命令和功能见表 2-8。

表 2-8 ROS 中文件系统工具的命令和功能

命　　令	功　　能
rospack list-names	获取已安装的功能包列表
rospack find turtlesim	find 后需要加上功能包名作为参数，例如 turtlesim
rosls turtlesim	列出功能包目录下的文件，需要加上功能包名作为参数，例如 turtlesim
roscd turtlesim	跳转到功能包目录下，需要加上功能包名作为参数，例如 turtlesim

rospack 用于获取当前已安装的功能包，可以通过 rospack -h 来查看命令用法和获取帮助，比较常用的是 list-names 和 find 两个参数，list-name 用于获取当前已经安装的功能包，find 用于获取一个功能包的路径，find 后需要加上功能包名作为参数。

roscd、rosls 分别是用于跳转到功能包目录下和显示功能包下的文件。它们的用法很简单，在命令后加上功能包名作为参数就可以了。所实现的功能与 Linux 命令中的 cd、ls 基本一样，只是通过 ROS 提供的工具可以快速地定位到功能包所在目录。

通过执行 rospack find turtlesim 命令可以发现，turtlesim 这个功能包是安装在/opt/ros/noetic/share/turtlesim 目录中，而在 ROS 环境配置时用到一条命令将 ROS 的环境变量加入.bashrc 文件中，加入的 setup.bash 文件就是在/opt/ros/noetic/目录下，这也是 ROS Noetic 版本的安装目录。

ROS 中通过 apt 方式安装的功能包是存放在 ROS 安装目录下的/opt/ros/noetic/share/目录下。turtlesim 这个功能包是在安装桌面完整版 ROS 时作为附带功能包一起安装的，后文中通过 apt 方式继续安装其他 ROS 功能包也是安装在/opt/ros/noetic/share/目录下。

当然用户自己编写和编译的功能包不会出现在这里，而是在工作空间中。

10．roslaunch

roslaunch 是 ROS 中启动节点的另外一种方式，和 rosrun 相比，roslaunch 并不是直接操作节点的可执行文件，而是 launch 文件。

一个 launch 文件中可以包含多个节点，这样就可以通过 roslaunch 一次启动多个节点而不用每启动一个节点就打开一个终端。

roslaunch 的另外一个特性是在启动时会检测主节点有没有在运行，如果没有运行，它将会启动一个主节点。这样避免了在运行任何 ROS 应用前都需要通过 roscore 来启动主节点。和 rosrun 类似，roslaunch 后面也是要带参数的，参数至少有两个，第一个参数是功能包名，第二个参数是 launch 文件的文件名。

roslaunch 的用法将在 2.6 节中通过运行实例进行演示，launch 文件的编写规则会在 3.5 节中再做介绍。

2.5　ROS 常用图形工具

ROS 中除了提供命令行工具外还提供了一些图形化的工具，这些图形化的工具可以帮助人们更直观地去了解 ROS 的工作机制，灵活地使用这类工具也可以帮助人们更高效地开发和调试。

ROS 中的图形化界面可分为两个大类，rqt 工具箱和 rviz。在本节中将通过实例运行这些工具，在演示工具使用前需要先启动键盘控制小海龟移动的例程：

```
roscore
rosrun turtlesim turtlesim_node
rosrun turtlesim turtle_teleop_key
```

2.5.1　rqt 工具箱

rqt 工具箱是一套基于 Qt 开发的 ROS 工具，它是以插件的形式实现了各种图形化界面的工具，可以直接在终端中输入 rqt 启动。rqt 工具箱界面如图 2-34 所示。

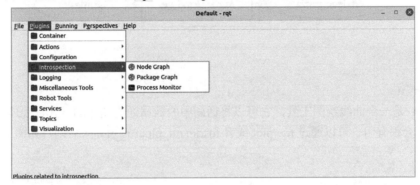

图 2-34　rqt 工具箱界面

在 rqt 工具箱窗口中单击"Plugins"（插件）按钮来选择需要使用的功能，例如可以选择"Introspection"中的"Node Graph"输出 ROS 计算图来显示当前运行的节点和话题之间的关系，如图 2-35 所示。

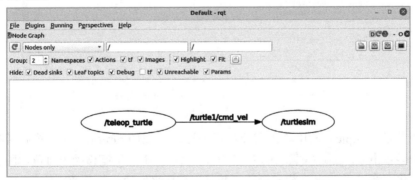

图 2-35　Node Graph 界面

通过这种方式可以运行 rqt 工具箱提供的所有插件，但是这样的操作步骤还是偏多，使用并不是很方便，所以在开发中更多的是直接通过命令或者 rosrun 的方式来启动一个特定的工具插件，下面是几种比较常用的工具使用方法。

1. rqt_graph

rqt_graph 也就是之前在 rqt 工具箱中运行的"Node Graph"插件，可以直接输入 rqt_graph 或者通过 rosrun rqt_graph rqt_graph 来启动。图 2-36 中的椭圆代表节点，箭头上的信息是话题，箭头由发布者指向订阅者。通过 rqt_graph 工具能直观地看出当前各个节点之间的关系。这个工具常见的应用场景是当开发中发现各个节点没有按照预期方式正常通信时，使用这个工具来辅助排查问题。

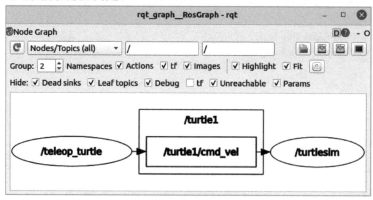

图 2-36   rqt_graph 界面

2. rqt_plot

rqt_plot 是一个曲线绘图工具，它可以将话题中的数据通过图像的方式直观地呈现，这在调试参数时会很有用。可以通过 rqt_plot 或者 rosrun rqt_plot rqt_plot 来启动，如图 2-37 所示。

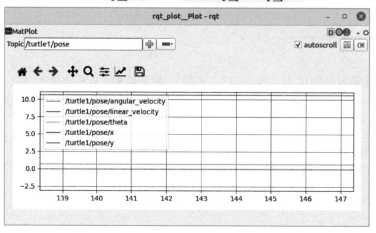

图 2-37   rqt_plot 界面

在左上角的"Topic"栏中输入需要显示的话题，例如/turtle1/pose，然后话题中的数据就会在图中显示出来。通过键盘上的〈↑〉、〈↓〉、〈←〉和〈→〉键移动小海龟，图表中的数据也会随之变化。通过"Topic"栏右侧的"减号"按钮来取消一部分数据的显示。"Topic"栏下方的一排按钮中的 按钮可以用于修改横纵坐标的幅值，右上角的 按钮可以暂停数据的更新，以便于静态地观察过去一段时间的数据。

另外还有两个工具 rqt_image_view 和 rqt_tf_tree 也比较常用，它们将在后文介绍 TF 坐标和机器视觉时再做演示。

2.5.2   rviz

rviz 是 ROS 中一个重要的图形工具，它的功能非常强大。可以通过 rviz 命名或者

rosrun rviz rviz 来启动。在 rviz 中可以通过左下方的"Add"按钮来添加各种显示组件，如图 2-38 所示。在后文中还会频繁地使用到 rviz，在使用时会结合实例来演示它的用法和功能。

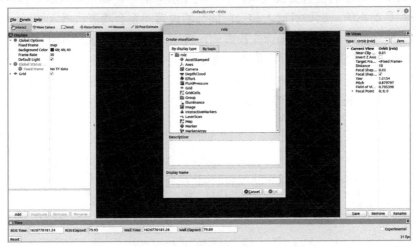

图 2-38 rviz 界面

2.6 ROS 坐标系和 tf 变换

在机器人系统中会有很多位置变换关系，要描述这些变换关系，首先就需要定义一个统一的坐标系，各个位置之间只有使用相同的坐标系来描述变换关系才有意义。本节将介绍 ROS 中坐标系的定义和对坐标之间关系的描述方法。

2.6.1 ROS 中的坐标定义

ROS 中使用的是空间直角坐标系，空间直角坐标系中，有三条两两垂直的轴相交于同一点，这个相交点就称为原点，三条轴分别为 x、y、z 轴，如图 2-39 所示。ROS 中的坐标系遵循右手定则，如图 2-40 所示，右手大拇指，食指，中指张开，食指所指向的是 x 轴的正方向，中指指向为 y 轴正方向。大拇指指向为 z 轴正方向。旋转方向的定义如图 2-41 所示，右手握在轴上，大拇指指向轴的正方向，四指握向的方向为对应轴旋转的正方向。

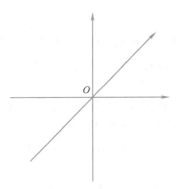

图 2-39 直角坐标系

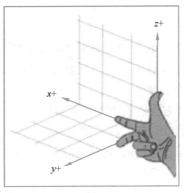

图 2-40 ROS 中的坐标系

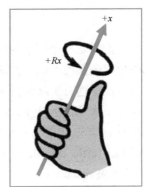

图 2-41 旋转方向

2.6.2 ROS 中的 tf 变换

在机器人中有很多的位置变换关系，有一些是静态的，例如机器人本体和雷达的位置关系。也有一些是动态的，例如机器人和当前的环境位置关系会随着机器人的运动而改变。

图 2-42 所示是一个典型的坐标变换案例，机器人本体的坐标为 base_link，激光雷达的坐标为 base_laser，激光雷达可以测量出自身和环境中障碍物的距离，但是在导航中为了避免机器人和障碍物发生碰撞，也需要知道机器人中心和障碍物的相对距离，这时候要怎么知道机器人本体的坐标 base_link 和障碍物的距离呢？

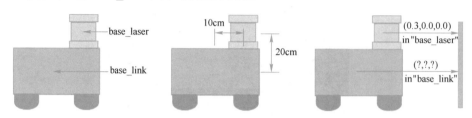

图 2-42　机器人、雷达、障碍物距离关系

ROS 中给出的解决方法是使用 tf 变换来描述各个坐标之间的位置变换关系，如图 2-43 所示，当激光雷达测量出相对障碍物（x, y, z）的距离为（0.3，0.0，0.0）后，已知激光雷达相对机器人的本体的（x, y, z）位置关系为（0.1，0.0，0.2），只需要发布一个机器人本体坐标和激光雷达坐标的 tf 变换，即 base_link→base_laser 的距离变换为（0.1，0.0，0.2），在这个变换中 base_link 称为父坐标，base_laser 称为子坐标，变换的关系为子坐标相对父坐标的距离。通过这个 tf 变换，就能很容易得出当前机器人本体和障碍物的位置关系为（0.4，0.0，0.2）。

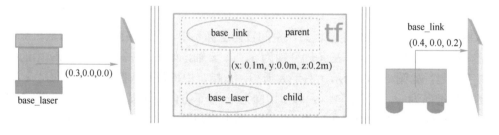

图 2-43　tf 变换

上面只是一个简单的例子，tf 变换的强大之处在于它提供了一种描述整个机器人上各个部件位置关系的方法。如图 2-44 所示，当机器人上有多个坐标时，tf 变换这样一个统一的坐标变换描述方法就显得很有必要了。

接下来通过运行 ROS 官方提供的教学例示来加深对 tf 变换的理解和熟悉常用的调试工具用法。首先结束当前运行的所有节点。然后在终端中使用 roslaunch 启动 tf 变换例程 roslaunch turtle_tf turtle_tf_demo.launch，通过 roslaunch 启动时，不需要 roscore 处于运行状态（当然如果 roscore 正在运行也没问题），如图 2-45 所示。

turtle_tf_demo.launch 中会启动/sim、/teleop、/turtle1_tf_broadcaster /turtle2_tf_broadcaster、/turtle_pointer 这 5 个节点，这 5 个节点共同实现的功能是在 TurtleSim 窗口中产生两只小海

龟，通过〈↑〉、〈↓〉、〈←〉、〈→〉键遥控一只小海龟移动，另外一只小海龟会跟随它运动。它的实现方式就是通过跟踪第一只小海龟相对环境的坐标，向第二只小海龟发送移动命令来实现跟随的效果。

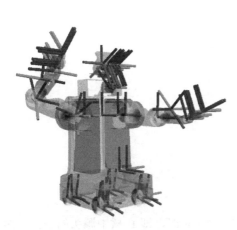

图 2-44 PR2 机器人上的 tf 变换

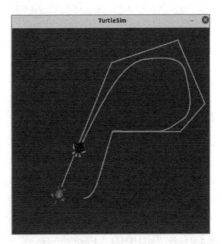

图 2-45 turtle_tf_demo.launch 效果

在 tf 变化的调试中常用到的工具有两个，第一个是 rqt_tf_tree，可以通过 **rosrun rqt_tf_tree rqt_tf_tree** 命令启动，如图 2-46 所示。

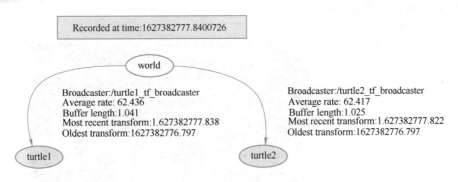

图 2-46 rqt_tf_tree 工具

rqt_tf_tree 工具中会显示当前所有的坐标和它们之间的位置关系以及 tf 变换的相关信息。从图 2-46 中可以看出 world 父坐标有两个子坐标，turtle1 和 turtle2。在 tf 变换中，一个父坐标可以有 0 至多个子坐标，但是每个子坐标只能有一个父坐标，子坐标可以继续向下延伸自己的子坐标。假设将小海龟的头也作为一个独立的坐标取名为 turtle1/head，则 turtle1 也就有一个子坐标 turtle1/head，而在 turtle1 到 turtle1/head 的坐标中，turtle1 就是父坐标，turtle1/head 为子坐标。

tf 变换正是这样从一个坐标开始，通过父子坐标关系不断延伸，最终形成一个树状结构的，所以如图 2-46 所示的坐标关系的图也称为 tf 树。

在 tf 变换的调试中另外一个常用的工具是 rviz，可以通过 **rviz** 命令打开，然后单击界面上的"Add"按钮，在弹出的窗口（见图 2-47）中选择"TF"，然后单击"OK"按钮。

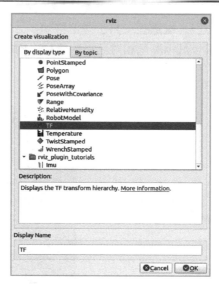

图 2-47　显示选项

　　再将 rviz 界面中的"Fixed Frame"选项设置为"world"，即 tf 树中源头的坐标，然后在 rviz 界面中就可以显示 tf 变换坐标（见图 2-48），在 ROS 的坐标显示中，红色代表 x 轴，绿色代表 y 轴，蓝色代表 z 轴。

　　通过〈↑〉、〈↓〉、〈←〉、〈→〉遥控小海龟运动，rviz 中的坐标也会随着两只小海龟的运动而产生相应的位置关系变化。

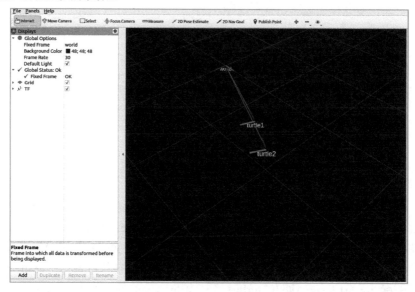

图 2-48　rviz 中显示 tf 变换坐标

2.7　ROS 工作空间

　　在 ROS 中开发的软件称为功能包，在开发的过程中为了能够使用 ROS 提供的各类库、编译工具等，就需要在一个统一的位置开发，这个位置就称为工作空间。本节将介绍工作空间的文件结构并创建一个工作空间用于开发功能包。

2.7.1　ROS 工作空间是什么

ROS 工作空间是编辑、编译和安装功能包的目录。如图 2-49 所示，一个工作空间中通常包含三个目录，即 src、build、devel，如果需要产生 install 目录需要在编译系统中设置，默认不会创建 install 目录。

```
workspace_folder/               -- WORKSPACE
    src/                        -- SOURCE SPACE
CMakeLists.txt                  -- The 'toplevel' CMake file
        package_1/
CMakeLists.txt
            package.xml
            ...
        package_n/
            CATKIN_IGNORE       -- Optional empty file to exclude package_n from being processed
CMakeLists.txt
            package.xml
            ...
    build/                      -- BUILD SPACE
        CATKIN_IGNORE           -- Keeps catkin from walking this directory
    devel/                      -- DEVELOPMENT SPACE (set by CATKIN_DEVEL_PREFIX)
        bin/
        etc/
        include/
        lib/
        share/
        .catkin
env.bash
        setup.bash
        setup.sh
        ...
    install/                    -- INSTALL SPACE (set by CMAKE_INSTALL_PREFIX)
        bin/
        etc/
        include/
        lib/
        share/
        .catkin
env.bash
        setup.bash
        setup.sh
        ...
```

图 2-49　ROS 工作空间典型结构

src 目录下存放的是用户编写的功能包源码，src 为 source 缩写，即源文件目录。src 目录下可以有 0 至多个功能包目录，除了功能包目录外还有一个 CMakeLists.txt 文件，这个文件是由 catkin 编译系统编译工作空间时产生的，不需要用户手动去创建和维护。

build 目录下是存放 catkin 编译 src 目录下文件时产生的缓存信息和中间过程文件，build 目录不是一个工作空间中所必需的，但是 catkin 的默认配置还是会创建这个目录并将编译过程中产生的文件放入这个目录以保证工作空间目录的整洁。

devel 目录下是 catkin 编译后产生的可执行文件存放的位置，devel 是 development 的缩写，它提供了一个不需要安装就可以运行可执行文件的开发环境。

install 目录下是将编译出的可执行文件安装到系统中或者打包成安装包分发出去时需要

用到的文件，在初级阶段的学习不涉及安装和打包的操作，读者如果感兴趣可以阅读 catkin 的相关资料了解相关信息。

2.7.2 创建并使用一个工作空间

工作空间是一个目录，所以创建工作空间也就是在创建目录。工作空间一般是放在当前用户的主目录下，即"~"目录，ROS 中对工作空间的名称没有限制，但是它推荐的名称为 catkin_ws（即 catkin workspace），这里本书也遵循了它的推荐名称。工作空间下的 src 目录需要由用户手动创建，所以在"~"目录下递归地创建 catkin_ws/src 目录，代码如下：

    mkdir -p ~/catkin_ws/src

catkin_ws 目录现在就是一个空的工作空间了，空的工作空间也是可以编译的。编译需要在工作空间目录（即 catkin_ws）下执行，不可以在工作空间目录的子目录下执行。所用的命令是 catkin_make。现在需要先跳转到工作空间目录下，然后编译工作空间，代码如下：

    cd ~/catkin_ws/ && catkin_make

可以看到，在这个空工作空间下也是可以正常编译的，如果当前有安装 tree 工具，可以通过 tree 工具查看现在工作空间下的文件结构，执行命令 tree -L 2，如图 2-50 所示。

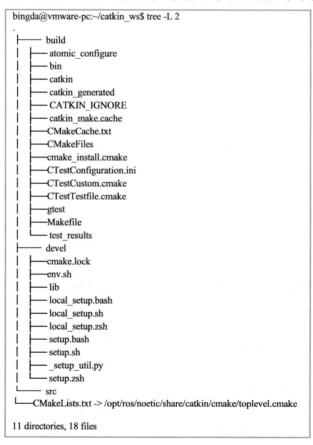

```
bingda@vmware-pc:~/catkin_ws$ tree -L 2
.
├── build
│   ├── atomic_configure
│   ├── bin
│   ├── catkin
│   ├── catkin_generated
│   ├── CATKIN_IGNORE
│   ├── catkin_make.cache
│   ├── CMakeCache.txt
│   ├── CMakeFiles
│   ├── cmake_install.cmake
│   ├── CTestConfiguration.ini
│   ├── CTestCustom.cmake
│   ├── CTestTestfile.cmake
│   ├── gtest
│   ├── Makefile
│   └── test_results
├── devel
│   ├── cmake.lock
│   ├── env.sh
│   ├── lib
│   ├── local_setup.bash
│   ├── local_setup.sh
│   ├── local_setup.zsh
│   ├── setup.bash
│   ├── setup.sh
│   ├── _setup_util.py
│   └── setup.zsh
└── src
    └── CMakeLists.txt -> /opt/ros/noetic/share/catkin/cmake/toplevel.cmake

11 directories, 18 files
```

图 2-50 编译后的 ROS 工作空间文件结构

从图 2-50 中可以看到工作空间下自动产生了 build 和 devel 目录，src 目录下也产生了 CMakeList.txt。即使这是一个空工作空间，build 和 devel 下依然是产生了很多文件。

2-1　功能包
bingda_tutorials

接下来将用户自己编写的功能包放到工作空间中，创建和编写功能包将会在第 3 章介绍，这里可直接扫描二维码 2-1 下载，并将其复制到 ~/catkin_ws/src/ 目录中并执行解压缩操作，然后编译工作空间：

```
cd ~/catkin_ws/src/
unzip bingda_tutorials.zip
cd ~/catkin_ws/ &&catkin_make -j
```

这次因为有了文件需要编译，编译耗费的时间会比之前的编译稍长。当编译进度执行到 100%时编译也就完成了，完成后可以再次通过 tree 工具再来查看文件结构 tree -L 2。

现在已经完成了工作空间的创建，并且在工作空间中放入了一个名为 bingda_tutorials 的功能包，此时工作空间中的功能包是不是可以正常使用了呢？答案是否定的，可以试一下通过 rospack 来查找 bingda_tutorials 功能包，如图 2-51 所示，系统会提示找不到这个功能包。

```
bingda@vmware-pc:~/catkin_ws$ rospack find bingda_tutorials
[rospack] Error: package 'bingda_tutorials' not found
```

图 2-51　通过 rospack 查找功能包

这是因为现在只是创建和编译了工作空间，但是还没有告诉系统现在存在了这样一个工作空间，所以还需要完成最后一步，设置工作空间的环境变量。

将工作空间 devel 目录下中编译产生的 setup.bash 文件加入到.bashrc 文件中，然后重新 source：

```
echo "source ~/catkin_ws/devel/setup.bash" >> ~/.bashrc
source ~/.bashrc
```

现在再通过 rospack 来查找这个功能包，可以发现系统已经可以正常显示功能包路径了，并且路径就在 catkin_ws 工作空间的 src 目录下，下面通过 launch 来启动节点测试：

```
roslaunch bingda_tutorials bingda_talker.launch
```

从终端中可以看到节点正常启动，说明的工作空间中的功能包已经可以像 apt 方式安装的功能包一样运行了。

第 3 章　ROS 编程基础

3.1　ROS 开发环境搭建

在开发 ROS 功能包前需要先搭建一个开发环境，ROS 功能包的编译等系统工具 ROS 已经有提供，只需要给自己一个写代码的环境就可以。

最简单的环境可以直接使用文本编辑器写代码+终端编译代码，这种方法的弊端是缺少自动补全或者语法检查之类基础功能，开发效率不高。因此人们更倾向于使用一些集成开发环境（Integrated Development Environment，IDE）软件作为开发环境。

ROS 并没有指定使用某一款特定的 IDE，在官方的推荐列表中有十多款软件可选，这里推荐使用的是微软的 VSCode（Visual Studio Code）及其提供的插件作为后续的开发环境。

3.1.1　Ubuntu 下安装 VSCode

在 Ubuntu 中，安装 VSCode 最简单的方式是通过软件中心来安装，搜索"vscode"，单击"Install"按钮即可安装，如图 3-1 所示。

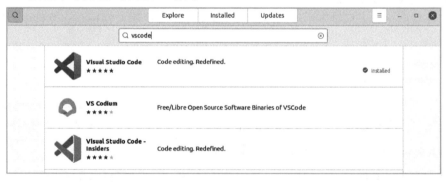

图 3-1　软件商店中的 VSCode

如果使用软件商店无法成功安装，也可以通过网页下载 VSCode 的安装包，下载链接为 https://code.visualstudio.com/或扫描二维码 3-1 下载。

Ubuntu 操作系统中使用的是 deb 格式的软件安装包，下载时选择 deb 格式单击"Save File"按钮保存即可，下载完成后可以通过 dpkg 命令手动安装。例如将软件安装包下载在当前用户的 Downloads 目录下，那么执行 sudo dpkg -i ~/Downloads/文件名即可安装。

3-1　VSCode
安装包

通过软件商店或者安装包的方式安装完成后，在终端中执行 code 即可启动 VSCode，由于后续要频繁地使用到 VSCode，这里建议将它固定在左侧程序坞（Dock）栏中以方便使用。

图 3-2 所示是 VSCode 的界面，单击右上角的"File"→"Open Folder"，选择第 2 章中

创建的工作空间"catkin_ws"目录，然后单击"OK"按钮。这样左侧的 Explorer 栏中就有了 catkin_ws 工作空间的目录。

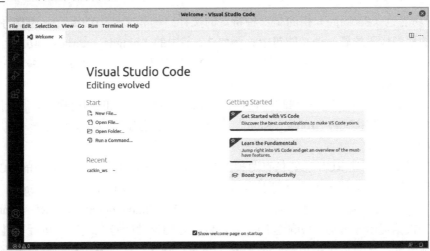

图 3-2　VSCode 启动界面

打开 src 目录中的 CMakeLists.txt 文件，这个文件应该是像普通文本一样显示的，没有语法关键字高亮等特性。这是由于 VSCode 中语言的支持是通过插件来实现的，插件是独立于 VSCode 之外单独安装的。为了能够实现语法高亮、自动检查等功能，需要在 VSCode 中安装相应的插件。

3.1.2　VSCode 常用插件安装

VSCode 中的插件可以通过左侧一栏中的 █ 按钮安装，单击展开后会有一个搜索框，在本书涉及的 ROS 开发中主要会用到以下几个插件：C/C++、Python、CMake Tools 和 ROS。如图 3-3 所示，搜索插件名称，单击选中插件，在详情页单击"install"按钮即可完成插件的安装。

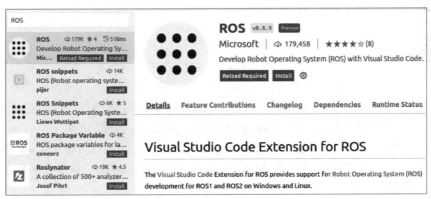

图 3-3　VSCode 插件安装

通过以上几个插件，在 VSCode 中就可以实现语法高亮显示、自动补全等操作，这些功能会极大地提升开发的效率。

3.2 新建一个 ROS 功能包

ROS 功能包（Package）指的是一种特定的文件结构和文件夹的组合，通常将实现一个具体功能的程序代码放到一个功能包中。例如 2.7 节中的"bingda_tutorials"功能包是一个用于 ROS 编程基础教学的功能包。本节将介绍 ROS 编程基础相关内容并练习编写代码，这些练习代码就可以放入一个名为"练习"的功能包中。

ROS 中功能包的命名没有强制规范，通常以功能包所实现的功能命名，做到"见名知义"。例如后文中会用到的"robot_vision"功能包，通过名字可以猜想这是一个和机器视觉相关的功能包。

安装完 IDE 后创建 ROS 功能包有两种方法。第一种可以通过 VSCode 中的 ROS 插件创建，在 VSCode 中右键单击工作空间下的 src 目录，单击"Create Catkin Packege"，如图 3-4 所示。然后根据提示输入创建功能包的名称，例如"bingda_practices"，按〈Enter〉键确认。接下来根据提示输入这个功能包的依赖，依赖是指该功能包在编译、运行等过程中需要调用的其他软件，这里可以不填写而直接按〈Enter〉确认，在开发过程中再根据需要来加入依赖。

图 3-4　在 VSCode 中创建功能包

第二种方式可以通过命令行工具 catkin_create_pkg 来创建功能包，例如先跳转到工作空间的 src 目录下，然后执行 catkin_create_pkg bingda_practices 创建功能包。

通过以上两种方式中的任意一种创建 bingda_practices 功能包后回到 VSCode 中，打开新创建的功能包，功能包下有两个文件 package.xml 和 CMakeLists.txt，这两个文件是构成 ROS 功能包中最基础的文件。

package.xml 文件是一个功能包的信息清单，这个文件中定义了包的属性，例如包名称、版本号、作者、维护者邮箱、开源协议以及对其他 catkin 包的依赖关系等。

XML 是一种标记性语言，它通过标签分割各段的含义，基本的语法格式是"<标签>内容</标签>"，标签使用尖括号"<>"括起来，结束标签在标签名前有 '/' 符号，例如功能包的名称为<name>bingda_practices</name>。

在 ROS 中 package.xml 有 Format 2 和 Format 1 版本之分，Format 1 版本是较早使用的，目前 ROS 中默认使用的是 Format 2 版本，后文中都以 Format 2 为例。

package.xml 的几个常用标签含义如下。

1）<name>：功能包名称。

2）<version>：功能包版本号，以 a.b.c 三位数字形式表示。

3）<description>：功能包的介绍信息。

4）<maintainer>：功能包的维护者信息，包括姓名和电子邮箱。

5）<license>：开源证书类型，当选择开源自己开发的代码时，需要选择一个合适的开源证书来声明开源类型。

以上几个标签都是一些属性相关的描述，即使不去维护这些标签的内容，功能包也是可以正常编译和运行的，但是为了遵循 ROS 中的相关规范，建议还是要正确维护这些标签内的信息。

以下这些是和功能包编译、运行密切相关的标签。

1）<depend>：指定依赖项是构建、导出或执行依赖项，这是最常用的依赖标签。

2）<build_depend>：编译依赖项。

3）<build_export_depend>：导出依赖项。

4）<exec_depend>：运行依赖项。

5）<test_depend>：测试用例依赖项。

6）<doc_depend>：文档依赖项。

7）<buildtool_depend>：编译构建工具。

其中<buildtool_depend>一般默认情况都是 catkin，不需要修改，<depend>、<build_depend>、<exec_depend>和<exec_depend>几个标签在后文的开发中需要根据功能包中功能编译的需求不断去维护和添加。

当功能包中有 C++编写的代码或者创建了自定义的消息、服务等类型需要通过编译系统使用 Cmake 生成对应代码或可执行文件时，就需要维护 CMakeLists.txt 文件中的内容。

在使用 Cmake 进行程序编译的时候，会根据 CMakeLists.txt 这个文件进行逐步处理，形成一个 MakeFile 文件，编译系统再通过这个文件的设置进行程序的编译，最终生成可执行文件或库文件等。

CMakeLists.txt 都要以 cmake_minimum_required 开头，指定 CMake 编译器的最低版本要求。

project 是工程名称，即功能包名。

find_package 指明构建这个功能包时需要依赖的其他功能包。

add_xxx_files 用于当用户自定义消息、服务等时将编写的消息、服务文件加入进来，使 catkin 编译系统能够正确识别文件并编译。

catkin_package 是一个 catkin 提供的 cmake 宏，当要给构建系统指定 catkin 特定的信息时就需要它，或者反过来利用它产生 pkg-config 和 CMake 文件。它必须在声明 add_library()或者利用 add_executable()生成 target 之前使用。

add_executable 声明要编译生成的可执行文件的名称和源文件路径、名称。

target_link_libraries 用来指定可执行文件链接的库，这个要用在 add_executable( )后面。

关于 package.xml 和 CMakeLists.txt 的原理和完整用法可以参考相关资料，本书的内容侧重实践，不对编译系统背后的原理做过多解释，后文中会结合编写不同的例程来不断地修改这两个文件，从实践中学习它们的用法。

3.3　编写一对发布订阅节点（C++）

C++是 ROS 的编程中常用的编程语言之一，这一节中将使用 C++分别编写话题发布节点和话题订阅节点，并将其编译为可执行文件在 ROS 中运行实现话题的发布和订阅。

3.3.1　编写发布节点（C++）

打开 VSCode，找到建立的 bingda_practices 功能包目录，右键单击 "New Folder"，在功能包下新建一个目录，取名为 src，用来存放代码，在 src 下新建一个 talker.cpp 文件用于编写 cpp 代码，如图 3-5 所示。

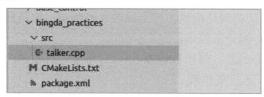

图 3-5　新建 talker.cpp 文件

在这个例程中，需要使用 C++编写一个节点，节点的功能是创建一个话题的发布者并让其周期性发布话题 chatter，话题的消息类型为字符串类型。在 talker.cpp 中编写如图 3-6 所示代码。

```cpp
1   #include "ros/ros.h"
2   #include "std_msgs/String.h"
3
4   int main(int argc, char **argv)
5   {
6     ros::init(argc, argv, "talker");
7     ros::NodeHandle n;
8     ros::Publisher chatter_pub = n.advertise<std_msgs::String>("chatter", 1000);
9     ros::Rate loop_rate(10);
10
11    int count = 0;
12    while (ros::ok())
13    {
14      std_msgs::String msg;
15      std::stringstream ss;
16      ss << "hello world " << count;
17      msg.data = ss.str();
18      ROS_INFO("%s", msg.data.c_str());
19      chatter_pub.publish(msg);
20      loop_rate.sleep();
21      ++count;
22    }
23    return 0;
24  }
```

图 3-6　talker.cpp 文件中的代码

第 1 行包含 ros 目录下的 ros.h 头文件，ros/ros.h 对应的绝对路径应该是/opt/ros/noetic/include/ros/ros.h。这样的写法显然过于冗长，为了简化可以将 ROS 的头文件目录/opt/ros/

noetic/include/通过 CMakeLists.txt 指定，这样在 C++代码中包含头文件时只需要写这个路径的相对路径即可。

节点中需要发布的话题消息类型是 String 类型，String 类型是 ROS 中提供的标准消息类型之一，隶属于 std_msgs 下，所以第 2 行包含这个消息的头文件 std_msgs/String.h。

第 6 行初始化 ROS 节点，给定节点的名称，节点名称为"talker"，节点名称可以自定义，但是需要遵循一定的命名规范，即节点名以英文字母、波浪线或斜杠（/）开头，名称中可包含英文字母、数字、下画线或斜杠。

第 7 行为这个进程的节点创建句柄，创建的第一个 NodeHandle 实际上将执行节点的初始化。

第 8 行创建一个话题发布器取名为"chatter_pub"，指定发布的消息类型为 std_msgs::String，话题名为"chatter"，消息的缓存队列长度为 1000。消息缓存的机制是当发布器的发布速度跟不上调用发布器的速度时，新消息就会进入缓存队列中，当实际队列长度超过设定队列长度时，较早的消息就会被丢弃。

第 9 行指定循环的频率，ros::Rate 会记录从上次调用 Rate::sleep()到现在已经有多长时间，并在不需要运行时休眠来释放 CPU 的占用，本例程中将其设置为 10Hz。

第 11 行定义一个变量 count，用来控制程序循环运行的次数。

从第 12 行开始 while 的循环，循环条件是 ros::ok()，当 ROS 正常运行时这个函数返回值恒为"真"，使函数返回为"假"的条件有 4 种。第一种是进程收到 SIGINT 信号，在终端中按下〈Ctrl+C〉快捷键即是发送了一个 SIGINT 信号；第二种是程序中调用了 ros::shutdown()函数销毁了这个节点，这种方式通常用于希望节点在运行一段时间或满足一个条件后就结束运行时使用；第三种是 ROS 中启动了另外一个同名节点使这个节点从网络中被踢出，这是 ROS 的一种控制机制；最后一种是所有 ros::NodeHandles 都被销毁。

第 14 行创建了一个 std_msgs::String 对象 msg，用于存放即将要发布的消息内容。第 15 行创建了一个字符串流用于生成一段字符串。第 16 行生成一个字符串，内容是"hello world"加上 count 的数值。第 17 行将字符串内容赋值给 msg 中的 data 成员。第 18 行输出一条日志，等级为 INFO 级别。

第 19 行通过 chatter_pub 发布器调用 publish 方法将 msg 消息发布到 ROS 网络中。

第 20 行让程序调用 ros::Rate 中的 sleep 方法休眠，使得程序以 10Hz 的频率运行，第 21 行将计数变量 count 加 1 来记录程序运行了一个循环。

在代码编写完成后，还需要修改 CMakeLists.txt 指定需要依赖的包、需要编译的文件和编译出的可执行文件。修改完成最终的 CMakeLists.txt 如图 3-7 所示（删除掉注释文件后）。

```
1   cmake_minimum_required(VERSION 3.0.2)
2   project(bingda_practices)
3
4   find_package(catkin REQUIRED
5       roscpp
6       std_msgs
7   )
8   include_directories(
9       include
10      ${catkin_INCLUDE_DIRS}
11  )
12  add_executable(talker src/talker.cpp)
13  target_link_libraries(talker ${catkin_LIBRARIES})
```

图 3-7 CMakeLists.txt

首先修改 find_package 中的内容，在节点中用到 ROS 的 C++库和 std_msgs 消息库，所以需要加入 roscpp 和 std_msgs 两个包。

接下来需要修改包含头文件的路径 include_directories，将 ROS 的头文件路径加入进来，即 include ${catkin_INCLUDE_DIRS}，最后需要指定要编译的源文件和编译出的目标文件名称分别为 add_executable 和 target_link_libraries。

修改完成后保存文件，在终端中跳转到工作空间目录下去编译功能包：

```
cd ~/catkin_ws/
catkin_make --pkg bingda_practices 指定只编译 bingda_practices 功能包
```

如果编译没有报错，现在可以尝试运行编译出的节点，通过 rosrun 或者直接执行可执行文件运行节点，运行前需要确保 roscore 已经启动，在后文中提及节点运行时默认 roscore 已经启动，不再单独强调：

```
roscore    rosrun bingda_practices talker
```

talker 是在 CmakeLists.txt 中指定的通过编译所产生的可执行文件名称，即 add_executable(talker src/talker.cpp)中声明由 src 目录下的 talker.cpp 文件编译生成可执行文件 talker。

节点运行后终端中会持续输出日志信息，也可以使用 rostopic 中的工具来测试消息是否按照设计预期发布，例如用 rostopic echo /chatter 检查输出话题的内容；用 rostopic hz /chatter 检查消息的发布频率。

通过编译产生的可执行文件是在/catkin_ws/devel/lib/bingda_practices 目录下，下载可以结束 rosrun 运行的 talker 节点，然后跳转到可执行文件存放位置 cd ~/catkin_ws/devel/lib/bingda_practices/，直接去执行这个可执行文件./talker。

经过测试发现节点是可以正常运行的，这也验证了 rosrun 命令本质是运行功能包下的一个可执行文件。

3.3.2　编写订阅节点（C++）

接下来编写一个订阅话题的节点，用于订阅 talker 节点中发布的 chatter 话题。在工作空间 src 目录下新建一个文件，取名为 listener.cpp，在文件中写入如图 3-8 所示代码。

```
1    #include "ros/ros.h"
2    #include "std_msgs/String.h"
3
4    void chatterCallback(const std_msgs::String::ConstPtr& msg)
5    {
6      ROS_INFO("I heard: [%s]", msg->data.c_str());
7    }
8
9    int main(int argc, char **argv)
10   {
11     ros::init(argc, argv, "listener");
12     ros::NodeHandle n;
13     ros::Subscriber sub = n.subscribe("chatter", 1000, chatterCallback);
14     ros::spin();
15
16     return 0;
17   }
```

图 3-8　listener.cpp 文件

第 13 行中创建了一个话题订阅器，取名为"sub"，它被指定订阅"chatter"话题，缓存队列长度为 1000，话题订阅器订阅到话题后会调用回调函数 chatterCallback( )。

第 4 行编写回调函数 chatterCallback( )，它的参数是话题订阅器中订阅到的消息，在回调函数中将消息通过日志输出。

第 14 行启动了一个自循环，它会尽可能快地调用消息回调函数，这个自循环的执行条件也是 ros::ok( )函数返回值为"真"。

代码编写完成后还需要再次修改 CMakeLists.txt，由于在 listener 节点中没有用到新的消息类型，只需要将 listener.cpp 文件加入 CMakeLists.txt 文件编译产生可执行文件，并在 CMakeLists.txt 的最后加入如下两行：

```
add_executable(listener src/listener.cpp)
target_link_libraries(listener ${catkin_LIBRARIES})
```

修改完成后再次编译工作空间，编译完成后尝试运行 listener 节点，结合 talker 节点，就可以检验话题订阅节点的运行效果了；也可以通过 rqt_graph 工具来检验节点和话题的发布订阅关系。

3.4　编写一对发布订阅节点（Python）

在 ROS 的编程中，编程语言除了使用 C++，也可以使用 Python，这一节中将使用 Python 来实现消息发布和订阅。

3.4.1　编写发布节点（Python）

Python 作为一种脚本语言，没有编译的过程，它的源码通常不放在功能包的 src 目录下。可以在功能包下新建一个 script 目录，然后在 script 目录中新建一个 talker.py 文件，在文件中写入代码。这段代码的功能和 C++版本的 talker 节点一样，都是创建一个 ROS 节点，并在节点中创建一个话题的发布者来周期性地发布消息，如图 3-9 所示。

```python
1  #!/usr/bin/env python3
2
3  import rospy
4  from std_msgs.msg import String
5
6  def talker():
7      pub = rospy.Publisher('chatter', String, queue_size=10)
8      rospy.init_node('talker', anonymous=False)
9      rate = rospy.Rate(10) # 10hz
10     while not rospy.is_shutdown():
11         hello_str = "hello world %s" % rospy.get_time()
12         rospy.loginfo(hello_str)
13         pub.publish(hello_str)
14         rate.sleep()
15
16  if __name__ == '__main__':
17      try:
18          talker()
19      except rospy.ROSInterruptException:
20          pass
```

图 3-9　talker.py 文件

Python 文件的第 1 行需要声明这个脚本的解释器为 Python3，然后第 3、4 两行载入需要用到的 Python 包，类似 C++中的 include。

第 6 行定义了一个 talker( )函数，这个函数中实现了节点建立和消息发布，talker( )函数会在 Python 的主函数中执行。

第 7 行定义了一个话题发布器，发布的话题是"chatter"，消息类型是"String"，缓存队列长度为 10。

第 8 行中将节点初始化，初始化节点名称为"talker"，anonymous 参数用于配置节点名称，设置为 True 后将在用户指定的名称后加入一串随机数来保证节点名称的唯一性，设置为 False 则使用用户指定的名称，这里将其设置为 False。

第 9 行配置程序循环的频率，依然设置为 10Hz。

从第 10 行开始 while 的循环，循环的条件为 rospy.is_shutdown()返回值为"假"，使循环退出的条件和 C++版本中使 while 循环退出的条件是一致的。

第 11 行创建一个字符串，字符串的内容为"hello world"加上当前时间。

第 12 行将这个字符串通过日志输出。

第 13 行中将字符串的内容通过消息发布器发出去。这里和 C++中的写法有一点区别，在 C++中是先创建一个 String 类型的对象 msg，将字符串的值赋给 msg 中的成员 data，然后通过发布器去发布 msg。而在 Python 中可以直接发布字符串，因为 String 是一个非常简单的消息类型，只包含一个 data 成员，而 Python 对于类型是不敏感的，所以可以直接将字符串当作消息发布出去；对于包含多个成员的消息类型，还是应该创建消息类型的对象然后对成员赋值。对于这里，更严谨的写法应该是：

```
msg = String()
msg.data = hello_str
pub.publish(msg)
```

第 14 行中调用 rospy.Rate 中的 sleep 方法休眠使程序以 10Hz 的频率运行。

从第 16 行开始是 Python 的主函数，在主函数中执行 talker()函数，同时可使用 Python 中的 try-except 结构来捕获一些异常。

因为 Python 是脚本语言，使用 Python 作为解释器执行即可，所以不需要编译，也不需要修改 CMakeLists.txt 来配置编译信息。只需要给 talker.py 增加可执行权限就可以正常执行了：

```
chmod +x ~/catkin_ws/src/bingda_practices/script/talker.py
rosrun bingda_practices talker.py
```

通过 rosrun 运行的 talker.py 和 C++程序中运行的 talker()有着本质的区别，talker()是由 C++通过编译得到，而 talker.py 是编写的 Python 源文件，这者两者除了命名相同外没有任何关联。

接下来可以通过 rostopic 中的工具来测试节点是否按照设计预期发布话题，也可以运行 C++版本的 listener 节点用于订阅 chatter 话题，这也验证了 ROS 中使用不同的语言编写的节点之间也是可以互相通信的。

3.4.2 编写订阅节点（Python）

在完成发布节点后再来编写一个订阅节点，在 script 目录中新建一个 listener.py 文件，在文件中写入如图 3-10 所示代码。

订阅节点比较简单，第 9 行中初始化节点时将 anonymous 参数配置为 True，即在节点名称后加入一串随机数。

```
1   #!/usr/bin/env python3
2   import rospy
3   from std_msgs.msg import String
4
5   def callback(data):
6       rospy.loginfo(rospy.get_caller_id() + "I heard %s", data.data)
7
8   def listener():
9       rospy.init_node('listener', anonymous=True)
10      rospy.Subscriber("chatter", String, callback)
11      rospy.spin()
12
13  if __name__ == '__main__':
14      listener()
```

图 3-10　listener.py 文件

第 10 行中创建了一个订阅者，订阅"chatter"话题，话题类型为 String，订阅到话题后触发 callback()函数。和话题发布节点相比，这里将初始化节点和创建订阅者前后顺序颠倒了一下，用于验证这两个操作是否有先后顺序要求。

第 5 行中定义了回调函数 callback()，在回调函数中将当前节点的名称和订阅到的话题内容输出。

第 11 行启动了一个自循环，这和 C++版本的用法是一致的。最后将 listener()函数放入 Python 的主函数中执行。

代码编写完成后依然要给 listener.py 文件增加可执行权限：

chmod +x ~/catkin_ws/src/bingda_practices/script/listener.py

编写完成后运行这个节点：rosrun bingda_practices listener.py。

如果当前 talker 节点依然在运行（C++版本或者 Python 版本均可以），可以看到终端中会持续输出日志和订阅的话题内容。

现在可以再开一个终端，依然运行 rosrun bingda_practices listener.py 节点，通过实验发现新的节点也可以运行。通过 ros node list 工具查看当前的节点列表，如图 3-11 所示。当前的订阅者的节点名称为 listener 后加了一串不同的数字，这就是 anonymous 参数的作用。这样可以使一个可执行文件在同一个 ROS 网络中多次运行而不会出现同名节点冲突导致节点被踢出网络的情况。

```
bingda@vmware-pc:~$ rosnode list
/listener_210871_1627113497508
/listener_210897_1627113498813
/rosout
/talker
```

图 3-11　当前节点列表

这时候再启动一个发布者节点（C++版本或 Python 版本都可以），当节点启动后，之前运行的发布者所在终端中会提示节点运行已经结束，结束原因是有一个新节点使用了和当前节点相同的节点名向 ROS 注册，如图 3-12 所示。

```
[ INFO] [1627114332.908391747]: hello world 9268
[ WARN] [1627114332.940356659]: Shutdown request received.
[ WARN] [1627114332.940432165]: Reason given for shutdown: [[/talker] Reason: new node
 registered with same name]
```

图 3-12　同名节点冲突警告

通过从以上两个例子可以看出，ROS 中节点的唯一标识是节点名，只要节点名不相同，即使是同一个可执行文件，多次运行产生的节点也可以在 ROS 网络中共存。如果节点名相同，无论是不是同一个可执行文件，或者是不是同一种语言所编写，都无法在同一个 ROS 网络中共存。

3.5　编写 launch 文件用于启动节点

3.3 节和 3.4 节已经介绍了如何编写话题的发布和订阅节点并通过 rosrun 来启动节点。但是通过 rosrun 启动节点有两个不方便的地方：第一是启动节点前需要确保 roscore 已经运行；第二是每个终端中只能运行一个节点，通过这种方式做一个复杂的系统，需要运行很多个节点时就会非常不方便，所以 ROS 中引入了 roslaunch 的方式来启动节点。

launch 文件是基于 XML 的标记性语言，它的完整语法可以参考相关资料，本节中先以基本用法为例编写 launch 文件，后文的运行部分会结合实例再介绍一些高阶用法，如传入变量、命名空间等。

3.5.1　通过 launch 文件启动 C++编译的节点

在 ROS 功能包中通常使用一个专门的 launch 目录来存放 launch 文件。首先在功能包目录下创建一个 launch 目录，然后在 launch 目录中新建一个 talker_cpp.launch 文件，写入如图 3-13 所示内容。

```
1   <launch>
2       <node pkg="bingda_practices" type="talker" name="talker"/>
3   </launch>
```

图 3-13　talker_cpp.launch 文件

这就是一个最简单的文件，<launch>和</launch>两个标签分别用于标识 launch 文件的开始和结束，<node>标签中的内容是要启动的节点信息。

<launch>是一个 launch 文件中必须要包含的标签，用于标识这是一个 launch 文件。

<node>是 launch 中最基础的一个标签，它用来标识启动一个节点，node 中有多个属性，其中必须包含的有三个：

1）pkg 属性指明启动的功能包。

2）type 属性指明要启动节点的可执行文件，可执行文件可以是 C++通过编译产生的可执行文件，也可以是具有可执行权限的 Python 文件。

3）name 属性的值将作为节点的节点名，通过 launch 文件启动后可执行文件中所赋予的节点名将无效。

编写了这个 launch 文件后就可以通过 launch 的方式启动 bingda_practices 功能包下的 talker 可执行文件中的节点。

现在结束掉所有终端中运行的节点和 roscore，然后通过 launch 来启动：

roslaunch bingda_practices talker_cpp.launch

经过实验发现，即使 roscore 没有启动，节点也可以正常启动。这是 roslaunch 的一个重要特性，launch 在启动时会检测当前有没有主节点正在运行，如果没有将会启动一个主节点，然后再执行 launch 文件中的内容。如果已经有，则只执行 launch 文件中的内容。这个特性可以使用〈Ctrl+C〉结束掉当前终端中的进程，然后先运行 roscore 再使用 roslaunch 启动 talker.launch 来验证。

但是通过 launch 方式启动 talker 节点时终端中并没有像通过 rosrun 运行时那样持续有日志信息输出，而通过 rostopic echo /chatter 可以验证当前确实在持续地发布话题，即 talker 节点当前正在运行。

没有日志信息输出是因为在 launch 文件中没有为节点指定信息的输出途径，为了使节点能够正常输入日志，需要对 launch 文件稍加修改，如图 3-14 所示。

```
1   <launch>
2       <node pkg="bingda_practices" type="talker" name="talker_1" output="screen" respawn="true"/>
3   </launch>
```

图 3-14　修改后的 launch 文件

在新的 launch 文件中将 name 的属性值修改为 talker_1，稍后将验证启动的节点名称，另外新加入两个属性 output 和 respawn。

output 属性用于指定 node 中日志的输出路径，可选的参数有 log 和 screen。设置为 screen，日志将通过终端输出，设置为 log，日志将存储在 ROS 的日志文件中。ROS 的日志文件存放在用户主目录下的~/.ros/log 目录中，.ros 是一个隐藏目录，如果通过文件管理器访问，注意设置为显示隐藏文件。~/.ros/log 目录下文件比较多，通常只需要关心 latest 目录中内容即可。如果不设置 output 属性，launch 将默认使用 log 作为参数。

respawn 属性用于配置节点在意外结束后是否需要重启，设置为 true 将会重启，默认为 false 则意外结束后不会重启节点。

现在再次通过 roslaunch 启动：

```
roslaunch bingda_practices talker_cpp.launch
```

检查终端可以看到，终端中持续有日志输出，通过 rosnode list 来验证一下当前运行节点的名称可以发现节点名称为/talker_1，和预期是一致的。

respawn 属性的功能也可以通过实验验证，使用 rosnode kill /talker_1 结束/talker_1 节点，终端中提示节点已经"killed"，回到启动 launch 的终端，可以发现节点依然在输出日志，但是日志信息中的计数值已经归零并重新开始计数。这也就说明之前运行的节点被结束掉后重新启动了，所以 respawn 属性也是有效的。这个属性对于执行一些运行中可能会因为某种意外结束，但是系统又非常需要它的节点非常有用。

3.5.2　通过 launch 文件启动 Python 节点

3.5.1 节通过 launch 启动了一个通过 C++编译产生的可执行文件节点，现在再编写一个 launch 文件用于启动 Python 编写的节点。在 launch 目录下创建 listener_py.launch 文件，在文件中写入如图 3-15 所示的内容。

```
1   <launch>
2       <node pkg="bingda_practices" type="listener.py" name="listener" output="screen" respawn="true"/>
3   </launch>
```

图 3-15　listener_py.launch 文件

这里 type 属性设置为 listener.py，即启动 listener.py 这个可执行文件。需要注意的是，当使用 py 文件作为可执行文件时，需要确保文件具有可执行权限。listencr.py 文件在之前实验中已经赋予了可执行权限，所以在这里可以直接使用。

启动 launch 文件：

```
roslaunch bingda_practices listener_py.launch
```

通过实验可以看到节点是可以正常启动的，如果这时 talker 点依然在运行，启动 listener_py.launch 的终端中会输出收到消息的日志。

通过前面的实验已经验证了 launch 文件启动节点时可以不需要用户去手动提前运行 roscore，并且通过设置 node 中一些属性可以实现指定节点名称、设置节点自动重启等功能。但是现在还有一个问题没有解决，就是怎么样实现在一个 launch 文件中启动多个节点。

启动多个节点的功能在 launch 中很容易实现，在文件中写多个 node 标签来启动不同的节点就可以了。现在来编写一个 launch 文件用于启动多个节点，在 launch 文件中新建一个文件 talker_listener.launch，在文件中写入如图 3-16 所示内容。

```
1    <launch>
2        <node pkg="bingda_practices" type="talker" name="talker" output="log" respawn="true"/>
3        <node pkg="bingda_practices" type="listener.py" name="listener" output="screen" respawn="true"/>
4    </launch>
```

图 3-16   talker_listener.launch 文件

现在结束其他终端中运行的所有节点，然后启动这个 launch 文件：

```
roslaunch bingda_practices talker_listener.launch
```

可以观察到终端中持续输出订阅节点订阅到消息的日志，这就证明了发布节点和订阅节点同时在运行。至于发布者节点的日志为什么没有输出，这是因为在 launch 文件中将 talker 节点的 output 属性设置为 log，即日志会输出在 log 文件中而不会在终端中输出。

细心观察可以发现，talker 节点使用的是 C++编译生成的可执行文件，listener 节点使用的 Python 文件，这也说明了一个 launch 文件不但可以启动多个节点，对节点所使用的编程语言也没有限制。

3.5.3   在 launch 文件中调用 launch 文件

在 3.5.2 节的实验中使用 launch 文件来启动一个或多个节点，这可以比较好地解决在运行 ROS 应用需要时刻注意 roscore 有没有运行，以及每运行一个节点就要开一个终端的问题。

但是在 ROS 的开发中，还有一个很常见的场景是当引用一些第三方的功能包时，这些第三方的功能包可能提供了自己的功能包中启动节点对应的 launch 文件。当需要把它的 launch 文件合并到用户自己设计的 launch 文件中时，应该怎么办？

容易想到的办法是将它的 launch 文件中的内容复制粘贴到已编写的 launch 文件中，但这显然并不是一个很好的解决办法，就好像在 C++中包含头文件时需要将头文件内容复制粘贴到代码中一样。

为了应对这种情况，launch 文件也是通过 include 的方式解决的。在 launch 目录下新建 talker_launch.launch 文件，向文件中写入如图 3-17 所示内容。

```
1    <launch>
2        <include file="$(find bingda_practices)/launch/talker_cpp.launch"/>
3    </launch>
```

图 3-17　talker_launch.launch 文件

<include>是 launch 文件中另外一个比较常用的标签，它可以导入其他的 launch 文件。它的基本用法是在 file 属性中设置文件路径，$符号代表变量，变量值 find bingda_practices 等价于通过 rospack find bingda_practices 获取的路径，即/home/bingda/catkin_ws/src /bingda_practices/launch/talker_cpp.launch。所以在这个 launch 文件中 find 属性值就是这个路径，可以直接在 launch 文件中为 file 属性设置这个绝对路径作为值，但是通常不建议这样做，这样会导致 launch 文件在跨设备移植时候兼容性比较差。

现在可以启动测试：

    roslaunch bingda_practices talker_launch.launch

实验证明执行结果和 talker_cpp.launch 是一致的，等价于执行了 talker_cpp.launch。在 launch 文件中引用了其他 launch 文件之后也可以再使用 node 标签启动节点，launch 目录下新建 talker_listener_launch.launch 文件，在文件中写入如图 3-18 所示内容。

```
1    <launch>
2        <include file="$(find bingda_practices)/launch/talker_cpp.launch"/>
3        <node pkg="bingda_practices" type="listener.py" name="listener" output="screen" respawn="true"/>
4    </launch>
```

图 3-18　talker_listener_launch.launch 文件

在 launch 文件中引用了 talker_cpp.launch 后再通过 node 启动 listener.py 节点，再次启动测试：

    roslaunch bingda_practices talker_listener_launch.launch。

可以看到终端中会交替输出 talker 节点和 listener.py 节点所产生的日志信息，如图 3-19 所示。

```
setting /run_id to 84c017b8-ed47-11eb-86e6-7b7d185873bf
process[rosout-1]: started with pid [274855]
started core service [/rosout]
process[talker_1-2]: started with pid [274858]
[ INFO] [1627217699.873868624]: hello world 0
process[listener-3]: started with pid [274863]
[ INFO] [1627217699.974268363]: hello world 1
[ INFO] [1627217700.073948082]: hello world 2
[ INFO] [1627217700.174330333]: hello world 3
[ INFO] [1627217700.274320977]: hello world 4
[INFO] [1627217700.274716]: /listener I heard hello world 4
[ INFO] [1627217700.374036446]: hello world 5
[INFO] [1627217700.374418]: /listener I heard hello world 5
[ INFO] [1627217700.474719424]: hello world 6
[INFO] [1627217700.475078]: /listener I heard hello world 6
[ INFO] [1627217700.574447027]: hello world 7
```

图 3-19　talker_listener_launch.launch 启动效果

3.6　创建新消息类型并编写节点发布消息

在 3.3～3.5 节中编写的消息发布订阅节点使用的都是 ROS 提供的标准消息类型，但是有时标准的消息类型并不能满足实际应用的需求。例如机器人上有很多全彩指示灯，每个灯有自己的编号，并且灯的红、绿、蓝三色亮度都可以控制，这时候 ROS 所提供的消息类型中就很难找到一个恰好满足需求的消息类型，为解决这个问题，人们很自然地就会想到自己创建一个消息的类型来满足需求。

3.6.1 编写自定义消息

ROS 中提供了用户自定义消息的功能，自定义消息首先需要编写一个消息文件，ROS 中约定，消息文件存放在功能包下的 msg 目录下，文件的后缀名为.msg。

首先在功能包目录下新建一个 msg 目录，然后在 msg 目录中新建一个 rgb_led.msg 文件，在文件中写入如图 3-20 所示内容。

```
1    uint8 ID
2    uint8[3] RGB
```

图 3-20　rgb_led.msg 文件

在消息文件中定义一个 uint8 类型变量 ID 用于指示灯的编号，一个 uint8[3]类型的 3 位数组 RGB 用于指示红绿蓝三种颜色的亮度，ROS 中支持的数据类型见表 3-1。

表 3-1　ROS 中支持的数据类型

分　类	符　号
整数类型	int8, int16, int32, int64, uint8, uint16, uint32, uint64
浮点类型	float32, float64
字符串类型	string
时间类型	time, duration
可变长度数组和固定长度数组	array[ ]，array[C]
其他类型的消息	在消息文件中可以引用其他消息类型，但是需要在 package.xml 和 CMakeLists.txt 加上应用的消息所在功能包

在编写完消息文件后还需要修改 package.xml 和 CMakeLists.txt 文件，修改功能包的相关依赖项使消息文件能够被编译成 C++、Python 等编程语言的头文件或库文件。

首先是 package.xml 中需要增加一个构建依赖项 message_generation 用于在编译过程生成消息。在执行功能包时还需要用到 message_runtime，这个依赖解决的是当其他功能包通过 find_package 引用这个功能包时可以顺利地找到这个功能包中所包含的消息、服务等的头文件和库文件，所以需要加上这项依赖，修改如图 3-21 所示。

```
51    <buildtool_depend>catkin</buildtool_depend>
52
53    <build_depend>message_generation</build_depend>
54    <exec depend>message runtime</exec depend>
```

图 3-21　package.xml 修改内容

在 CMakeLists.txt 中的 find_package 内增加 message_generation 用于生成消息，之后将编写的消息文件加入 add_message_files()中，启用 generate_messages()函数，最后还需要启用 catkin_package()，它的依赖项是 message_runtime。修改内容如图 3-22 所示。

修改完成后，在工作空间目录下编译工作空间中的 bingda_practices 功能包：

　　　catkin_make --pkg bingda_practices

```
4    find_package(catkin REQUIRED
5      roscpp
6      rospy
7      std_msgs
8      message_generation
9    )
10
11   add_message_files(
12     FILES
13     rgb_led.msg
14   )
15   generate_messages(
16     DEPENDENCIES
17     std_msgs
18   )
19
20   catkin_package(
21   CATKIN_DEPENDS message_runtime
22   )
```

图 3-22　CMakeLists.txt 修改内容

3.6.2　验证消息正常产生

在使用自定义的消息编程前需要先验证自定义的消息已经正常生成并且可以被 ROS 所识别。第一步先通过 rosmsg 来检查消息是否存在并确认消息内容。执行 rosmsg show bingda_practices/rgb_led，如图 3-23 所示，消息已经正常产生，消息的内容也和设计的预期一致。

```
bingda@vmware-pc:~/catkin_ws$ rosmsg show bingda_practices/rgb_led
uint8 ID
uint8[3] RGB
```

图 3-23　检查 rgb_led 消息

3.6.1 节编写消息发布节点的程序时，C++中用到了标准消息类型中的 String 类型消息，含有的消息头文件是 "std_msgs/String.h"，Python 也通过 import 载入了消息的库文件。同样的道理，在使用自定义消息时也需要使用对应的头文件和库文件。

通过消息文件生成头文件和库文件是 catkin 编译器所完成的功能，只需要检查头文件和库文件是否正常产生就可以了。所以第二步需要确认消息相关的头文件和 Python 库文件的产生，头文件存放的位置位于工作空间 devel 目录下的 include 目录中。Python 库文件存放在 devel 目录下的 lib 目录中。如图 3-24 所示，在~/catkin_ws/devel/include/bingda_practices 目录下产生了 C++的头文件 rgb_led.h。

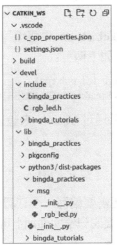

图 3-24　编译产生的头文件和库文件

在~/catkin_ws/devel/lib/python3/dist-packages/bingda_practices/msg 目录下产生了 Python 的库文件_rgb_led.py。

现在已经验证了消息以及相关的头文件和库文件的产生，接下来就可以在节点中使用自定义的消息了。

3.6.3 编写节点发布自定义消息类型（C++）

编写自定义的消息发布节点时，在 src 目录下新建一个 rgb_led_pub.cpp，这个程序是在 talker.cpp 基础上做小幅度的修改之后实现功能的。文件内容如图 3-25 所示。

```cpp
1   #include "ros/ros.h"
2   #include "bingda_practices/rgb_led.h"
3
4   int main(int argc, char **argv)
5   {
6     ros::init(argc, argv, "rgb_led_pub");
7     ros::NodeHandle n;
8     ros::Publisher rgb_led_pub = n.advertise<bingda_practices::rgb_led>("rgb_led",10);
9     ros::Rate loop_rate(10);
10
11    int count = 0;
12    ROS_INFO("RGB LED Topic Start Publish");
13    while (ros::ok())
14    {
15      bingda_practices::rgb_led msg;
16      msg.ID = count%255;
17      msg.RGB[0] = 0;
18      msg.RGB[1] = 0;
19      msg.RGB[2] = msg.ID;
20      rgb_led_pub.publish(msg);
21      loop_rate.sleep();
22      ++count;
23    }
24    return 0;
25  }
```

图 3-25 rgb_led_pub.cpp 文件

第 2 行中包含了 bingda_practices/rgb_led.h 头文件，这样才能正常使用自定义的 rgb_led 类型消息。

第 8 行中需要修改创建的话题发布器中的消息类型。

第 15 行中定义了一个 rgb_led 类型的消息，然后 16~19 行中对消息内元素赋值，第 20 行中通过话题发布器来发布话题。

在编写完代码后还需要在 CMakeLists.txt 中将编写的源码文件加入，再编译产生可执行文件。在 CMakeLists.txt 的末尾加上如下两行：

```
add_executable(rgb_led_pub src/rgb_led_pub.cpp)
target_link_libraries(rgb_led_pub ${catkin_LIBRARIES})
```

修改完成后编译工作空间，然后通过 rosrun 来验证节点的运行，再通过 rostopic echo/rgb_led 来检查发布的话题内容。

3.6.4 编写节点订阅自定义消息类型（Python）

如果需要订阅自定义的消息，还需要编写一个订阅话题的节点，在功能包的 script 目录下新建一个 rgb_led_sub.py 文件（不要忘记给文件加上可执行权限），文件内容参考 listener.py 中的内容，编写的代码如图 3-26 所示。

```
1   #!/usr/bin/env python3
2   import rospy
3   from bingda_practices.msg import rgb_led
4
5   def callback(data):
6       loginfo = \
7       "LED ID is:" + str(data.ID) + " R=" + str(data.RGB[0]) + " G=" + str(data.RGB[1]) + " B=" + str(data.RGB[2])
8       rospy.loginfo(loginfo)
9
10  def rab_led_subscribe():
11      rospy.init_node('listener', anonymous=True)
12      rospy.loginfo("Start Subscribe rgb_led Topic")
13      rospy.Subscriber("rgb_led", rgb_led, callback)
14      rospy.spin()
15
16  if __name__ == '__main__':
17      rab_led_subscribe()
```

图 3-26　rgb_led_sub.py 文件

第 3 行通过 import 载入 rgb_led，第 13 行创建话题订阅器订阅 rgb_led 话题，消息类型为 rgb_led。

现在可以结合 rgb_led_pub 节点来验证 rgb_led 话题的发布和订阅了，运行效果如图 3-27 所示。

```
bingda@vmware-pc:~$ rosrun bingda_practices rgb_led_sub.py
[INFO] [1627282676.081511]: Start Subscribe rgb_led Topic
[INFO] [1627282676.099653]: LED ID is:9 R=0 G=0 B=9
[INFO] [1627282676.199903]: LED ID is:10 R=0 G=0 B=10
[INFO] [1627282676.299606]: LED ID is:11 R=0 G=0 B=11
[INFO] [1627282676.399297]: LED ID is:12 R=0 G=0 B=12
[INFO] [1627282676.499557]: LED ID is:13 R=0 G=0 B=13
[INFO] [1627282676.599668]: LED ID is:14 R=0 G=0 B=14
[INFO] [1627282676.699267]: LED ID is:15 R=0 G=0 B=15
[INFO] [1627282676.799233]: LED ID is:16 R=0 G=0 B=16
[INFO] [1627282676.899987]: LED ID is:17 R=0 G=0 B=17
[INFO] [1627282676.999685]: LED ID is:18 R=0 G=0 B=18
[INFO] [1627282677.099373]: LED ID is:19 R=0 G=0 B=19
```

图 3-27　rgb_led_sub.py 节点运行效果

3.7　创建一个服务类型并编写服务端/客户端节点

在 3.6 节介绍了话题的相关发布、订阅和自定义消息类型，这一节中将介绍服务（srv）的定义、服务端（Server）和客户端（Client）节点代码的编写。

3.7.1　定义并编写一个自定义服务

由于服务这种双向通信方式涉及服务端对请求内容做出处理，所以服务通常都是根据用户的业务逻辑需要设计的，很难有标准类型来满足需求，ROS 中也仅提供了寥寥数个标准的服务供参考，并且没有多少实质的功能可以演示。为了更好地理解这个过程，这里使用自定义的服务类型来做服务这种通信方式的演示。

用于演示的服务的功能是客户端带两个整形的数值作为参数向服务器发送请求，服务器收到请求后将两个参数相加，所得的和作为应答返回给客户端。和自定义消息类似，自定义服务的过程也需要先编写服务文件，然后修改 package.xml 和 CMakeLists.txt 来编译产生服务的头文件和库文件。

首先在功能包下创建一个 srv 目录，在 srv 目录下创建一个 AddTwoInts.srv 的服务文件，在服务文件中写入图 3-28 中所示内容。

服务文件和消息文件类似，都是在文件中定义变量，所支持的数据类型也和消息中一致。不同之处在于服务中需要区分请求和应答，服务文件中是通过三个短横线 "---" 来分割，上半部分为请求，下半部分为应答。即客户端请求的参数是 a 和 b，服务端应答的参数是 sum。

编写完服务文件还需要修改 package.xml 和 CMakeLists.txt 文件，在 package.xml 文件中需要增加构建依赖项 message_generation 和运行依赖项 message_runtime，由于在创建自定义消息的程序中已经添加过了，所以这里不需要再做修改。在 CMakeLists.txt 文件中将编写的服务文件加入进去，如图 3-29 所示。

```
1   int64 a
2   int64 b
3   ---
4   int64 sum
```

图 3-28 AddTwoInts.srv 文件

```
11   add_message_files(
12     FILES
13     rgb_led.msg
14   )
15   add_service_files(
16     FILES
17     AddTwoInts.srv
18   )
```

图 3-29   CMakeLists.txt 修改内容

其余需要修改的内容还有在 find_package 中加入 message_generation、启用 generate_messages、启用 catkin_package。这些内容在创建自定义消息时已经完成修改了，这里就不需要重复修改，修改完成之后编译功能包。

3.7.2 通过 rossrv 验证服务产生

在使用服务之前还需要先验证服务及相关的文件已经产生，首先通过 rossrv 显示服务，即 rossrv show bingda_practices/AddTwoInts，如图 3-30 所示，此时服务已经可以正常被 ROS 所识别。

```
bingda@vmware-pc:~/catkin_ws$ rossrv show bingda_practices/AddTwoInts
int64 a
int64 b
---
int64 sum
```

图 3-30   显示 AddTwoInts 服务

通过 rossrv 验证服务已经产生后，还需要检查服务相关的头文件和库文件是否存在。经过检查也确认它们已存在，如图 3-31 所示。

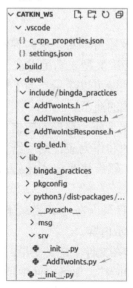

图 3-31   编译产生的头文件和库文件

图 3-31 中~/catkin_ws/devel/lib/python3/dist-packages/bingda_practices/srv 目录下产生了 Python 库文件 _AddTwoInts.py。

而~/catkin_ws/devel/include/bingda_practices 目录下产生了 C++头文件 AddTwoInts.h、AddTwoIntsRequest.h、AddTwoIntsResponse.h。

3.7.3　编写自定义服务的服务端（C++）

现在可以使用自定义的服务类型来编写服务的服务端了，在功能包的 src 目录下新建 add_two_ints_server.cpp 文件，文件中写入如图 3-32 所示内容。

第 2 行先包含服务的头文件 bingda_practices/AddTwoInts.h，第 18 行创建一个服务的服务端 service，服务的名称为 add_two_ints，收到服务请求后调用函数 add()，add()函数的定义在第 4 行，这个函数的内容是将请求中的元素 a 和 b 提取出来相加并将相加的结果赋给应答的 sum 元素，同时输出两条日志信息，然后返回 true 给服务端 service。

在整个程序中并没有服务端发送应答的代码，这是因为应答是由 service 在收到客户端发出的请求，并且处理函数返回 true 之后所产生的，不需要用户手动去操作。

```
1   #include "ros/ros.h"
2   #include "bingda_practices/AddTwoInts.h"
3
4   bool add(bingda_practices::AddTwoInts::Request &req,
5            bingda_practices::AddTwoInts::Response &res)
6   {
7     res.sum = req.a + req.b;
8     ROS_INFO("request: x=%ld, y=%ld", (long int)req.a, (long int)req.b);
9     ROS_INFO("sending back response: [%ld]", (long int)res.sum);
10    return true;
11  }
12
13  int main(int argc, char **argv)
14  {
15    ros::init(argc, argv, "add_two_ints_server");
16    ros::NodeHandle n;
17
18    ros::ServiceServer service = n.advertiseService("add_two_ints", add);
19    ROS_INFO("Ready to add two ints.");
20    ros::spin();
21
22    return 0;
23  }
```

图 3-32　add_two_ints_server.cpp 文件

代码编写完成后将文件加入到 CMakeLists.txt 中，在文件末尾加上如下两行，然后编译工作空间：

```
add_executable(add_two_ints_server src/add_two_ints_server.cpp)
target_link_libraries(add_two_ints_server ${catkin_LIBRARIES})
```

编译完成后运行服务端的节点：rosrun bingda_practices add_two_ints_server。

新开一个终端使用 rosservice call /add_two_ints "a: 3 b: 4"向/add_two_ints 服务发送请求，请求中的 a 和 b 的值分别赋值 3 和 4。如图 3-33 所示，发送请求的终端收到了应答信息，运行 add_two_ints_server 的终端中也有了对应的日志信息输出，证明编写的服务端节点中的服务可以正常接收请求。

```
bingda@vmware-pc:~/catkin_ws$ rosrun bingda_practices add_two_ints_server
[ INFO] [1627287691.636832056]: Ready to add two ints.
[ INFO] [1627287760.283473322]: request: x=3, y=4
[ INFO] [1627287760.283534179]: sending back response: [7]

bingda@vmware-pc:~$ rosservice call /add_two_ints "a: 3
b: 4"
sum: 7
bingda@vmware-pc:~$ 
```

图 3-33　向服务端发送请求

3.7.4　编写自定义服务的服务端（Python）

接下来使用 Python 实现一个服务的服务端，在功能包的 script 目录下新建一个 add_two_ints_server.py 文件，写入图 3-34 所示内容。

第 2 行载入服务的库文件，第 12 行创建一个服务的服务端，服务名称为 add_two_ints，服务类型为 AddTwoInts，服务的处理函数为 handle_add_two_ints( )，这个函数的定义在第 5 行。需要注意的是，Python 中处理函数的返回值并非像 C++中是一个 true，而是执行 AddTwoIntsResponse( )函数的返回值，这个函数的参数就是需要产生的应答，即请求中的两个数值之和。

```
1  #!/usr/bin/env python3
2  import rospy
3  from bingda_practices.srv import AddTwoInts,AddTwoIntsResponse
4
5  def handle_add_two_ints(req):
6      loginfo = "Returning " + str(req.a) + "+" + str(req.b)  + " =" + str(req.a + req.b)
7      rospy.loginfo(loginfo)
8      return AddTwoIntsResponse(req.a + req.b)
9
10 def add_two_ints_server():
11     rospy.init_node('add_two_ints_server')
12     s = rospy.Service('add_two_ints', AddTwoInts, handle_add_two_ints)
13     rospy.loginfo("Ready to add two ints.")
14     rospy.spin()
15
16 if __name__ == "__main__":
17     add_two_ints_server()
```

图 3-34　add_two_ints_server.py 文件

编写完成后运行节点，然后通过 rosservice call /add_two_ints "a: 3 b: 4"向服务发送请求验证服务是否正常工作。

3.7.5　编写自定义服务的客户端（C++）

在 3.7.3 节和 3.7.4 节中都是通过终端运行 rosservice call 来向服务发送请求的，在实际的机器人开发中，更多的是通过程序向服务发送请求和获取应答来完成需要实现的功能。本节将编写一个节点来向服务发送请求和接收应答。在功能包的 src 目录下创建 add_two_ints_client.cpp 文件，写入如图 3-35 所示内容，

第 8 行中定义了服务的客户端，服务类型为 AddTwoInts，服务名称为 add_two_ints。第 9 行定义了 AddTwoInts 类型的变量 srv。

从第 13 行开始，程序进入循环。第 15 和 16 行分别为服务中的请求的 a、b 两个变量赋一个 0~99 之间的随机数。第 18 行向服务端发送请求，并判断请求的结果，如果请求成功，则输出获得的应答值，如果请求失败则提示请求失败并退出程序。第 27 行程序进入休

眠，实现以 1Hz 的频率向服务端发送一次请求。

```cpp
1   #include "ros/ros.h"
2   #include "bingda_tutorials/AddTwoInts.h"
3
4   int main(int argc, char **argv)
5   {
6     ros::init(argc, argv, "add_two_ints_client");
7     ros::NodeHandle n;
8     ros::ServiceClient client = n.serviceClient<bingda_tutorials::AddTwoInts>("add_two_ints");
9     bingda_tutorials::AddTwoInts srv;
10    ros::Rate loop_rate(1);
11    ROS_INFO("Start Request Server");
12
13    while(ros::ok())
14    {
15      srv.request.a = rand()%100;
16      srv.request.b = rand()%100;
17      ROS_INFO("Request: %ld %ld", srv.request.a,srv.request.b);
18      if (client.call(srv))
19      {
20        ROS_INFO("Sum: %ld", (long int)srv.response.sum);
21      }
22      else
23      {
24        ROS_ERROR("Failed to call service add_two_ints");
25        return 1;
26      }
27      loop_rate.sleep();
28    }
29    return 0;
30  }
```

图 3-35　add_two_ints_client.cpp 文件

编写完成后将文件加入 CMakeLists.txt 中，在文件末尾加上如下两行，然后编译工作空间。

```
add_executable(add_two_ints_client src/add_two_ints_client.cpp)
target_link_libraries(add_two_ints_client ${catkin_LIBRARIES})
```

通过 rosrun 运行客户端节点，如果此时服务端不在运行，则会提示请求失败，如果当前有服务端在运行，则会输出获得的应答值，如图 3-36 所示。

```
bingda@vmware-pc:~/catkin_ws$ rosrun bingda_practices add_two_ints_client
[ INFO] [1627294653.540272462]: Start Request Server
[ INFO] [1627294653.541014339]: Request: 83 86
[ INFO] [1627294653.543236150]: Sum: 169
[ INFO] [1627294654.541301816]: Request: 77 15
[ INFO] [1627294654.544652993]: Sum: 92
[ INFO] [1627294655.540786371]: Request: 93 35
[ INFO] [1627294655.543230016]: Sum: 128
[ INFO] [1627294656.541308057]: Request: 86 92
[ INFO] [1627294656.543379264]: Sum: 178
[ INFO] [1627294657.540991891]: Request: 49 21
[ INFO] [1627294657.543305198]: Sum: 70
```

图 3-36　客户端节点发送请求

3.7.6　编写自定义服务的客户端（Python）

使用 Python 来实现服务的客户端时，可在功能包的 script 目录下新建 add_two_ints_client.py 文件，在文件中写入如图 3-37 所示内容。

在第 11 行中，创建了一个服务客户端，服务名为 add_two_ints，服务类型为 AddTwoInts，第 13 和 14 行将随机数的值赋给 x 和 y，第 17 行使用 x 和 y 作为参数来向服务发送请求。通过 Python 的 try-except 结构来处理服务请求失败时的状况，如果请求成功，则将服务的应答通过日志输出。

```
1    #!/usr/bin/env python3
2
3    import rospy
4    from bingda_tutorials.srv import *
5    import random
6
7    def add_two_ints_client():
8
9        rospy.init_node('add_two_ints_client', anonymous=False)
10       rate = rospy.Rate(1) # 10hz
11       add_two_ints = rospy.ServiceProxy('add_two_ints', AddTwoInts)
12       while not rospy.is_shutdown():
13           x = random.randint(0,99)
14           y = random.randint(0,99)
15           rospy.loginfo("Request: %d %d",x,y)
16           try:
17               resp1 = add_two_ints(x, y)
18               rospy.loginfo("Sum: %d",resp1.sum)
19           except rospy.ServiceException as e:
20               rospy.loginfo("Service call failed: %s"%e)
21           rate.sleep()
22
23   if __name__ == "__main__":
24       add_two_ints_client()
```

图 3-37 add_two_ints_client.py 文件

验证节点运行效果的方法和 C++版本的类似，分别验证服务端在运行和不在运行两种条件下的标签，运行的服务端节点可以是 C++版本的，也可以是 Python 版本。

3.8 tf 变换编程入门

在 ROS 中 tf 变换的概念非常重要，它可以进行静态坐标变换，如机器人本体中心到雷达中心的变换。也可以实现动态坐标变换，如机器人从初始位置开始运动一段时间后机器人中心相对初始位置之间的位置坐标的变换。tf 变换和 ROS 节点间通信是 ROS 中最重要两个基础知识，所以在这里也用一节来介绍 tf 变换中涉及的一些编程知识。

3.8.1 通过 static_transform_publisher 发布静态坐标变换

静态的坐标变换通常用于在机器人运行过程中不需要改变的位置关系，例如机器人上的各类传感器相对底盘中心的变换，这些位置关系由机器人的机械结构所决定，只要结构不改变，传感器相对底盘中心之间的变换就不会变化。

ROS 中的静态 tf 变换可以通过 tf 功能包中的 static_transform_publisher 来实现，可以通过在 launch 文件启动一个 static_transform_publisher 来实现静态坐标的变换。

在功能包的 launch 文件下新建一个 tf_transform.launch 文件，在文件中写入如图 3-38 所示内容。

```
1    <launch>
2        <node pkg="tf" type="static_transform_publisher" name="tf1_to_tf2"
3            args="0.1 0.0 0.2 0 0.0 0.0 /tf1 /tf2 20">
4        </node>
5    </launch>
```

图 3-38 tf_transform.launch 文件

launch 文件的基本用法在 3.5 节中已经有介绍，这里涉及一个新的属性 args 和 node 标签的另外一种写法。

这里的 node 标签使用的是<node 内容></node>的写法，这是因为当 node 内的内容比较长时可能需要分多行写，而出现换行则之前的 <node 内容 />的写法就不再满足语法要求了，所以需要使用图 3-38 中的写法。

arg 属性的功能是设置节点启动时需要的变量，static_transform_publisher 中需要的变量有两种表示方法：

1）x y z yaw pitch roll frame_id child_frame_id period_in_ms

2）x y z qx qy qz qw frame_id child_frame_id　period_in_ms

其中方法 1）的 x、y、z（单位：m）代表的是沿 x、y、z 三个轴的线方向距离变化；yaw、pitch、roll 分别是航向、俯仰、横滚角度（单位：rad），分别对应绕 z、y、x 三个轴的转动，frame_id 代表基坐标，child_frame_id 代表子坐标，period_in_ms 是坐标变化的发布间隔。所以这组参数描述的是子坐标相对父坐标的线性与角度的位置、姿态变换关系和坐标发布的周期。

方法 2）和方法 1）的差别在于方法 1）中对于旋转的描述使用的是欧拉角的方法（yaw pitch roll），方法 2）中使用的是四元数的方法（qx qy qz qw）。关于四元数和欧拉角因为涉及机器人学的相关知识，这里不做展开说明，感兴趣可以自行检索相关信息了解学习。

两种写法均可使用，因为它们的变量数量不同，所以传入后 tf_transform 会根据变量数量判断使用哪种规则解析。

在图 3-38 所示的 tf_transform.launch 文件中所描述的就是 tf2 坐标相对 tf1，沿 x 轴方向偏移 0.1m，沿 y 轴方向无偏移，沿 z 轴方向偏移 0.2m，无旋转变换，坐标变换发布周期为 20ms 一次，即 50Hz。

启动 launch 文件验证：roslaunch bingda_practices tf_transform.launch。然后通过 rostopic echo /tf 来检查/tf 话题的内容，如图 3-39 所示。在话题中的旋转（rotation）都是使用四元数法表示的，和在 launch 中通过第一种还是第二种方式传入变量没有关系。另外如果有多个坐标变换在发布，则/tf 话题中也会有多个不同的坐标变换，可以通过 frame_id 和 child_frame_id 来找需要的坐标变换信息。

```
transforms:
  -
    header:
      seq: 0
      stamp:
        secs: 1627351963
        nsecs: 221943955
      frame_id: "/tf1"
    child_frame_id: "/tf2"
    transform:
      translation:
        x: 0.1
        y: 0.0
        z: 0.2
      rotation:
        x: 0.0
        y: 0.0
        z: 0.0
        w: 1.0
```

图 3-39　/tf 话题的内容

当前的 tf 树可以使用 rqt_tf_tree 工具查看，即 **rosrun rqt_tf_tree rqt_tf_tree**。

如图 3-40 所示，在 rqt 工具中可以看到父、子坐标的关系，坐标变换的发布节点、发布频率、最近的时间等信息。

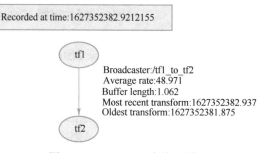

图 3-40　rqt_tf_tree 中的 tf 树

3.8.2　编写节点实现动态 tf 变换（Python）

静态坐标变换只能满足一部分需求，对于两个位置关系会发生变化的坐标之间使用静态坐标变换就难以描述清楚。例如机器人在运动过程中，机器人当前位置相对于机器人启动时的初始位置是在时刻变化的，要描述机器人初始位置和当前位置之间的变换关系，就需要使用动态的坐标变换来描述。

要实现动态坐标变换，就需要编写节点来实现，先使用 Python 来编写一个节点实现动态 tf 变换。在功能包的 script 目录下创建一个 tf_transform.py 文件，文件中写入如图 3-41 所示内容。

```python
1   #!/usr/bin/env python3
2   import rospy
3   import tf
4   import math
5
6   def tf_transform():
7       rospy.init_node('tf_transform', anonymous=False)
8       tf_broadcaster = tf.TransformBroadcaster()
9       rate = rospy.Rate(10) # 10hz
10      angle = 0.0
11      rospy.loginfo('Start TF Transform')
12      while not rospy.is_shutdown():
13          current_time = rospy.Time.now()
14          x = math.cos(angle)*0.3
15          y = math.sin(angle)*0.3
16          z = 0.2
17          quat = tf.transformations.quaternion_from_euler(0,0,angle)
18          tf_broadcaster.sendTransform((x,y,z),quat,current_time,'tf3','tf1')
19          tf_broadcaster.sendTransform((x,y,z*2),(0,0,0,1),current_time,'tf4','tf1')
20          angle += 0.01
21          rate.sleep()
22
23  if __name__ == '__main__':
24      tf_transform()
```

图 3-41　tf_transform.py 文件

第 3 行中，因为需要用到 tf 变换相关的函数，所以需要先载入 tf 库；第 8 行中定义了一个 tf 坐标变换广播；第 14~16 行，计算以（0，0，0.2）为原点，0.3m 为半径，在 xy 平面上的圆形轨迹。

第 17 行通过 tf 库中提供的函数将一个欧拉角的旋转描述转换为四元数的描述，需要注意的是应先查看函数的定义确定欧拉角三个参数的顺序，这个函数使用的是（roll　pitch yaw）的顺序，在 static_transform_publisher 中参数的顺序是不同的。

第 18 行发布第一个坐标变换（tf1→tf3），将 x、y、z 和四元数的值通过 tf 变换广播发布出去，第 19 行发布第二个坐标变换，（tf1→tf4），将 x、y、z 的值通过 tf 变换广播发布出去，与 tf1→tf3 相比，tf1→tf4 中无旋转变换。

编写完成后运行节点 rosrun bingda_practices tf_transform.py，然后在 rviz 中查看动态的 tf 坐标关系，如图 3-42 所示。

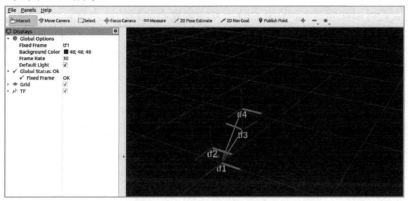

图 3-42　rviz 中的 tf 坐标显示

可以看到 tf2 坐标相对 tf1 是静止的（由 3.8.1 节中的程序发布），tf3 绕着 tf1 在做圆周运动，同时自身也在转动。tf4 绕着 tf1 转动，自身无转动。

3.8.3　编写节点实现动态 tf 变换（C++）

现在使用 C++ 来实现动态坐标变换的功能，在功能包的 src 目录下新建一个 tf_transform.cpp 文件，写入如图 3-43 所示内容。

```cpp
1   #include <ros/ros.h>
2   #include <tf/transform_broadcaster.h>
3   #include <tf/transform_datatypes.h>
4
5
6   int main(int argc, char** argv){
7       ros::init(argc, argv, "tf_transform");
8       ros::NodeHandle n;
9       ros::Rate r(10);
10      tf::TransformBroadcaster broadcaster;
11      float angle = 0.0;
12      float x = 0.0;
13      float y = 0.0;
14      float z = 0.0;
15      ROS_INFO("Start TF Transform");
16      while(n.ok()){
17
18          x = cos(angle)*0.3;
19          y = sin(angle)*0.3;
20          z = 0.2;
21          broadcaster.sendTransform(
22              tf::StampedTransform(
23                  tf::Transform(tf::createQuaternionFromRPY(0.0,0.0,angle), tf::Vector3(x, y, z)),
24                  ros::Time::now(),"tf1", "tf3"));
25
26          broadcaster.sendTransform(
27              tf::StampedTransform(
28                  tf::Transform(tf::Quaternion(0, 0, 0, 1), tf::Vector3(x, y, z*2)),
29                  ros::Time::now(),"tf1", "tf4"));
30
31          r.sleep();
32          angle += 0.01;
33      }
34  }
```

图 3-43　tf_transform.cpp 文件

首先在第 2 行和第 3 行包含相关头文件，第 10 行创建一个 tf 变换广播，第 18～20 行做 x、y、z 值的处理，第 21 行和第 26 行分别发布 tf1→tf3 和 tf1→tf4 的坐标变换。

编写完成后修改 CMakeLists.txt，因为用到了 tf 功能包，所以需要在 find_package 中加入 tf，然后再将 C++文件编译出可执行文件：

```
add_executable(tf_transform src/tf_transform.cpp)
target_link_libraries(tf_transform ${catkin_LIBRARIES}
```

编译完成后可以按照 3.8.2 节中的验证方法来观察坐标的动态变化。

第4章 ROS 机器人平台搭建

4.1 机器人系统的典型构成

一个典型的机器人应该由机械系统、驱动系统、控制系统和感知系统这几个部分组成，对移动机器人来说，通常机器人上配备有电池为机器人供电，所以还有电池系统，如图 4-1 所示。

图 4-1 移动机器人的典型构成

机械系统即组成机器人的各个零部件，例如用于安装控制板、激光雷达、电池的层板，连接各层层板的螺柱，这些都归属于机械系统，如图 4-2 所示。

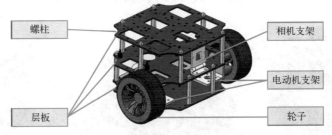

图 4-2 机器人的机械系统示意图

在移动机器人的机械系统中，主要涉及的是底盘的运动学模型，即底盘上配备几个电动机，使用什么样的轮子，电动机怎么样安装布置，以及电动机转速和底盘移动速度之间的关系，底盘的运动学模型将在 4.2 节介绍。

驱动系统是指驱动机械系统运动的装置，主要功能是根据控制器发出的控制信号执行相应的运动，所以也称为执行器。驱动系统可分为电气、液压和气压三类以及把它们结合起来应用的综合系统。其中电气驱动系统在机器人中应用得最为普遍，通常使用电动机作为移动机器人行走机构的动力源,例如图 4-1 中的 NanoRobot 机器人使用了两个直流有刷减速电动机作为驱动系统。关于电动机分类、主要参数和选型建议将在 4.3 节中介绍。

控制系统可根据用户发出的工作任务,结合感知系统的信息向驱动系统发出控制信号,使机器人完成用户的工作任务。控制系统可以分为两个部分,一部分是由计算机、单片机(MCU)、PLC 等构成的控制器硬件,另一部分是运行在控制器中的软件。4.4 节和 4.5 节将介绍机器人的控制系统。

感知系统由内部传感器和外部传感器组成,其作用是获取机器人的内部信息和外部环境信息,并将这些信息反馈给控制系统。内部传感器用于检测电动机的速度、电池的电量等,使控制器对驱动系统做出正确的控制。外部状态传感器用于检测机器人周围的环境,如和周围物体的距离、周围环境的图像,使控制系统可以根据周围环境做出相应的动作。感知系统将在 4.6 节中介绍。

电池系统的主要功能就是为机器人供电,由于移动机器人上主要的功耗来自驱动系统,并且电池系统的选型和驱动系统关系非常密切,所以电池系统和驱动系统将一起在 4.3 节中介绍。

4.2 几种常见的机器人底盘运动学模型

机器人底盘承载了机器人的驱动系统、控制系统、感知系统等,主要用于实现机器人的运动。常见的机器人,如工厂中的搬运机器人、餐厅中的送餐机器人、危险现场的搜救机器人、公路上行驶的自动驾驶汽车等都是通过底盘来实现整个机器人的运动的,而这些机器人在轮子的类型、数量和安装方式上都不尽相同,那么这些底盘结构应该怎样分类,各种底盘又分别有什么样的特点呢?

根据底盘的运动和转向的特点,可以将机器人的底盘分为三类,分别是差速转向结构(见图 4-3)、阿克曼转向结构(见图 4-4)和全向运动结构(见图 4-5)。

图 4-3 差速转向结构　　　　图 4-4 阿克曼转向结构　　　　图 4-5 全向运动结构

这三种结构的底盘有着各自的运动学特点和适用的场合,本节将通过公式推导出三种结构的运动学模型并分析出它们的特点和使用场合。

为表达方便,这里首先约定下文中对运动的描述遵循 ROS 中的坐标系,即底盘朝向车头方向运动为 x 轴速度正方向,从底盘上方俯视,底盘逆时针运动为 z 轴角速度正方向,圆周率记为 π。

4.2.1　差速转向结构

差速转向的定义是：通过控制左右驱动轮的转速实现转向，当两侧驱动轮转速不同时，即使无转向轮或转向轮不主动运动，车身也会产生旋转运动。

差速转向底盘可以使用两个驱动轮、四个驱动轮或更多的驱动轮，也可以使用履带（履带的本质也是通过链轮来驱动的），这几种底盘从轮子类型和轮子数量上都各不相同，但是它们的转向都是通过左右侧轮子/履带的转速差来实现的，所以都属于差速转向结构底盘。

对于两轮差速转向结构，通常装备一个或多个万向轮用于支撑底盘，在运动中万向轮为从动轮，不具备驱动作用，所以在运动学分析中并无功能，下文中运动学分析过程不会提及万向轮。对于履带结构，由于一侧履带通常是由一个链轮所驱动，从运动学的角度来看也将其视为两轮差速转向的模型。图 4-6 所示为一个简化的两轮差速转向模型。

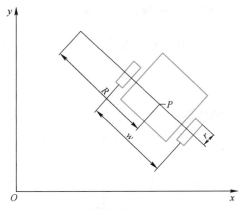

图 4-6　简化的两轮差速模型

在两轮差速转向结构中，有两个和结构相关的参数，分别是左右侧驱动轮的轮间距（左右侧驱动轮宽度的中点），记为 w；驱动轮的轮径，记直径为 $2r$，半径为 r。

两个和控制相关的参数，即左侧驱动轮转速 ω_1 和右侧驱动轮转速 ω_2。

三个和底盘的运动描述相关参数，即底盘的线速度 v，角速度 ω 和底盘的运动中心点（记为 P 点）与底盘转向时的转向中心点的距离为底盘的转向半径，记为 R。

通过上述模型，在已知左右侧驱动轮转速分别 ω_1 和 ω_2 来计算底盘的运动线速度和角速度，这个过程称为运动学正解，可以得到底盘运动的线速度为

$$v=\frac{\omega_1\pi 2r+\omega_2\pi 2r}{2}=(\omega_1+\omega_2)\pi r$$

由于整个底盘可以视为一个刚体，所以底盘上任意一点在对底盘转向中心的角度是一致的，则左侧驱动轮线速度除以左侧驱动轮到转向中心点的距离等于右侧驱动轮线速度除以右侧驱动轮到转向中心点的距离，可以得出 $\dfrac{2\omega_1\pi r}{R+\dfrac{w}{2}}=\dfrac{2\omega_2\pi r}{R-\dfrac{w}{2}}$，对等式拆解后可以得到

$R=\dfrac{(\omega_1+\omega_2)w}{2(\omega_2-\omega_1)}$，再根据圆周运动中 $\omega=\dfrac{v}{R}$ 关系可以得到

$$\omega=\frac{(\omega_1+\omega_2)\pi r}{\dfrac{(\omega_1+\omega_2)w}{2(\omega_2-\omega_1)}}=\frac{2(\omega_2+\omega_1)\pi r}{w}$$

针对上面的等式，可以代入三种情况验证。

当右侧驱动轮转速 ω_2 等于左侧驱动轮转速 ω_1 时，底盘为纯直线运动，无转动，转向半径为无穷大。

当右侧驱动轮转速 ω_2 和左侧驱动轮转速 ω_1 大小相同，方向相反时，底盘的线速度为 0，转向半径为 0，即底盘绕底盘的运动中心 P 点转动，这也就是差速转向结构可以实现零转向半径（原地旋转）的理论依据。

当左侧驱动轮转速 ω_1 为 0，右侧驱动轮转速 ω_2 为正值时，底盘将围绕左侧驱动轮的中心转动，转向半径为 $\frac{w}{2}$。

由 $v=(\omega_1+\omega_2)\pi r$ 和 $\omega=\dfrac{2(\omega_2-\omega_1)\pi r}{w}$ 两个等式，可以得出由底盘运动的速度 v 和 ω 计算左右侧轮子转速 ω_1、ω_2 的公式。左侧驱动轮转速 $\omega_1=\dfrac{2v-w\omega}{2\pi r}$，同理右侧驱动轮转速 $\omega_2=\dfrac{2v+w\omega}{2\pi r}$，由底盘运动参数计算电动机转速的过程称为运动学逆解。

4.2.2 阿克曼转向结构

图 4-7 所示为一个前轮作为转向轮（无动力），后轮作为驱动轮的四轮底盘，这个底盘正在做逆时针的圆周运动，图中虚线所标识的为轮胎的轨迹。

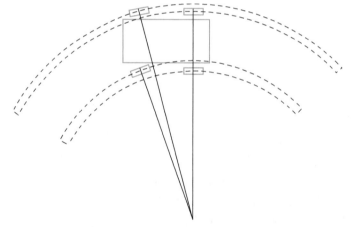

图 4-7 阿克曼转向结构运动轨迹

轮子只有在垂直于旋转轴方向才可以滚动，沿着旋转轴方向只能滑动，而滑动摩擦会造成轮子的磨损，所以理想的运动中期望所有轮子都只有滚动而没有滑动。

从图 4-7 中可以看出，只有当轮子的旋转轴和轨迹圆在轮子所在点的切线垂直时，才能满足轮子只有滚动而没有滑动的理想状态。因为内外侧轮子轨迹圆的半径不同，所以就需要内外侧转向轮倾转的角度也不相同。

这是前轮的分析，为了保证后轮也满足只有滚动而没有滑动，后轮也需要满足轨迹圆的切线和轮轴垂直，所以在转向运动中，左右两侧的后轮也需要给出不同的转速。

阿克曼转向几何（Ackermann Steering Geometry）是一种为了解决交通工具转弯时，内外转向轮路径指向圆心不同的问题而建立的几何学。满足阿克曼转向几何的转向结构就称为阿克曼转向结构，汽车上使用的转向结构通常都为阿克曼转向结构。

图 4-8 所示为简化的阿克曼转向模型，在阿克曼转向结构中有三个和底盘结构有关的参数，分别是左右侧轮子的轮间距（左右轮子宽度的中点），记为 w；前后驱动的轴间距，记为 l；驱动轮的轮径，记直径为 $2r$，半径为 r。

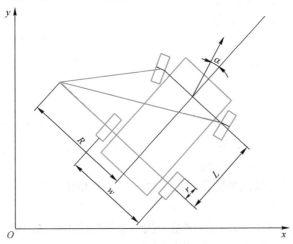

图 4-8　阿克曼转向结构模型

三个和运动控制有关的参数，即左后轮的转速 ω_1、右后轮的转速 ω_2、转向角度 α（在阿克曼转向结构中，对转向的控制量为转向机构转向角度 α，至于内外侧轮子转角的阿克曼几何，则由转向的机械结构来实现）。

先对运动学做逆解，即已知底盘的线速度 v 和角速度 ω，来解算左后轮的转速 ω_1、右后轮的转速 ω_2 和转向角度 α。

首先根据线速度 v 和角速度 ω，可以计算出 $R=\dfrac{v}{\omega}$。然后根据几何关系，可以得到 $\tan\alpha=\dfrac{l}{R}=\dfrac{l\omega}{v}$，根据反三角函数则可以推导出 $\alpha=\arctan\dfrac{l\omega}{v}$。

由底盘运动的角速度 ω 可以计算出，左后轮的转速 $2\omega_1\pi r=\omega\left(R-\dfrac{w}{2}\right)$，代入化简后可以得出 $\omega_1=\dfrac{2v-w\omega}{2\pi r}$，同理右后轮转速 $\omega_2=\dfrac{2v+w\omega}{2\pi r}$。

以上就是运动学的逆解过程，接下来是运动学正解，即已知左后轮的转速 ω_1、右后轮的转速 ω_2、转向角度 α，求解底盘的线速度 v、角速度 ω 和转向半径 R。

线速度 $v=\dfrac{(2\omega_1\pi r+2\omega_2\pi r)}{2}=(\omega_1+\omega_2)\pi r$。由几何关系可以得到转向半径 $R=\dfrac{l}{\tan\alpha}$，则角速度 $\omega=\dfrac{v}{R}=\dfrac{v\tan\alpha}{l}$。

这是根据转向角度 α 的几何关系推导出的角速度 ω，如果根据左右两个驱动轮的转速来计算角速度 ω，由 $2\omega_1\pi r=\omega\left(R-\dfrac{w}{2}\right)$ 和 $2\omega_2\pi r=\omega\left(R+\dfrac{w}{2}\right)$ 两个等式相减可以解出 $\omega=\dfrac{2(\omega_2-\omega_1)\pi r}{w}$，细心的读者可能已经发现，这里的角速度 ω 和左右轮转速 ω_1、ω_2 的关系与差速转向结构中的关系是一致的，这也意味着如果转向轮完全满足阿克曼转向几何，根据转向角度 α 的几何关系推导出的角速度 $\omega=\dfrac{v\tan\alpha}{l}$ 和根据两个驱动轮的转速 ω_1、ω_2 计算出的 $\omega=\dfrac{2(\omega_2-\omega_1)\pi r}{w}$ 在理想情况下应该是相等的，即 $\dfrac{v\tan\alpha}{l}=\dfrac{2(\omega_2-\omega_1)\pi r}{w}$，从等式中可以看出，三个控制量 α、ω_1、ω_2 是紧密相关且互相影响的。

而在实际工程实践中，由于电动机控制周期、阿克曼转向结构的机械间隙等，这三个控制量通常无法永远满足上面的等式，这也就导致了底盘运动的角速度 ω 相对比较难测量，所以在实践中有时也会使用陀螺仪等传感器来测量底盘运动的角速度。

4.2.3 全向运动结构

差速转向模型和阿克曼转向模型中对底盘的运动描述都是线速度 v、角速度 ω，而线速度 v 是沿着 x 轴方向的，那么有没有底盘能够产生 y 轴方向的速度，也就是让底盘"横着走"呢？这就是接下来要介绍的全向运动结构。

全向运动结构是指可以在平面内做出任意方向平移和转动的运动结构，实现全向运动结构的技术方案有多种。

第一种是舵轮，如图 4-9 所示，这是一款经典的舵轮机器 AZIMUT-3，从图中可以看到它的轮子相对于机器人本体的角度是可以调节的。

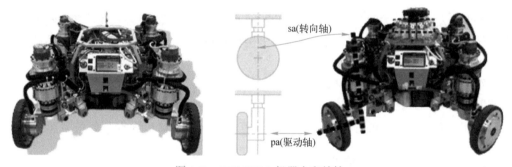

图 4-9　AZIMUT-3 机器人和舵轮

第二种是球轮，常见的轮子为圆柱形，可以沿着圆柱的侧边方向滚动，而球轮是球形的，可以沿任意方向转动，如图 4-10 所示，软银的 Pepper 机器人上所搭载的轮子就是球轮。

图 4-10　软银 Pepper 机器人和球轮

第三种是全向轮，全向轮是由轮毂和一组垂直于轮毂旋转轴方向的小辊轮组成，辊轮的旋转轴平行于轮毂的旋转轴，如图 4-11 所示。

图 4-11　全向轮和安装方式

第四种是麦克纳姆轮，简称麦轮，麦克纳姆轮和全向轮有点类似，但是麦克纳姆轮上的辊轮旋转轴不是和轮毂旋转轴方向垂直，而是和旋转轴呈 45°交叉，如图 4-12 所示。

图 4-12　麦克纳姆轮和安装方式

上面四种全向运动的实现方式中，舵轮和球轮由于现阶段成本比较高，所以很少会用到。麦克纳姆轮可以像传统轮子一样，安装在相互平行的轴上，而若想使用全向轮完成类似的功能，几个轮轴之间的角度就必须是 60°、90°或 120°等。这样的角度生产和制造起来比较麻烦，所以许多工业全向运动平台都是使用麦克纳姆轮而不是全向轮，接下来将对麦克纳姆轮进行运动学分析。

麦克纳姆轮有左右之分，即辊轮和轮毂的旋转轴夹角为 45°或-45°。使用麦克纳姆轮的底盘通常是使用两个左轮和两个右轮，四个轮子的安装方式有多种，比较常见的有如图 4-13 所示的两种，根据地面接触的辊子所形成的图形分为 X 形和 O 形。

注：图 4-13 中采用俯视视角，所见的辊轮为远离地面侧的辊轮，接触地面的辊轮和最远离地面侧的辊轮呈约 90°的夹角。

图 4-13　麦克纳姆轮的 X 形和 O 形布局

以 O 形布局做运动学分析，如图 4-14 所示。在 O 形布局的麦克纳姆轮中，有三个和结构相关的参数，分别是底盘中心距离轮轴的距离，记为 a；底盘中心距离轮宽度中点距离，

记为 b；轮毂的轮径，记直径为 $2r$，半径为 r。

四个和控制相关的参数为左后侧驱动轮转速 ω_1 和右后侧驱动轮转速 ω_2、左前侧驱动轮转速 ω_3 和右前侧驱动轮转速 ω_4。

三个和底盘的运动描述相关参数，即底盘的沿轮子转动方向速度 v_x、底盘的垂直轮子方向速度 v_y 和角速度 ω。

根据 v_x、v_y 和 ω 来进行运动学逆解，第一步由底盘的速度 v_x、v_y 和 ω 来计算对应轮子上的线速度，如图 4-15 所示，使用矢量计算的方式，定义从底盘中心到轮子轴心为 r，轮上速度定义为 V。以 4 号轮为例，根据矢量计算结果，4 号轮子上的速度为 $V=v_x+v_x+r\omega$。

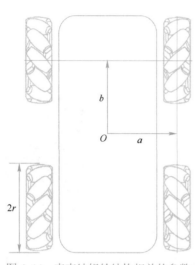

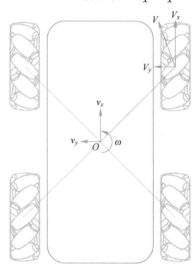

图 4-14　麦克纳姆轮结构相关的参数　　　　图 4-15　4 号轮子的运动分析

根据 r、x 轴和 y 轴的位置关系可以得出，4 号轮在 x 轴和 y 轴上的分量分别为 $V_x=v_x+\omega a$，$V_y=v_y-\omega b$。

同理可以得出四个轮子在 x 轴和 y 轴上分别的速度分量为

$$V_{x1}=v_x-\omega a,\quad V_{y1}=v_y-\omega b,\quad V_1=V_{x1}+V_{y1}$$
$$V_{x2}=v_x+\omega a,\quad V_{y2}=v_y-\omega b,\quad V_2=V_{x2}+V_{y2}$$
$$V_{x3}=v_x-\omega a,\quad V_{y3}=v_y+\omega b,\quad V_3=V_{x3}+V_{y3}$$
$$V_{x4}=v_x+\omega a,\quad V_{y4}=v_y+\omega b,\quad V_4=V_{x4}+V_{y4}$$

第二步根据轮子的速度来计算轮子上辊轮的速度，如图 4-16 所示，首先将轮上速度分解为平行于辊轮转轴的速度 V_{rh} 和垂直于辊轮转轴的速度 V_{rv}。

则有 $V=V_{rv}+V_{rh}$，已知辊轮转轴和轮子转轴之间呈 45°角，而轮子转轴平行于 y 轴，对 V 进行 x 轴和 y 轴方向分解，得到

$$V_x=V_{rv}\sin45°+V_{rh}\sin45°+=V_{rv}(\sqrt2)^{-1}+V_{rh}(\sqrt2)^{-1}$$
$$V_y=V_{rv}\cos45°-V_{rh}\cos45°+=V_{rv}(\sqrt2)^{-1}-V_{rh}(\sqrt2)^{-1}$$

由于辊轮本身并无动力，所以垂直于辊轮转轴的速度 V_{rv} 并不会对运动产生影响，只需要计算出 V_{rh} 即可，即

$$V_{rh}=(V_x-V_y)(\sqrt2)^{-1}=[(v_x+\omega a)+(v_y-\omega b)](\sqrt2)^{-1}=[v_x+v_y+\omega(a+b)](\sqrt2)^{-1}$$

根据轮子的安装位置和辊子方向，可以分别得出四个轮子上辊轮的速度分别为

$$V_{r1}=[v_x+v_y-\omega(a+b)](\sqrt{2})^{-1}$$
$$V_{r2}=[v_x-v_y+\omega(a+b)](\sqrt{2})^{-1}$$
$$V_{r3}=[v_x-v_y-\omega(a+b)](\sqrt{2})^{-1}$$
$$V_{r4}=[v_x+v_y+\omega(a+b)](\sqrt{2})^{-1}$$

第三步根据辊轮的速度来计算轮子的转速，如图 4-17 所示。轮子的转动线速度 V_ω 可以分解为垂直于辊轮方向和垂直于辊轮两个方向，由于 V_ω 的方向和辊轮方向呈 45° 夹角，所以根据速度矢量的分解，可以得出

$$V_{rh}=V_\omega\sin45°=V_\omega(\sqrt{2})^{-1}$$
$$V_{rv}=V_\omega\cos45°=V_\omega(\sqrt{2})^{-1}$$

最后得出四个轮子的转速分别为

$$\omega_1=[v_x+v_y-\omega(a+b)]/r$$
$$\omega_2=[v_x-v_y+\omega(a+b)]/r$$
$$\omega_3=[v_x-v_y-\omega(a+b)]/r$$
$$\omega_4=[v_x+v_y+\omega(a+b)]/r$$

根据运动学逆解的结果，可以很容易地推导出运动学正解的结果为

$$V_x=(\omega_1+\omega_2+\omega_3+\omega_4)r/4$$
$$V_y=(\omega_1+\omega_4-\omega_2-\omega_3)r/4$$
$$\omega=[(\omega_2+\omega_4)-(\omega_1+\omega_3)]r/[4(a+b)]$$

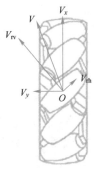 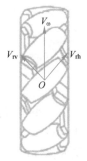

图 4-16　辊轮的速度分析　　　　　图 4-17　辊轮沿轴和垂直轴的速度分析

4.3　驱动和电池系统

驱动系统是机器人运动的执行器，电池系统持续为机器人上的设备提供能量，正确选择合适的电动机、电池才能满足机器人快速、持续和高效运行的需求。本节介绍不同类型的电动机以及驱动、电池系统设计与选型中主要的参数指标。

4.3.1　驱动系统——电动机

电动机是一种应用非常广泛的电能-机械能转换设备，移动机器人上一般使用电动机作

为驱动系统的执行单元，常用的电动机类型和各自的优缺点见表 4-1。

表 4-1 常用的电动机类型和各自的优缺点

电动机类型	图　示	优　点	缺　点
有刷直流电动机		廉价：有刷直流电动机已大规模生产并得到广泛应用，使它比其他类型的电动机便宜 易于控制：只需在电极两端施加直流电压即可使电动机转动	有寿命限制：换向器和电刷之间持续摩擦，电刷会随着时间的推移而磨损，使用寿命通常在几百至几千小时
步进电动机		步进电动机是通过脉冲信号来进行控制的，每输入一个脉冲信号，步进电动机即转动一个固定的角度。所以可以相对精确地在开环状态下控制速度	转矩随着转速的上升而减小，高速下容易丢步，且发热量较大，能效较低
无刷直流电动机		无刷直流电动机使用控制器实现电子换向，可控性强，并且取消了电刷和换向器，使用寿命更长，通常是在万小时级别	控制器开发难度大。采用电子换向器在无编码器闭环的模式下低速特性不理想
伺服电动机		伺服电动机本质上是无刷直流电动机加上了编码器并配上了伺服控制器，可以实现高精度的控制，通常是通过通信总线或脉冲方式控制，集成比较简单	通常电动机功率较大，现阶段成本比较高

在移动机器人上，小型室内移动机器人目前主流还是使用有刷直流电动机作为驱动系统的执行单元，工业 AGV 和商用的服务机器人出于稳定性和负载能力的考虑，通常会使用成熟的伺服电动机作为执行单元。

在做电动机选型时通常要考虑额定电压，额定转矩和额定转速这三个参数。额定电压是指电动机在工作时的供电电压，如果电动机的额定电压和底盘供电系统的电压不同，那么就需要设计升压或者降压电路。电动机通常都有比较大的功率需求，并且属于电感性负载，加减速时电压会有一定的波动，所以电压转换电路会比较复杂，通常会选择额定电压和底盘供电系统电压一致的电动机。

额定转矩决定了底盘的负载能力，如果电动机额定转矩过小，当底盘上搭载一定的负载后可能会出现加速缓慢甚至无法移动，就是俗称的"跑不动"。

转速决定了底盘的运动能力，以差速转向机器人为例，假设由电动机直接带动轮子转动，根据 4.2.1 节的运动学模型，底盘的运动的线速度 $v = (\omega_1 + \omega_2)\pi r$ 和角速度 $\omega = \dfrac{2\pi r(\omega_2 + \omega_1)}{w}$ 都和电动机转速成比例。

通常电动机的特性都是额定转速很高，例如有刷直流电动机转速很多都在 10000r/min 以上，但是额定的转矩很小。移动机器人上对驱动系统的需求是有一定的速度和较大的转矩，所以有刷直流电动机直接连接驱动轮并不符合移动机器人上的需求特点。为了解决这个问题，通常的方法是为电动机配备减速机，如图 4-18 所示。减速机的作用是通过降低转速来提升转矩，将电动机和减速机组合起来就成了移动机器人底盘上常用的减速电动机。

图 4-18　减速机和安装了减速机的直流电动机

4.3.2　电池系统

移动机器人中的电池需要为机器人提供电能，在电池系统的设计中，除了电池电压需要和驱动系统相匹配，还需要考虑机器人的峰值功耗、平均功耗和续航时间。归结起来就是三个重要的参数指标：额定电压、输出电流和容量。

目前比较常使用的是锂离子电池，单节锂离子电池的平均电压为 3.7V（标称电压），充满电状态下电压为 4.2V。在使用中通常将多节锂离子电池串联起来获得更高的电压，通过串联可以组合出合适电压的电池组来满足机器人的供电需求。串联的电池组中锂离子电池的数量使用 S 描述，例如把 3 节锂离子电池串联起来的电池组称为 3S 电池组，它的标称电压为 3.7×3V=11.1V，充满电后的电压为 12.6V。

电池电压满足机器人的供电电压是不够的，还需要考虑机器人的峰值功率来设计电池系统的放电能力。锂离子电池的放电能力是在设计制造时就决定了的，但是可以通过锂离子电池的并联来提升电池组的放电能力。并联的电池组通常用 P 来表示，例如一个电池组是由两个三节锂离子电池串联的电池组并联而成的，就称为 3S2P 电池组，其中共有 6 节锂离子电池。

电池的放电能力使用放电 C 率描述，它的含义是电池从充满电的状态安全地放电至电量全空的状态（简称完全放电）所用时间（以小时为单位）的倒数。例如 1C 表示完全放电需要 1 小时，2C 则表示完全放电需要 1/2 小时，以此类推。

假设一节锂离子电池容量为 2600mA·h（1mA·h=3.6C），放电 C 率为 5C，则完全放电用时 0.2h，通过换算可以得到，电池的放电电流 I=2600/0.2mA=13000mA=13A。如果使用相同的锂离子电池组成 3S2P 电池组，则电池组的最大持续放电电流为 26A。通常在设计电池系统时，应保证电池组的持续放电电流不低于机器人峰值功耗时的电流。

在满足了机器人的供电电压和放电能力后，还需要考虑整个机器人的续航时间。机器人的续航时间和电池组容量密切相关。电池组的容量也是由锂离子电池的设计所决定，同时电池组容量也会随着使用时间的增加而逐渐衰减。在设计时通常根据机器人静止状态下的待机功耗、执行正常的任务下的平均功耗和持续满功率运行时的峰值功耗来设计机器人的电池系统和标注续航参数。

续航时间的估算为（电池组容量×电池组电压）/功率。例如机器人上装备一组 3S1P 电池组，容量为 2600mA·h，机器人的平均功耗为 10W，则续航时间=（11.1×2.6）/10h = 2.886h。

但是实际的续航时间通常达不到估算的时间，因为锂离了电池不可能将电量完全耗尽，并且随着持续放电，电池组的电压也会逐渐下降，当降低到机器人的正常工作电压之下后机器人也将会无法正常工作。通常的做法是按满容量的 75% 估算。

电池组的容量设计可以从电池本身和并联电池组两个方面入手，如果是对电池组的体积、质量有严格的要求，一般是选择高品质的大容量电池，例如无人机上的电池组。如果对体积、质量没有过高的要求，也可以使用多组电池并联的方式来提升整个电池系统的容量。

整个电池系统除了电池之外通常还包含一个电池管理系统（BMS），电池管理系统主要是负责对电池组提供过充、欠电压、过热、短路等保护，来确保电池系统的安全和尽可能地延长电池系统的寿命。电池管理系统目前已经是非常成熟的技术了，通常是选择成品的方案，例如 3S1P 电池组有专用的电池保护板，可以对电池组提供短路、过充和欠电压保护。

4.4　控制系统——底盘控制器

机器人的控制系统是机器人的核心，也是在机器人开发中主要开发的对象。对于一台执行导航任务的机器人来说，它的控制系统既要完成根据激光雷达等的传感器数据来规划路径，也要根据规划出的路径来对电动机发出控制信号。

这些功能要集成在一台硬件上并不容易，例如 PC、车载计算机等擅长做路径规划这一类运算量较高的应用，但是并不擅长做高实时性的 IO 控制，单片机或 PLC 这类控制器适合高实时性的 IO 控制，但是没有很强的运算能力来完成路径规划这类应用。

所以机器人控制系统通常分为上位机和下位机，如图 4-19 所示，上位机通常为 PC 或实现类似 PC 功能的设备，如树莓派、JetsonNano 等，运行对运算量要求较高的应用。下位机通常用使用单片机、电动机控制板等擅长 IO 控制、高实时性的设备用于底盘的控制，也称为底盘控制器。

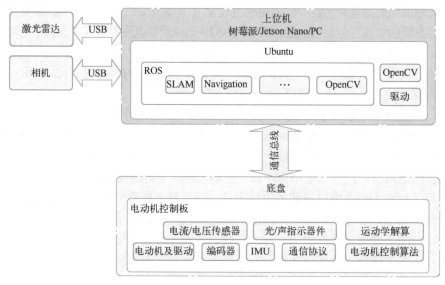

图 4-19　典型的 ROS 机器人控制系统

机器人的控制系统上采用上位机、下位机分离的模式有几个显而易见的好处：

1）增强上位机软件的通用性和可移植性能。上位机软件部分不涉及具体硬件的控制，只需要根据通信协议向下位机发送指令即可，可以最大限度地降低上位机软件和硬件之间的耦合程度。

2）降低软件复杂度和提高系统实时性。上位机的特点是有一定的运算能力并具备操作系统环境，下位机的特点是擅长 IO 控制和高实时性，根据上位机和下位机的特点，将控制系统中的功能拆分给上下位机分别实现，再通过通信协议来将上下位机联系起来。

3）更有利于团队分工，下位机端的机器人控制器属于硬件和嵌入式开发范畴，而上位机所实现的功能更偏向于软件和算法方向，制定好通信协议后每个团队按照协议分别完成自己擅长的工作。

底盘控制器从学术的角度并没有明确的定义，从功能上来看，它需要实现电动机等底盘上执行器的控制，并可以和上位机通信用于接收控制指令和反馈底盘状态。在小型移动机器人的底盘控制器上，通常还将电池系统、电动机驱动器等集成在一起。控制器的硬件设计及软件源码可以扫描二维码 4-1 下载。图 4-20 所示是一款底盘控制器的系统结构图。

4-1　Nano 系列机器人控制器硬件及源码

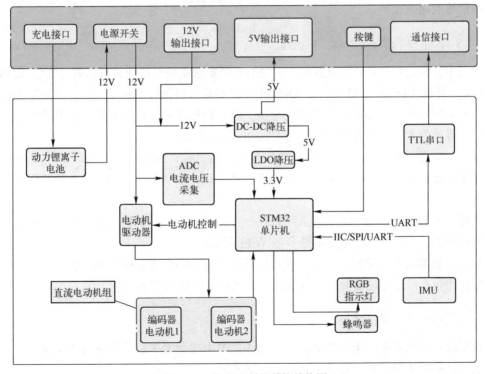

图 4-20　底盘控制器系统结构图

在这个底盘控制器的系统中可以看到，它是直接使用底盘的电池来供电，并且将电源控制和充电接口等电池系统也包含在其中。同时底盘控制器上也集成了电动机驱动器，使得底盘控制器可以直接驱动底盘上的电动机。整个底盘控制器使用了一块 STM32 单片机作为主控芯片，对外使用 TTL 串口作为通信接口，配备了 RGB 指示灯、蜂鸣器用于声光指示，配备按键用于实现一些简单的用户交互。传感器部分配备了电池的电流电压采集、电动机编码器接口和 9 自由度的 IMU（惯性测量单元）。

底盘控制器的嵌入式软件部分，可以将编码器测速、电动机 PID 速度控制、IMU 读取等对实时性要求比较高的功能予以实现，同时也可以实现和上位机的通信。

在设计一款机器人底盘控制器时需要结合实际情况来决定将哪些部件集成在这个控制器中，而不必严格按照机器人各个系统的分类来做拆分，也可将每个部分都设计为独立的电路板或模块。例如小型的机器人由于电池系统比较简单，电动机驱动器功率不大并且设计也很简单，所以会选择将电池系统和电动机驱动部分都集成在一块电路板上，并且配备电动机编码器、IMU 等必要的传感器。如果是一台大型的机器人底盘，例如工业 AGV，通常它的电动机功率都比较大，而且电动机驱动器本身就比较复杂，再强行将它集成到底盘控制器上显然是不合适的。

4.5 控制系统——车载计算机

底盘控制器是控制系统中的下位机，那么车载计算机自然就是控制系统中的上位机了。底盘控制器所实现的功能是对电动机等执行单元进行控制，而车载计算机要完成感知、规划、决策等层面的控制。

4.5.1 车载计算机需要实现的功能

本书中介绍运行 ROS 的机器人，首先的一个要求就是车载计算机需要能安装 ROS，目前 ROS 支持在 Ubuntu、Windows、Debian 等几种计算机操作系统下运行，所以车载计算机应该能够运行这几种计算机操作系统的至少一种。根据 ROS 对不同操作系统的支持完善程度和用户群体的大小，首选的是能支持 Ubuntu 系统的设备。

其次，车载计算机还需要能连接激光雷达、相机等外部传感器设备，这类传感器一般使用 USB 或者网口作为通信接口，所以还需要车载计算机具备 USB 或者网口作为传感器的接口。

在移动机器人上，为了使机器人可以在一定范围内不受限制运动的同时用户还可以连接和控制机器人，车载计算机上还需要具备 WiFi 网络。

最后，机器人上的感知、规划、决策等软件通常会耗费更多的资源，相机等设备通常数据带宽也比较高，这也就需要车载计算机具备比较强的计算和通信能力。

4.5.2 车载计算机的选择

在车载计算机的选择上，需要在满足 4.5.1 节中提到的车载计算机需要实现的功能的前提下从计算机的体积、功耗和成本几个方面来考虑。

从 CPU 的架构上，目前主流的有面向 PC 的 x86 架构和面向移动端设备端的 ARM 架构两大阵营。其他的诸如 PowerPC、RISC-V 等架构目前还不够主流，故这里不做讨论。

使用 x86 架构 CPU 的设备，例如笔记本、工控计算机、台式计算机，通常性能比较强劲，但是强劲的性能也带了巨大的功耗和发热量，并且搭载 x86 架构 CPU 的主板内存条、硬盘等都是额外加装的，这又导致了它在体积上会比较大。图 4-21 所示是一款 Intel 的迷你主机产品，这已经是 x86 架构产品中尺寸非常小的了，但是它的体积还是达到了 117mm×112mm×51mm，推荐的电源配置为 19V/90W，售价更是超过 2000 元人民币。所以从体积、功耗和价格方面，除非有极致的性能需求，一般对 x86 架构的主机不做优先考虑。

图 4-21　Intel 的迷你主机

而使用 ARM 架构的主板，通常是将 CPU、内存芯片等集成在一张 PCB 上，这一类设备即为 1.9 节中介绍的嵌入式单板计算机，或者简称为板卡。典型的代表如图 4-22 所示，从左往右依次为 Odroid、Orange Pi、树莓派、Jetson Nano。

图 4-22　几款典型的 ARM 架构嵌入式单板计算机

这类板卡相比于 x86 架构的计算机，通常性能会略弱，但是功耗和价格会大幅度低于 x86 架构的计算机。并且 ARM 架构的 CPU 生产厂家非常多，例如上面四款板卡的 CPU 分别是来自三星、全志、博通和英伟达。由于 ARM 是采取授权的方式来授权给各芯片公司使用，芯片公司可以根据自身的业务特点集成更多的功能在芯片上，例如英伟达公司的 Jetson 系列使用的芯片中就集成了自家的 GPU 技术，主要用于人工智能方向。

当然，由于 ROS 支持分布式通信，所以在之后的开发实践中，大部分的学习和科研场合下，只要无线网络需要足够流畅，也可以再额外使用一台 PC，让一部分计算任务由这台 PC 来承担，所以不必要一味地追求车载计算机的性能。

综合价格、性能和开发者社区的完善程度方面考虑，目前用于搭建 ROS 机器人的一个主流选择是树莓派系列的板卡。这款板卡主要针对的是教育和创客群体，价格相对便宜。树莓派每一代的升级，基本会和前一代保持一定的兼容性，例如它的尺寸和接口定义等从第二代至今都没有改变，这就给机器人的结构设计和布局带来很大的方便，在未来有更新版本的板卡发布时可以装备更新版本的板卡获得更强劲的性能，而不用去修改机器人的结构。

以最新的树莓派 4B 为例，这款板卡目前已经支持 Ubuntu 20.04 操作系统和 ROS Noetic 版本，图 4-23 所示是这款板卡的参数和接口。

SOC	Broadcom BCM2711
CPU	64- 位 1.5GHz 四核（28nm 工艺）
GPU	Broadcom VideoCore VI @ 500MHz
蓝牙	蓝牙 5.0
USB 接口	USB2.0*2/USB3.0*2
HDMI	micro HDMI*2 支持 4K60
供电接口	Type C(5V 3A)
多媒体	H.265 (4Kp60 decode); H.264 (1080p60 decode, 1080p30 encode); OpenGL ES, 3.0 graphics
Wifi 网络	802.11AC 无线 2.4GHz/5GHz 双频 Wifi
有线网络	真千兆以太网（网口可达）
以太网	Poe 通过额外的 HAT 以太网 (Poe) 供电

图 4-23　树莓派 4B 的参数和接口

使用车载主机配合前文中的底盘控制器，就组合成了完整的机器人控制系统，接下来需要使上下位机之间建立通信来打通上下位机之间的壁垒。

4.5.3　将车载计算机和底盘控制器连接起来

解决车载计算机和底盘控制器之间的通信，首先要选择一种合适的通信接口，由于这两个设备通常是安装在机器人上并且安装位置是相对固定的，因此人们通常会选择有线通信。在计算机和嵌入式系统中，常用的有串口、RS-232、RS-485、CAN、USB、和以太网这几种通信接口，几种接口各自的特点见表 4-2。

表 4-2　几种常用的通信接口

通信类型	通信速率（每秒）	传输距离	嵌入式软件开发难度
串口	几 KB～几十 KB	<1m	低
RS-232	几 KB～几十 KB	通常小于 10m	低
RS-485	几 KB～几十 KB	几十 m 到上千 m	低
CAN	小于 1MB	最远可达 10km	低
USB	12MB（满速）	<5m	中
以太网	100MB（百兆网卡）	>100m	高

在这几种通信方式中，串口、RS-232、RS-485 这三种只是在通信的电气特性上有区别，导致通信距离不同，通信格式的定义都是一样的，并且很容易转换为 USB 接口。

CAN 网络常用于汽车内部传感器、控制网络以及工业现场，它的特点是可以支持多个设备互不干扰地通信。

USB 是日常生活中非常常见的一种通信接口，几乎每台 PC 上都有多个 USB 接口，它的特点是普及度高，并且随着技术更迭，最新的 USB3.2 Gen2 协议已经可以支持 40GB 的通信速率，但是在嵌入式设备上，最常用的还是 USB1.1，通信速率为 12MB。

以太网也是日常生活中常见的通信方式，最典型的就是路由器上的一排 RJ45 的网线接口，现在一些机器人底盘和一些高带宽的传感器也会采用这种通信方式，以太网的优势在于组网非常方便，可以支持多设备，并且通信带宽也足够高，除了百兆网络，现在还有千兆乃至万兆网络可选。

在小型的移动机器人上，底盘控制器通常没有太高的通信带宽需求，只需要完成对对底盘运动的控制、底盘运动状态的读取、传感器数据的读取，数据量一般在几 KB 到几十 KB 每秒的级别，通信线路也不会很长，在几厘米到几十厘米范围。通常采用的通信接口为底盘控制器端使用串口，通过串口转 USB 连接到车载计算机上。对于树莓派这类板卡上有串口的，如图 4-24 所示，08 和 10 接口分别为串口的发送和接收端口，可以直接通过串口连接车载计算机和底盘控制器，例如 NanoRobot 就是通过这种方法将底盘控制器和树莓派连接起来的。

Pin#	NAME			NAME	Pin#
01	3.3v DC Power			DC Power 5v	02
03	GPIO02 (SDA1, I²C)			DC Power 5v	04
05	GPIO03 (SCL1, I²C)			Ground	06
07	GPIO04 (GPCLK0)			(TXD0, UART) GPIO14	08
09	Ground			(RXD0, UART) GPIO15	10
11	GPIO17			(PWM0) GPIO18	12
13	GPIO27			Ground	14
15	GPIO22			GPIO23	16
17	3.3v DC Power			GPIO24	18
19	GPIO10 (SPI0_MOSI)			Ground	20
21	GPIO09 (SPI0_MISO)			GPIO25	22
23	GPIO11 (SPI0_CLK)			(SPI0_CE0_N) GPIO08	24
25	Ground			(SPI0_CE1_N) GPIO07	26
27	GPIO00 (SDA0, I²C)			(SCL0, I²C) GPIO01	28
29	GPIO05			Ground	30
31	GPIO06			(PWM0) GPIO12	32
33	GPIO13 (PWM1)			Ground	34
35	GPIO19			GPIO16	36
37	GPIO26			GPIO20	38
39	Ground			GPIO21	40

图 4-24　树莓派 40 Pin 扩展接口

在解决了通信接口的选择和硬件连接之后，还需要为底盘控制器和车载计算机之间制定一套通信协议，以便参与通信的双方能够按照正确的格式发送数据和解析接收的数据。

为了实现 ROS 和底盘的嵌入式控制器之间的通信，已经有很多人做了尝试，也有着一些开源的方案，例如 rosserial 和 ros_arduino_bridge，感兴趣的读者可参考相关资料。

以上的两款开源方案有很多优秀的可取之处，但也有着各自的不足。例如 rosserial 中为了将底盘控制器模拟成一个 ROS 节点，默认使用了 ROS 的消息作为串口间交互的格式，这导致通信数据量比较大，并且开发下位机软件时需要和上位机中消息类型做匹配，这增加了下位机软件开发的复杂程度。而 ros_arduino_bridge 目前已经没有再继续维护更新了，未来的可用性可能会是一个问题，所以这里采用的是自定义协议的方式。

自定义协议就是约定一套数据格式，下位机端将数据格式的打包和解析规则编写在嵌入式软件中，上位机编写一个节点，用于解析数据和实现 ROS 话题、数据之间的转换。如图 4-25 所示为自定义和使用的一套通信协议。

```
通信协议中的约定
串口波特率：115200。1 停止位，8 数据位，无校验。
约定：
1）上位机往下位机发送的消息，功能码为奇数，下位机往上位机发送，功能码为偶数。
2）帧长度为整个数据包长度，包括从帧头到校验码的全部数据。
3）ID 为下位机编号，为级联设计预留。
4）预留位，为后续协议扩展预留。
5）CRC 为 1B，校验方式为 CRC-8/MAXIM。
6）线速度单位为 m/s，角速度单位为 rad/s（弧度制），角度单位为度（角度制）。
帧头     帧长度      ID      功能码      数据          预留位      CRC
0x5a     0x00      0x01      0x00      0xXX...0xXX    0x00      0xXX
帧头：1B 0x5a 固定值。
帧长度：帧头(1B)+帧长度(1B)+ID(1B)+功能码(1B)+数据(0~250B)+预留位(1B)+CRC(1B)。
功能码：1B，控制器端发送的功能码为偶数，控制器端接收的功能码为奇数。
数据：长度和内容具体参照各功能码定义。
预留位：目前设置为 0x00，为将来协议可能的扩展预留。
CRC：1B，校验方式为 CRC-8/MAXIM，设置为 0xFF，则强制不进行 CRC。
```

图 4-25　自定义通信协议

在这套通信协议中，帧头用于标识这是一串数据的起始，长度用于标识这串数据的总长度，ID 是为了当有多个底盘控制器串行连接时，可以指定当前的数据是发给哪一台控制器的，预留位是为了方便未来协议有扩展或协议版本升级后标识版本信息。

底盘的控制和信息读取是通过功能码来定义的，每个功能码代表一项功能，底盘控制器和上位机正是通过识别功能码来按照约定的数据格式解析数据的，图 4-26 所示为通信协议中的部分功能码和数据格式的定义。

0x01 上位机向下位机发送速度控制指令，数据长度为 6B，数据为 x 轴方向速度×1000(int16_t)+y 轴方向速度×1000(int16_t)+z 轴角速度×1000(int16_t)。
数据格式为：

Byte1	Byte2	Byte3	Byte4	Byte5	Byte6
X MSB	X LSB	Y MSB	Y LSB	Z MSB	Z LSB

例：5A 0C 01 01 01 F4 00 00 00 00 00 56 (底盘以 0.5m/s 的速度向前运动)。

0x02 下位机回复上位机的速度控制指令，数据长度为 1B，仅在速度设置失败时候回复，正常时无回复 数据格式为 Byte1 错误代码。

0x03 上位机向下位机发送速度查询指令，数据长度为 0B。
例：5A 06 01 03 00 DF。

0x04 下位机上报当前速度，数据长度为 6B，数据为 x 轴方向速度 1000(int16_t) + y 轴方向速度 1000(int16_t) + z 轴角速度×1000(int16_t)，数据格式为：

Byte1	Byte2	Byte3	Byte4	Byte5	Byte6
X MSB	X LSB	Y MSB	Y LSB	Z MSB	Z LSB

0x07 上位机向下位机查询电池信息，数据长度为 0B。
例：5A 06 01 07 00 E4。

0x08 下位机上报电池信息，数据长度为 4B，数据为电压 1000(uint16_t) + 电流 1000(uint16_t)，数据格式为：

Byte1	Byte2	Byte3	Byte4
Voltage MSB	Voltage LSB	Current MSB	Current LSB

0x11 上位机向下位机获取里程计信息，数据长度为 0B。
例：5A 06 01 11 00 A2。

0x12 下位机上报速度航向信息，数据长度为 8B，数据为 x 轴线速度×1000(int16_t)、y 轴线速度×1000(int16_t)、角度×100(int16_t)、角速度×1000(int16_t)，数据格式为：

Byte1	Byte2	Byte3	Byte4	Byte5	Byte6	Byte7	Byte8
X MSB	X LSB	Y MSB	Y LSB	Yaw MSB	Yaw LSB	Z MSB	Z LSB

图 4-26　通信协议中部分功能码和数据格式的定义

完整的通信协议限于篇幅原因，这里不做过多的展开，感兴趣的读者可以参考 4.9 节。

4.6　机器人上常用的传感器

控制系统可以决策和控制机器人的运动，控制系统决策和控制的依据是机器人的运动状态、外界环境等，为了使机器人能够感知自身的运动和外界的环境，就需要为机器人配备传感器。本节将介绍几种机器人上常用的传感器和它们所能够获取的信息。

4.6.1　获取机器人运动状态——编码器和 IMU

编码器（Encoder）是将信号或数据进行编制、转换为可用以通信、传输和存储的信号形式的设备。编码器可把角位移或直线位移转换成电信号，前者称为码盘，后者称为码尺。编码器根据信号输出形式，可分为增量式、绝对式以及混合式三种。在移动机器人的底盘上，通常使用增量式编码器用来测量电动机的转速。

根据检测原理，编码器可分为光电式、霍尔式两种，如图 4-27 所示。

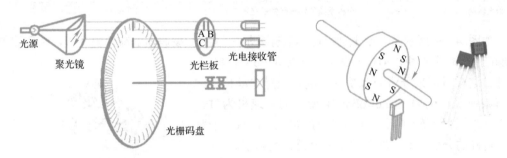

图 4-27　光电式编码器和霍尔式编码器

光电式编码器包括光源和光电接收管，中间隔着聚光镜、透光/不透光间隔的光栅码盘和光栏板，电动机带动光栅码盘转动，则光电接收管会间歇地接收到光源发射的光，根据接收到光的间隔，就可以计算出电动机转速。

霍尔式编码器利用霍尔式传感器对磁铁 N 极和 S 极敏感的特性，通过电动机带动圆形磁铁转动，霍尔式传感器可以间歇地检测到磁铁的 N 和 S 极，根据检测到的 N 极或 S 极的间隔，同样可以计算出电动机转速。

但是电动机有正转和反转两个方向，测量时间间隔只能测量出速度，并不能测出方向，如果需要测量电动机的转动方向，就需要用到正交编码器，也称为 AB 相编码器。

AB 相编码器其实就是两路编码器，但是两路有一个相位差，通常为 1/4 个周期，如图 4-28 所示。

利用 AB 相编码器的相位差，可以通过 A 相编码器由低电平转换为高电平时 B 相编码器的电平状态来测量方向。并且可以通过对 AB 相编码器的信号叠加，提升 AB 相编码器的分辨力。

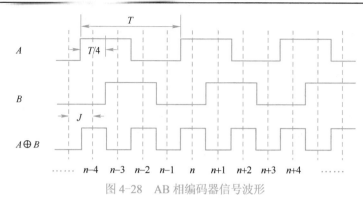

图 4-28　AB 相编码器信号波形

编码器主要有几个参数，分别是分辨力、最大响应频率和最大转速，见表 4-3。

表 4-3　编码器参数

参　　数	含　　义
分辨力	编码器旋转一圈脉冲信号数量
最大响应频率（PPS）	1s 内产生的最大脉冲数量，PPS 除以分辨力即为最大可测量转速
最大转速	机械系统能够承受的最高转速

如图 4-29 所示是一款电动机尾部装有霍尔式 AB 相编码器的减速电动机，编码器单相一圈产生 11 个脉冲，AB 相叠加后一圈就一共有 44 个脉冲。这样看起来分辨力似乎并不高，但是电动机还配备有减速机，例如 NanoRobot 上使用的减速机为 1：21.3，即机器人轮子转一圈一共有 44×21.3=937 个脉冲，这样的分辨力对于控制轮子速度已经足够了。

对于两轮差速机器人，通过测量左右两个电动机的转速，就可以根据运动学正解的公式计算机器人当前的运动线速度和角速度。通过对线速度和角速度做时间积分，就可以计算出机器人在一段时间内运动的距离和相对初始位置的角度，即机器人相对初始位置的 x、y 坐标。

通过轮子转速计算机器人的位移并没有太大的问题，从工程实践中通过这种测量方法测量出的距离基本

图 4-29　配备有霍尔式 AB 相编码器的减速电动机

准确，可以作为机器人运动距离的参考。问题在于角度的测量，由于机械间隙、地面打滑等因素带来的角度误差会不断地累积，在实际应用中并不可靠。为了测量机器人的角度需要引入一个新的传感器——惯性测量单元。

惯性测量单元（Inertial Measurement Unit，IMU）是测量物体三轴姿态角（或角速率）以及加速度的装置，一般情况下，一个 IMU 包含了三个单轴的加速度计和三个单轴的陀螺仪，也可能包含磁力计，如图 4-30 所示。

IMU 的工作原理是：使用一个或多个加速度计，探测当前的加速度速率；使用一个或多个陀螺仪，检测在角速度上的变化。有一些 IMU 还同时包括磁力计，用于协助校准角速度积分误差。通过对传感器数据滤波和积分后，就可以得到机器人的姿态，其中就包括了里程计中需要的机器人航向和角速度信息。

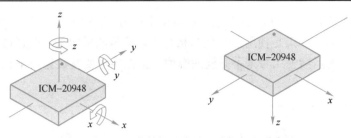

图 4-30 IMU 中的加速度计、陀螺仪和磁力计

IMU 通常会和其他名词一起出现，这可能使人比较费解，常见的名词及其含义见表 4-4。

表 4-4 IMU 传感器中常用名词及含义

名 词	含 义
陀螺仪（Gyroscope）	在一定的初始条件和一定的外在力矩作用下，陀螺会在不停自转的同时，环绕着另一个固定的转轴不停地旋转，这就是陀螺的旋进（Precession），又称为回转效应（Gyroscopic Effect）。利用陀螺的力学性质所制成的各种功能的陀螺装置称为陀螺仪（Gyroscope），用于测量角速度
加速度计（Accelerometer）	一种测量物体加速度的装置
磁力计（Magnetometer）	磁力计可用于测试磁场强度和方向，定位设备的方位，磁力计的原理与指南针原理类似，可以测量出当前设备与东南西北四个方向上的夹角
微机电系统（MEMS）	全称是 Micro Electro Mechanical Systems，也叫作微电子机械系统，指尺寸在几毫米乃至更小的高科技装置。常见的产品包括 MEMS 加速度计、MEMS 陀螺仪
6 轴 IMU（6DOF） 9 轴 IMU（9DOF）	这里的轴（DOF）指的是传感器所能测量的自由度，包含三轴加速度计和三轴陀螺仪的称为 6 轴，加上的三轴磁力计就称为 9 轴
航姿参考系统（AHRS）	全称是 Attitude and Heading Reference System，航姿参考系统包括基于 MEMS 的三轴陀螺仪、加速度计和磁力计。航姿参考系统与 IMU 的区别在于，航姿参考系统包含了姿态数据解算单元，而 IMU 仅仅提供传感器数据，并不具有提供准确可靠的姿态数据的功能
欧拉角（Euler Angle）	欧拉角是用来确定定点转动刚体位置的 3 个一组独立角参量，由章动角 θ、旋进角（即进动角）ψ 和自转角 j 组成，通常也称为横滚（Roll）、俯仰（Pitch）和航向（Yaw），因为欧拉首先提出而得名。但是会造成万向锁（Gimbal Lock）的现象
四元数（Quaternions）	四元数本质上是一种高阶复数，它能够很方便地刻画刚体绕任意轴的旋转，相比于欧拉角的描述方式，可以避免万向锁现象，通常的表述方法为 (x,y,z,w)

4.6.2 让机器人看见世界——摄像头

摄像头已经是日常生活中非常常见的一种传感器了，从街头巷尾的监控摄像头，到手机上用于拍照、扫码等的摄像头。为了让机器人能够看见世界，可以为机器人装上摄像头。

摄像头根据常见的接口类型可以分为通用的 USB 接口和专用的相机串行接口（CMOS Serial Interface，CSI）以及以太网口几种，如图 4-31 所示。

图 4-31 USB 接口摄像头和 CSI 摄像头

树莓派上配备有 CSI，可以选用支持 CSI 的摄像头。如果选择支持 USB 接口的摄像

头，需要确认摄像头为 UVC（USB Video Class，即 USB 视频类）协议。UVC 协议在 Linux 系统下是免装驱动的，如果是使用了其他的私有协议规范的摄像头，在连接主机时可能会有缺少驱动的问题，为后续使用带来不必要的麻烦。摄像头主要参数见表 4-5。

表 4-5 摄像头主要参数

参数	定　　义
像素	也叫作分辨力，即传感横向像素个数乘以纵向像素个数，常见的有 30 万像素（640×480）、200 万像素（1920×1080）等
帧率	帧率也称为 fps，帧率是每秒捕获图像的数量，比如一个摄像头帧率 30fps，表示的就是 1s 可以捕获 30 个画面
FOV	FOV 即视场角，视场角的大小决定了摄像头的视野范围，通常会由水平 FOV 和垂直 FOV 两个参数

4.6.3　让机器人感知世界的"深浅"——立体相机

有了摄像头后，机器人就可以看到这个世界了，但是它看到的依然是一个平面的世界，因为摄像头只能捕获一张平面的图像。如果需要机器人看到的世界是三维的，就需要用到立体相机。立体相机是一个抽象的概念，从技术路线的角度，可以分为结构光、光飞行时间（TOF）、双目视觉这三种方案。

结构光（Structured-light）立体相机代表产品有 Astra Pro（奥比中光）、Kinect v1（微软）和 FaceID（苹果）。

其基本原理是，通过近红外激光器，将具有一定结构特征的光线投射到被拍摄物体上，再由专门的红外摄像头进行采集。这种具备一定结构的光线，会因被摄物体的不同深度区域采集不同的图像相位信息，然后通过运算单元将这种结构的变化换算成深度信息，以此来获得三维结构。简单来说就是，通过光学手段获取被拍摄物体的三维结构，再将获取到的信息进行更深入的应用。结构光立体相机通常采用特定波长的不可见的红外激光作为光源，它发射出来的光经过一定的编码投影在物体上，通过一定算法计算返回的编码图案的畸变来得到物体的位置和深度信息。如图 4-32 所示是结构光相机的示意图。

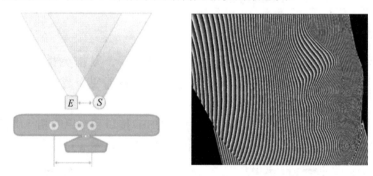

图 4-32　结构光立体相机的示意图

光飞行时间（TOF）立体相机代表产品：Kinect 2.0（微软）。

该方案顾名思义是测量光飞行时间来取得距离，首先给目标连续发射激光脉冲，然后用传感器接收反射光线，通过探测光脉冲的飞行往返时间来得到确切的目标物距离。因为光速极快，直接测光的飞行时间实际不可行，一般是通过一定手段调制后让光波的相位偏移来实现。如图 4-33 所示是光飞行时间立体相机的示意图。

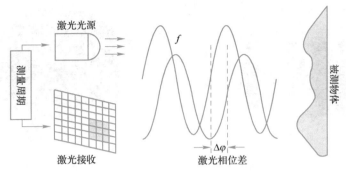

图 4-33　光飞行时间立体相机的示意图

双目视觉（Stereo）立体相机代表产品：ZED Mini（ZED）。

早在古希腊时代，欧几里得就已经发现人们左右眼所看到的景物是不同的，这也是人们能够洞察立体空间的主要原因。用现代术语就是双眼视差（Binocular Parallax），这也是立体影像的基本原理。它是基于视差原理并利用成像设备从不同的位置获取被测物体的两幅图像，通过计算图像对应点间的位置偏差，来获取物体三维几何信息的方法。三种立体相机的特点和差异见表 4-6。

表 4-6　三种立体相机的特点和差异

参数/方案	双目视觉	结构光	光飞行时间
基础原理	双目匹配，三角测量	激光散斑编码	反射时差
分辨力	中高	中	低
精度	中	中高	中
帧率	低	中	高
抗光照干扰能力	高	低	中
硬件成本	低	中	高
算法开发难度	高	中	低

在结构光和光飞行时间立体相机上，通常还会搭配一颗彩色摄像头组成彩色-立体相机，也就是 RGB-D 相机，如微软的 Kinect v1 和 Kinect 2.0 都属于 RGB-D 相机。

4.6.4　让机器人具备全向感知能力——激光雷达

相机可以帮助机器人获得周围环境的图像信息，立体相机可以帮助机器人获得周围环境的距离信息，但是它们都会受到视场角的限制。如果相机装在机器人的前方，机器人的后方就会有很大的感知盲区。为了使机器人能够全方位地安全移动，还需要配备一个能够 360°获取周围环境距离信息的传感器，那就是激光雷达。

激光雷达就是通过将一个激光测距模块装在一个旋转的平台上，旋转平台带动激光测距模块转动，在转动的过程中激光测距模块连续的测量自身到周围环境的距离，形成 360°的环境距离信息的。

激光雷达根据在垂直方向测量点的数量分为单线雷达和多线雷达，单线雷达即在垂直方向只有一个测量点，多线雷达在垂直方向有多个测量点，通常为 16、32、64 或 128 个。图 4-34 所示为一款 32 线的激光雷达，如图 4-35 所示为一款单线雷达。

图 4-34　一种多线雷达　　　　　　　　　　图 4-35　一种单线雷达

　　单线雷达和多线雷达由于在垂直方向测量点的数量不同，最终的测量结果也有差异。单线雷达由于只有一个测量点，所以形成的是一个二维的平面的距离信息，即当前的环境在雷达测距高度上的切面，如图 4-36 所示。

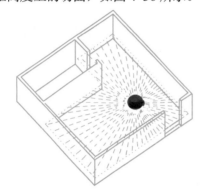

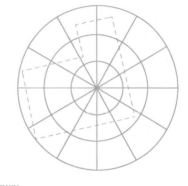

图 4-36　单线雷达测距

　　多线雷达在同一时间可以测量多个高度方向的距离，所以将会形成多个高度方向的切面距离信息，如图 4-37 所示。如果线数足够多，就可以实现对三维环境的还原。

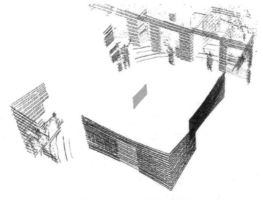

图 4-37　多线雷达测距

　　单线雷达多用于室内这种相对简单的环境，例如扫地机器人上多数都配备有单线雷达，而多线雷达多用于室外复杂环境，例如自动驾驶汽车上。单线雷达目前售价在几百元至数千元不等，而多线雷达目前最便宜的 16 线雷达价格也在两万元以上，更高线数的 64 或 128 线雷达价格更是达到了几十万元。激光雷达主要参数见表 4-7。

表 4-7　激光雷达参数指标

参　　数	含　　义
采样率	1s 内可以测距的次数
频率	旋转平台 1s 内旋转的圈数
角分辨力	两个测距点之间的夹角，角分辨率=采样率/频率/360°
测距方法	常用的有三角测距法和光飞行时间法，三角测距法可以做到较高的采样率，但是不抗日光，即无法在室外环境使用，光飞行时间法反之
测距量程	雷达可以有效测量的最远距离
线数	垂直方向上测距的点数，即单线雷达和多线雷达的区别

4.7　远程连接车载计算机

在 4.5 节中分析机器人车载计算机需要完成的功能时有提到，机器人的车载计算机通常需要具备无线通信的能力，因为移动机器人在场地中移动，如果需要一直跟着机器人去操作它或者让它拖着一根网线运动显然是很不方便的，这就需要机器人具备无线通信能力。本节将介绍常用的无线通信模式和远程连接并操作车载计算机的方法。

4.7.1　路由模式和 WiFi 模式

目前最普及的无线通信方式自然就是 WiFi 了，如果需要机器人通过 WiFi 连接到局域网中，就需要现场有一台路由器来提供 WiFi 热点供机器人接入，但有时现场不具备这样的条件。另外一个情况是，一个路由器能够提供的 WiFi 信号覆盖范围是有限的，如果机器人移动的位置超出了信号覆盖范围，就会导致机器人丢失连接。由于 ROS 运行时依赖局域网环境，断开连接可能会导致机器人无法正常工作。

目前的无线网卡基本都支持 AP 和 STA 两种模式，AP 模式下网卡充当路由器，供其他设备接入，以下称为路由模式。STA 模式下网卡连接至其他设备例如路由器提供的 WiFi 网络，以下称为 WiFi 模式。两种模式组合使用可以极大地增强机器人的环境适应性。例如在 NanoRobot 机器人中，无线网络支持 WiFi 和路由两种模式。WiFi 模式如图 4-38 所示，机器人连接路由器提供的 WiFi 热点，使用路由器提供的局域网环境。路由模式下，如图 4-39 所示，机器人自己建立一个 WiFi 热点，将 PC、手机等设备连接到机器人建立的 WiFi 热点上来和机器人建立通信。

图 4-38　WiFi 模式

图 4-39　路由模式

4.7.2 SSH 远程登录

由于在小型的移动机器人上通常不会给机器人配备屏幕，当需要操作机器人时可以通过远程登录的方式来连接机器人。

这里以 PuTTY 这款免费的 SSH 工具为例介绍，软件可以扫描二维码 4-2 下载，或者通过网络获取，PuTTY 软件的下载地址为https://www.chiark.greenend.org.uk/~sgtatham/putty/。

4-2　PuTTY 软件下载

在进行远程登录前，需要先确认机器人和 PC 处在同一个局域网环境中。即路由模式下，PC 需要连接在机器人所建立的热点上。WiFi 模式下，机器人和 PC 需要连接在同一路由器上。

打开 PuTTY 软件，如图 4-40 所示。在"HostName（or IP address）"一栏中填入机器人的 IP 地址，路由模式下机器人的 IP 为固定的，可以在路由模式的配置中找到，例如 NanoRobot 中路由模式下 IP 地址固定为"192.168.9.1"。WiFi 模式或通过网线连接时需要通过路由器管理页面来查询分配给机器人的 IP 地址。"Port"默认为 22 不需要修改。为了方便下次使用可以将这个配置保存下来，在"Saved Sessions"中为连接取一个名称，例如"BingDaRobot_AP"，然后单击"Save"按钮保存。下次使用时双击保存的名称就可以自动填充 IP 地址，单击"Open"按钮就可以连接了。

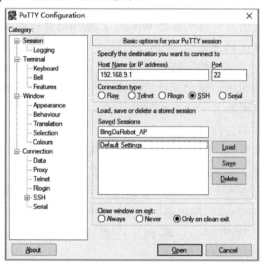

图 4-40　putty 界面

如果一切正常，将会出现图 4-41 中的对话框，"login as:"后输入机器人的用户名，例如 NanoRobot 中用户名和密码均为"bingda"，输入后按〈Enter〉确认。然后会提示输入密码，这里要注意，输入密码不会显示输入的字符，正常输入就好，输入完成后按〈Enter〉确认。如果用户名密码都输入无误，现在就打开了机器人上的命令行界面了，这里我们把它叫作远程终端，也可以称为终端，和使用 Ubuntu 的终端时用法是一样。

图 4-41　PuTTY 登录界面

SSH 连接成功后可以通过 ifconfig 命令来检查当前的网络状况，如图 4-42 所示，可以看到当前的 "wlan0" 网络 IP 地址为 "192.168.9.1"，即路由模式下的默认地址。

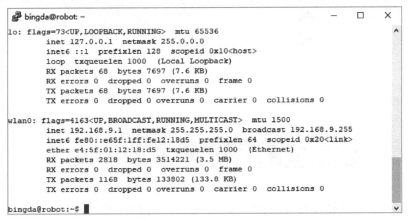

图 4-42　机器人远程终端和网络状况

4.7.3　使用远程桌面连接机器人

使用 SSH 远程登录已经可以满足绝大多数的应用场景了，但是还是会有少数的场景下需要图形桌面。在需要机器人车载计算机的图形桌面时可以使用远程桌面软件，这里以远程桌面软件 NoMachine 为例，下载链接：https://www.nomachine.com/。

使用远程桌面需要机器人端和 PC 端都安装好软件，两台设备上软件安装完成后打开 PC 端的 NoMachine，确保机器人和 PC 处于同一局域网环境，然后在上方的输入栏输入机器人的 IP 地址，如果使用路由模式，输入路由模式下机器人的固定 IP，如果使用网线或 WiFi 模式，则根据路由器分配的 IP 地址输入。例如这里使用的是 WiFi 模式，获取的 IP 地址是 "192.168.31.129"，输入 IP 地址后单击 "Connect to new host xxx.xxx.xxx.xxx"，如图 4-43 所示。

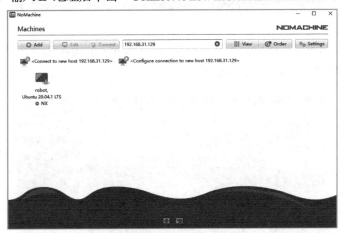

图 4-43　NoMachine 界面

连接成功会弹出图 4-44 中的输入用户名和密码的对话框，输入用户名和密码后可以选中下方的 "Save this password in the connection file" 保存密码方便下次使用，单击 "Login" 按钮即可登录。

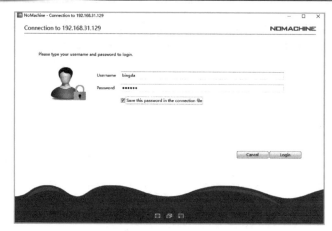

图 4-44　NoMachine 登录界面

初次登录会有一些使用指导，如图 4-45 所示。如果不希望看到可以选中"Don't show anymore for this connection"，下次再登录时就不会再出现使用指导。

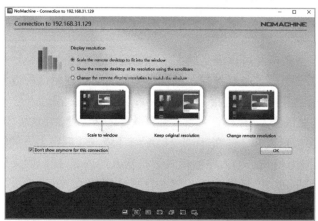

图 4-45　NoMachine 使用指导

接下来就进入到机器人的桌面中了，例如 NanoRobot 的系统镜像是基于 Ubuntu MATE 20.04 制作的，所以使用的是 Ubuntu MATE 桌面，如图 4-46 所示。

图 4-46　Ubuntu MATE 桌面

4.8　底盘启动和控制

4.1～4.7 节介绍了机器人系统的搭建和远程连接方法，但是机器人目前仍然无法使用。为了使机器人能够正常运行并和 ROS 网络建立通信，还需要底盘驱动节点将机器人的底盘控制器和 ROS 网络连接起来。

4.8.1　启动底盘驱动节点

底盘驱动功能包通常由底盘或底盘控制器的开发者提供，例如 NanoRobot 提供的底盘驱动功能包名为"base_control"。

这个功能包的 launch 目录下只有一个 base_control.launch 文件，通过 launch 即可启动底盘驱动节点，如图 4-47 所示，即：

```
roslaunch base_control base_control.launch
```

```
/home/bingda/catkin_ws/src/base_control/launch/base_control.launch http://192.1...   —   □   ×
* /base_control/sub_ackermann: False
* /rosdistro: noetic
* /rosversion: 1.15.9

NODES
  /
    base_control (base_control/base_control.py)

auto-starting new master
process[master]: started with pid [101556]
ROS_MASTER_URI=http://192.168.31.129:11311

setting /run_id to b8418a40-fe45-11eb-b563-8f1e36759b64
process[rosout-1]: started with pid [101582]
started core service [/rosout]
process[base_control-2]: started with pid [101589]
[INFO] [1629086101.063238]: NanoRobot base control ...
[INFO] [1629086101.093817]: Opening Serial
[INFO] [1629086101.098106]: Serial Open Succeed
[INFO] [1629086103.324089]: Move Base Hardware Ver 1.3.0,Firmware Ver 1.6.0
[INFO] [1629086105.330118]: SN:066fff574848665267213659
[INFO] [1629086105.340065]: Type:NanoRobot Motor:25GA370 Ratio:21.0 WheelDiamete
r:67.0
```

图 4-47　启动 base_control.launch 文件

底盘控制器的节点启动后可以看到终端中输出了一系列的信息，包括底盘控制器的软硬件版本、序列号以及底盘的型号、电动机、轮径等信息。能够获取到底盘控制器的信息说明车载计算机和底盘控制器之间已经和底盘驱动节点建立了通信。

通过 rosnode list 来检查当前正在运行的节点，如图 4-48 所示，当前有/base_control 和/rosout 两个节点在运行（当然还有主节点，只不过它不会出现在节点列表中）。/rosout 是 ROS 中用于收集和记录节点调试输出信息的节点，伴随着主节点而启动。/base_ control 自然就是底盘驱动节点了，通过 rosnode info /base_control 可查看这个节点的话题发布订阅信息，同样如图 4-48 所示，/base_control 节点发布了/battery 电池话题、/odom

里程计话题、/rosout 日志话题和/tf 坐标变换话题，订阅了/cmd_vel 话题，这是运动控制的话题。

图 4-48　节点列表和节点信息

通过 rostopic echo 可以输出话题中的消息，例如机器人的电池信息 rostopic echo /battery，图 4-49 所示为输出了电池的电压（Voltage）和电池输出电流（Current）的信息。

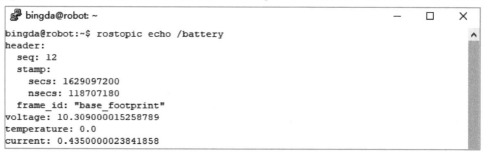

图 4-49　机器人的电池信息

4.8.2　控制机器人运动

要控制机器人运动，只需要发布运动控制话题即可，ROS 中提供了一个键盘控制功能包，这个功能包需要手动安装，即 sudo apt install ros-noetic-teleop-twist-keyboard-y，安装完成后直接运行 rosrun teleop_twist_keyboard teleop_twist_keyboard.py 即可，如图 4-50 所示。

根据节点的提示，按键是按照九键方向定义的，〈I〉键对应机器人前进〈,〉键后退〈J〉键左转〈L〉键右转〈U〉键前进左转〈P〉键前进右转〈M〉键后退左转〈。〉键后退右转〈K〉键停止〈Q〉键将发布的角速度和线速度增加 10%〈Z〉键将发布的角速度和线速度减少 10%〈W〉或〈X〉键只增加或减小线速度〈E〉或〈C〉键则增加或减小角速度。

使用时有两点需要注意：第一，键盘需要保持小写模式，即不开启大写锁定，大写锁定模式下转动会变成对应方向的移动，这需要全向移动的底盘才能实现；第二是操作过程中需要保证鼠标是单击在当前终端的，这样节点才能正常地捕获按键动作。

```
Reading from the keyboard  and Publishing to Twist!
---------------------------
Moving around:
   u    i    o
   j    k    l
   m    ,    .

For Holonomic mode (strafing), hold down the shift key:
---------------------------
   U    I    O
   J    K    L
   M    <    >

t : up (+z)
b : down (-z)

anything else : stop

q/z : increase/decrease max speeds by 10%
w/x : increase/decrease only linear speed by 10%
e/c : increase/decrease only angular speed by 10%
```

图 4-50　teleop_twist_keyboard.py 节点

通过键盘控制机器人运动一段时间后，可通过 rostopic echo /odom 来查看机器人里程计的信息，如图 4-51 所示，机器人/odom 话题中的 pose 信息已经产生了变化，其中 position 为机器人当前相对于启动时的位置变化，orientation 为角度（四元数表示法）姿态变化。

```
bingda@robot: ~
header:
  seq: 429
  stamp:
    secs: 1629099409
    nsecs: 814777374
  frame_id: "odom"
child_frame_id: "base_footprint"
pose:
  pose:
    position:
      x: 3.481439638717574
      y: 0.5404412242667638
      z: 0.0
    orientation:
      x: 0.0
      y: 0.0
      z: 0.3090169943749474
      w: 0.9510565162951535
  covariance: [0.0, 0.0, 0.0, 0.0, 0.0, 0.0, 0.0, 0.0, 0.0, 0.0, 0.0, 0.0, 0.0,
0.0, 0.0, 0.0, 0.0, 0.0, 0.0, 0.0, 0.0, 0.0, 0.0, 0.0, 0.0, 0.0, 0.0, 0.0, 0.0,
0.0, 0.0, 0.0, 0.0, 0.0, 0.0, 0.0]
twist:
  twist:
    linear:
```

图 4-51　机器人的 odom 话题信息

通过 rqt_graph 可以查看机器人节点和话题关系。由于当前通过 PuTTY 使用 SSH 登录到机器人上的是一个命令行的界面，不具备图形化显示的功能，所以在机器人上运行 rqt 工具还需要借助远程桌面软件。

远程桌面连接后，通过桌面终端执行 **rqt_graph**，如图 4-52 所示，节点和话题关系为 /teleop_twist_keyboard 节点发布/cmd_vel 话题，/base_control 节点订阅了这个话题。

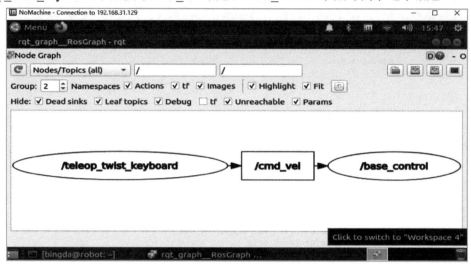

图 4-52　运行机器人驱动节点和键盘控制节点时的 ROS 计算图

4.8.3　向 launch 文件中传入变量

在编写 launch 文件时，为了使 launch 文件具有一定的可自定义性，除了修改 launch 文件的源码外，还有一种方式是通过向 launch 文件传入变量来修改 launch 文件中的一些参数，当然这个前提是 launch 文件在设计时是提供了变量传入的功能的，例如在 3.5 节中编写的 launch 文件就没有提供变量传入的功能。

要确认 launch 文件支不支持变量传入以及支持哪些变量传入，除了阅读源码外，还有一个简单的办法，在输入完 roslaunch "功能包名" "launch 文件名" 后按下两次<Tab>键来让命令行列出可用参数。

例如在终端中输入 **roslaunch base_control base_control.launch** 后连续按下两次<Tab>键，提示 base_control.launch 文件可以传入的参数，如图 4-53 所示。

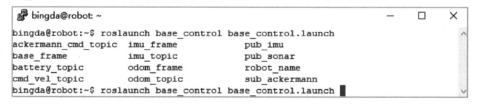

图 4-53　base_control.launch 的文件参数

图 4-53 中参数的含义和可以接受的参数值将在 4.9 节中介绍，这里只演示传入变量的用法。

以 pub_imu 为例，这个变量用于控制 base_control 节点是否发布 imu 话题，可以接受的值为 true 和 false，默认值为 false，即默认不发布 imu 话题。变量的格式为 launch 文件名后加上"参数名:=参数值"，例如：

```
roslaunch base_control base_control.launch pub_imu:=true
```

注意：需要先结束之前运行的底盘驱动节点进程，避免出现同名节点冲突。

运行后通过 rostopic list 检查话题列表，如图 4-54 所示，话题列表中多出了一个/imu 话题，由此可见向 launch 文件传入参数是可以改变节点运行状态的。

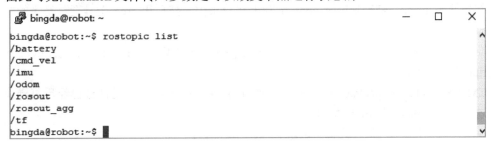

图 4-54　增加了/imu 的话题列表

base_control.launch 是支持多个参数的，如果需要传入多个参数，只需要加上多组"参数名:=参数值"即可。例如 imu_topic 参数用于指定 imu 话题的名称，默认值为 imu，所以发布的话题为/imu。如果需要修改这个话题名为 my_imu 并且发布，只需将 pub_imu 和 imu_topic 两个参数名和参数值传入即可，即：

```
roslaunch base_control base_control.launch pub_imu:=true imu_topic:=my_imu
```

再次检查话题列表，如图 4-55 所示，/imu 话题已经变成了/my_imu 话题。

图 4-55　修改/imu 话题名称后的话题列表

通过上面两个实验可以验证，通过向 launch 文件中传入一个或多个参数来改变节点的运行状态是完全可行的，向 launch 文件传入参数也是一个非常实用的功能，它可以极大地提高开发测试效率和代码复用率。例如在 base_control 节点中要不要发布 imu 话题这个功能，如果不使用 launch 文件传入参数的方式就需要编写两个高度相似的 launch 文件，一个发布 imu 话题，一个不发布，或者是在运行前修改 launch 文件来决定发布或不发布。毫无疑问，这两种方式对于开发者开发和使用者使用来说都不如向 launch 文件传入参数来改变方便。

4.9　机器人底盘 ROS 节点源码解析

本节以 Nano 机器人中的底盘驱动功能包为例，分析底盘驱动功能包实现的功能，建议读者将源码压缩包复制至 PC 的 ROS 工作空间 src 目录中并解压缩后通过 VSCode 阅读。

base_control 功能包源码压缩包可扫描二维码 4-3 下载。

4-3　base_control 功能包

建议读者将功能包复制到 PC 的 ROS 工作空间 src 目录中,切换到 Noetic 版本分支,然后通过 VSCode 阅读。

4.9.1 base_control 功能包文件结构

首先使用 roscd 跳转到 base_control 功能包目录中,然后用 tree 工具查看目录的文件结构,如图 4-56 所示。

在功能包目录下,有 CMakeLists.txt、package.xml 和 README.md 三个文件以及 launch/ 和 script/两个目录。

CMakeLists.txt 和 package.xml 中的内容与功能在 ROS 编程基础部分已经反复操作过和解读过,后文中不再对它们做解读。

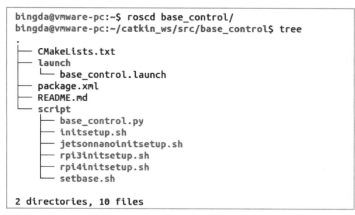

图 4-56 base_control 目录结构

README.md 中存放的是功能包相关的描述文件和底盘控制器的通信协议,便于使用者根据协议对这个功能包做二次开发。

launch/目录下只有一个 base_control.launch,是启动机器人底盘时所执行的 launch 文件,下文中将以这个文件作为起点来进行代码分析。

script/目录下有 1 个 Python 文件和 5 个 shell 脚本文件,其中 Python 文件是机器人底盘驱动节点文件,也是接下来要重点解读的部分,shell 脚本文件用来做一些系统配置方便功能包,实现对多种机器人的兼容。

4.9.2 base_control.launch 文件解读

在启动机器人底盘的时候会使用 base_control.launch,所以这个文件也就是整个功能包的"入口"。打开 launch 文件,这个 launch 文件稍微有点长,先利用 IDE 的代码折叠功能将下方的<group if="$(eval robot_name == '')">和<group unless="$(eval robot_name == '')">两个标签中的内容折叠起来,如图 4-57 所示。

launch 文件的最开始是一系列的 arg 标签,arg 标签用于定义 launch 文件可以接受的变量。对比图 4-53 中出现的可选变量名称和 launch 文件中定义的可接受变量名称,可以发现这里定义的所有变量就是 launch 文件启动时的可选变量名。

arg 标签的用法,以第 17 行为例,<arg name="pub_imu" default="False" />。

```
<launch>
<!-- support multi robot -->
<arg name="robot_name" default=""/><!-- support multi robot -->
<!-- robot frame -->
<arg name="base_frame"          default="base_footprint" />
<arg name="odom_frame"          default="odom" />
<arg name="imu_frame"           default="imu" />
<!-- pub topic -->
<arg name="odom_topic"          default="odom" /><!-- do NOT use '/' in topic name-->
<arg name="imu_topic"           default="imu" />
<arg name="battery_topic"       default="battery" />
<!-- sub topic -->
<arg name="cmd_vel_topic"       default="cmd_vel" /><!-- do NOT use '/' in topic name-->
<arg name="ackermann_cmd_topic"    default="ackermann_cmd" />
<!-- config param -->
<arg name="pub_imu"        default="False" />
<arg name="sub_ackermann"  default="False" />
<arg name="pub_sonar"      default="False" />
<!-- base control node -->

<!--ros namespace name can NOT be empty,so need evaluate use multi robot or not-->
<group if="$(eval robot_name == ")">
</group>-->

<group unless="$(eval robot_name == ")">
</group>

</launch>
```

图 4-57　base_control.launch 文件结构

标签中的 name 用于定义变量名，**default** 用于定义默认值，即在 launch 文件启用时，如果没有传入这项变量的值，launch 文件会使用默认值。所以在不传入"pub_imu"变量启动 launch 时，机器人是不发布 imu 话题的，即变量使用了默认值 false。

其他的参数也都是按照"参数名-默认值"的方式定义的，这里要特别注意的是"robot_name"这个参数，这是为了让机器人能够支持在多机器人的系统中所设计的，它的默认值为"空"，即没有值。在下面的 group 标签中会根据"robot_name"的值来决定使用 <group if="$(eval robot_name == ")">还是<group unless="$(eval robot_name == ")">中的内容，用于区分是使用单机器人还是多机器人的机制来启动。

现在只分析<group if="$(eval robot_name == ")">中的内容，即单机器人场景下的启动情况，如图 4-58 所示。

```
<!--ros namespace name can NOT be empty,so need evaluate use multi robot or not-->
<group if="$(eval robot_name == ")">
<node name="base_control"  pkg="base_control"   type="base_control.py" output="screen">
<param name="baudrate"     value="115200"/>
<param name="port"    value="/dev/move_base"/>

<param name="base_id"      value="$(arg base_frame)"/><!-- base_link name -->
<param name="odom_id"      value="$(arg odom_frame)"/><!-- odom link name -->
<param name="imu_id"       value="$(arg imu_frame)"/><!-- imu link name -->

<param name="odom_topic" value="$(arg odom_topic)"/><!-- topic name -->
<param name="imu_topic" value="$(arg imu_topic)"/><!-- topic name -->
<param name="battery_topic" value="$(arg battery_topic)"/><!-- topic name -->

<param name="cmd_vel_topic" value="$(arg cmd_vel_topic)"/>
<param name="ackermann_cmd_topic" value="$(arg ackermann_cmd_topic)"/><!-- topic name -->

<param name="pub_imu" value="$(arg pub_imu)"/><!-- pub imu topic or not -->
<param name="pub_sonar" value="$(arg pub_sonar)"/><!-- pub sonar topic or not -->

<param name="sub_ackermann" value="$(arg sub_ackermann)"/><!-- sub ackermann topic or not -->
</node>
</group>-->
```

图 4-58　group 标签中内容

group 标签用于将内容组合起来，称为一个组，通过将一些内容打包成一个组，可以很方便地进行赋予命名空间等操作（命名空间将在第 8 章介绍）。这里将 group 标签、if 判断和 eval 求值结合起来使用，根据 if 判断的结果来决定是否执行这个组。

对<group if="$(eval robot_name == ")">这一行中元素做如下拆解：$(eval robot_name ==)，判断"robot_name"变量的和''值（为"空"，即没有值）是否等价，如果等价则 eval 的求值结果为 true，根据 if 判断的规则，if=true 则将这个 group 标签和它的内容纳入到 roslaunch 启动中。和 if 相对应的不是 else，而是 unless，如图 4-57 所示，unless=false 则会将这一行的 group 纳入到 roslaunch 启动中。

group 之后是一个 node 标签，node 在之前已经介绍过很多次了，这里就不再赘述。node 标签中还包含了很多的 param 标签，它的作用是向启动的节点中传入参数。param 标签中的 name 用于标识参数名，value 用于给定参数的值。参数的值可以是一个写定的值，例如这段代码中 baudrate 的值指定为 115200。也可以是通过 launch 中的变量来获取值，例如<param name="pub_imu" value="$(arg pub_imu)"/>，这里要注意，前后两处 pub_imu 的含义并不相同，前面的是传入节点的参数"pub_imu"，后面的是 launch 文件中定义的变量"pub_imu"。这一行的功能是将 launch 文件中的 pub_imu 变量的值作为参数"pub_imu"的值传给节点。

以上就是 base_control.launch 文件中在不对 robot_name 变量赋值情况下所执行的内容，对 robot_name 变量赋值时，则会执行<group unless="$(eval robot_name == ")">中的内容，这部分涉及的多机器人的系统会在第 8 章多机器人系统中介绍。

4.9.3　base_control.py 源码解读

在 launch 文件中启动 base_control.py 节点，这个文件比较长，将文件中的类、函数折叠后如图 4-59 所示。

```
#!/usr/bin/python
import os
import rospy
import tf
import time
import sys
import math
import serial
import string
import ctypes
from geometry_msgs.msg import Twist
from nav_msgs.msg import Odometry
from sensor_msgs.msg import BatteryState
from sensor_msgs.msg import Imu
from sensor_msgs.msg import Range

base_type = os.getenv('BASE_TYPE')
if os.getenv('SONAR_NUM') is None:
    sonar_num = 0
else:
    sonar_num = int(os.getenv('SONAR_NUM'))

# class queue is design for uart receive data cache
class queue:

#class BaseControl is design for hardware base relative control
class BaseControl:

#main function
if __name__=="__main__":
```

图 4-59　base_control.py 文件结构

代码开头指定 Python 解释器，然后载入这个 Python 文件中需要用到的模块，接下来读取系统的环境变量"BASE_TYPE"和"SONAR_NUM"的值，这两个变量都存储在 ~/.bashrc 文件中。"BASE_TYPE"用于定义机器人的底盘类型，base_control 这个功能包是支持多款机器人的，通过设置环境变量可以很方便地对不同机器人间的区别做差异化处理。"SONAR_NUM"变量是用于指定机器人配备的超声波传感器数量，这个环境变量是可以缺省的，缺省的状态下默认数量为 0，例如 NanoRobot 没有配备超声波传感器，系统中也没有设置这个环境变量，但是这个功能包依然可以正常工作。

再往下定义了一个 queue 的类，这个类用来实现数据的环形队列存储和读取，里面涉及的是一些数据结构和 Python 的基本语法知识，这里做不展开解析。

接下来的 BaseControl 类是整个文件中的重点，占了整段代码的绝大部分篇幅。这个类和机器人硬件通信以及 ROS 中话题的发布订阅有关，在这个类中实现了 ROS 话题到硬件通信协议的转换，将类的成员函数折叠后如图 4-60 所示。

```
#class BaseControl is design for hardware base relative control
class BaseControl:
def __init__(self):
    #CRC-8 Calculate
    def crc_1byte(self,data):
def crc_byte(self,data,length):
    #Subscribe vel_cmd call this to send vel cmd to move base
    def cmdCB(self,data):
    #Subscribe ackermann Cmd call this to send vel cmd to move base
def ackermannCmdCB(self,data):
    #get move base hardware & firmware version
def getVersion(self):
    #get move base SN
def getSN(self):
    #get move base info
def getInfo(self):
    #Odom Timer call this to get velocity and imu info and convert to odom topic
def timerOdomCB(self,event):
    #Battery Timer callback function to get battery info
def timerBatteryCB(self,event):
    #Sonar Timer callback function to get battery info
def timerSonarCB(self,event):
    #IMU Timer callback function to get raw imu info
def timerIMUCB(self,event):
    #Communication Timer callback to handle receive data
    def timerCommunicationCB(self,event):
```

图 4-60　BaseControl 类中的代码

类中第一个函数是类构造函数，如图 4-61 所示，类构造函数中可以分为三部分内容，第一部分是变量定义，在这部分中是实例化了一个 queue 类取名为 Circleloop，然后定义了一些变量，变量的值有些是给定的，例如将变量 serialIDLE_flag 的值赋为 0。有些是通过参数获取，例如 device_port 变量的值是通过节点启动时传入的 port 参数所赋予的。

```
#class BaseControl is design for hardware base relative control
class BaseControl:
    def __init__(self):
        self.Circleloop = queue(capacity = 1024*4)
        #Get params
        self.baseId = rospy.get_param('~base_id','base_footprint')
        self.odomId = rospy.get_param('~odom_id','odom')
        self.device_port = rospy.get_param('~port','/dev/ttyUSB0')
        self.baudrate = int(rospy.get_param('~baudrate','115200'))
        self.odom_freq = int(rospy.get_param('~odom_freq','50'))
        self.odom_topic = rospy.get_param('~odom_topic','/odom')
        self.battery_topic = rospy.get_param('~battery_topic','battery')
        self.battery_freq = float(rospy.get_param('~battery_freq','1'))
        self.cmd_vel_topic= rospy.get_param('~cmd_vel_topic','/cmd_vel')
        self.ackermann_cmd_topic = rospy.get_param('~ackermann_cmd_topic','/ackermann_cmd_topic')
        self.pub_imu = bool(rospy.get_param('~pub_imu',False))
        if(self.pub_imu == True):
            self.imuId = rospy.get_param('~imu_id','imu')
            self.imu_topic = rospy.get_param('~imu_topic','imu')
            self.imu_freq = float(rospy.get_param('~imu_freq','50'))
            if self.imu_freq > 100:
                self.imu_freq = 100
        self.pub_sonar = bool(rospy.get_param('~pub_sonar',False))
        self.sub_ackermann = bool(rospy.get_param('~sub_ackermann',False))

        #define variable
        self.current_time = rospy.Time.now()
        self.previous_time = self.current_time
        self.pose_x = 0.0
        self.pose_y = 0.0
        self.pose_yaw = 0.0
        self.serialIDLE_flag = 0
```

图 4-61　BaseControl 类构造函数中的变量定义

第二部分用于开启串口，如图 4-62 所示，在开启串口的操作中使用了 device_port 变量用于指定串口使用的端口名称，baudrate 变量用于指定串口波特率。

```
# Serial Communication
try:
    self.serial = serial.Serial(self.device_port,self.baudrate,timeout=10)
rospy.loginfo("Opening Serial")
    try:
        if self.serial.in_waiting:
            self.serial.readall()
    except:
rospy.loginfo("Opening Serial Try Faild")
        pass
except:
rospy.logerr("Can not open Serial"+self.device_port)
    self.serial.close
    sys.exit(0)
rospy.loginfo("Serial Open Succeed")
```

图 4-62　BaseControl 类构造函数中的串口操作

第三部分用于定义 ROS 中的话题发布器、订阅器、tf 变换发布和定时器，并根据环境变量和传入的参数值做一些差异化处理，如图 4-63 所示。

```
#if move base type is ackermann car like robot and use ackermann msg ,sud ackermann topic,else sub cmd_vel topic
if(('NanoCar' in base_type) & (self.sub_ackermann == True)):
    from ackermann_msgs.msg import AckermannDriveStamped
    self.sub = rospy.Subscriber(self.ackermann_cmd_topic,AckermannDriveStamped,self.ackermannCmdCB,queue_size=20)
else:
    self.sub = rospy.Subscriber(self.cmd_vel_topic,Twist,self.cmdCB,queue_size=20)
self.pub = rospy.Publisher(self.odom_topic,Odometry,queue_size=10)
self.battery_pub = rospy.Publisher(self.battery_topic,BatteryState,queue_size=3)
if self.pub_sonar:
    if sonar_num > 0:
        self.timer_sonar = rospy.Timer(rospy.Duration(100.0/1000),self.timerSonarCB)
        self.range_pub1 = rospy.Publisher('sonar_1',Range,queue_size=3)
    if sonar_num > 1:
        self.range_pub2 = rospy.Publisher('sonar_2',Range,queue_size=3)
    if sonar_num > 2:
        self.range_pub3 = rospy.Publisher('sonar_3',Range,queue_size=3)
    if sonar_num > 3:
        self.range_pub4 = rospy.Publisher('sonar_4',Range,queue_size=3)

self.tf_broadcaster = tf.TransformBroadcaster()
self.timer_odom = rospy.Timer(rospy.Duration(1.0/self.odom_freq),self.timerOdomCB)
self.timer_battery = rospy.Timer(rospy.Duration(1.0/self.battery_freq),self.timerBatteryCB)
self.timer_communication = rospy.Timer(rospy.Duration(1.0/500),self.timerCommunicationCB)

#inorder to compatibility old version firmware,imu topic is NOT pud in default
if(self.pub_imu):
    self.timer_imu = rospy.Timer(rospy.Duration(1.0/self.imu_freq),self.timerIMUCB)
    self.imu_pub = rospy.Publisher(self.imu_topic,Imu,queue_size=10)
self.getVersion()
#move base imu initialization need about 2s,during initialization,move base system is blocked
#so need this gap
while self.movebase_hardware_version[0] == 0:
    pass
if self.movebase_hardware_version[0] < 2:
    time.sleep(2.0)
self.getSN()
time.sleep(0.01)
self.getInfo()
```

图 4-63　BaseControl 类构造函数中的 ROS 相关定义

在这部分中，根据已知的参数和环境变量值可以分析出，创建了一个话题订阅器 sub，它订阅的话题是/cmd_vel，回调函数是 cmdCB()。两个话题发布器为 pub 和 battery_pub，发布的话题是 odom 和 battery，一个 tf 变换的发布器 tf_broadcaster 用于发布底盘中的坐标变换。

除此之外还创建了三个定时器，timer_odom、timer_battery 和 timer_communication。定时器的功能是让程序能定期去执行一些函数，例如 timer_odom 定时器，它的定时时长为 1/odom_freq,dom_freq 变量是设置的/odom 话题发布频率，1/odom_freq 即为时间间隔，当定时器预定的时间到达后，就回去执行它的回调函数，即 timerOdomCB() 函数。

在创建完以上内容后，执行 getVersion() 函数用于向底盘控制器发送查询版本号的指令，底盘控制器收到指令后会回复版本号，节点收到版本号确认建立连接。接收底盘控制器发送的指令并解析和赋值相关变量。这部分是在 timer_communication 定时器的回调函数

timerCommunicationCB()中处理的，稍后会分析这个函数。

底盘控制器收到通信协议内的数据后会执行初始化，初始化的过程会耗时 2s 左右，为了避免持续向底盘控制器发送命令影响底盘控制器的初始化，这里让程序休眠 2s，之后再依次发送获取底盘序列号、底盘信息的命令。

至此构造函数的部分已经完成了，剩下的是成员函数，共有 12 个，见表 4-8。

表 4-8　BaseControl 成员函数列表

序号	函　　数	含　　义
1	crc_1byte(self,data)	CRC-8/MAXIM 算法，用于根据通信协议对数据校验值计算
2	crc_byte(self,data,length)	
3	cmdCB(self,data)	/cmd_vel 话题订阅器回调函数
4	ackermannCmdCB(self,data)	/ackermann_cmd 话题订阅器回调函数
5	getVersion(self)	向底盘控制器发送查询版本信息指令函数
6	getSN(self)	向底盘控制器发送查询序列号指令函数
7	getInfo(self)	向底盘控制器发送查询底盘信息指令函数
8	timerOdomCB(self,event)	timer_odom 的定时器回调函数
9	timerBatteryCB(self,event)	timer_battery 的定时器回调函数
10	timerSonarCB(self,event)	timer_sonar 的定时器回调函数
11	timerIMUCB(self,event)	timer_imu 的定时器回调函数
12	timerCommunicationCB(self,event)	timer_communication 定时器回调函数

其中函数 1 和函数 2 用于通信协议中的数据校验，保证数据的完整性和准确性，它是根据 CRC-8/MAXIM 算法设计的，这里不对它做展开解析。

函数 3 和函数 4 分别是两个话题订阅器的回调函数，内部代码实现高度相似，稍后以函数 3 为例分析它的功能和代码实现。

函数 5、函数 6 和函数 7 三个函数也高度相似，只是根据通信协议，在函数的数据部分有少许差异。稍后以函数 5 为例做代码分析。

函数 8、函数 9、函数 10 和函数 11 四个函数都是定时器回调函数，用于定期执行一项特定的功能，内部代码实现高度相似，稍后以函数 8 为例分析它的功能和代码实现。

函数 12 也是定时器的回调函数，用于周期性地查询、存储和解析串口收到的数据，稍后会分析它的功能和代码实现。

cmdCB()函数（函数 3）内容如图 4-64 所示，函数的执行条件是话题订阅器订阅到 /cmd_vel 话题，它的参数"data"即为订阅到的话题消息内容。在函数中会先将消息中的 x 轴、y 轴线速度和 z 轴角速度提取出来，然后根据通信协议的约定，对数值做放大、移位处理，填充进即将发送的数组中，再对数据做 CRC 计算出校验值并填充进发送数组中。

serialIDLE_flag 是用于标识串口空闲状态，因为程序中存在多个函数都需要使用串口，但是串口又不允许被同时调用，所以通过 serialIDLE_flag 给串口加上一把"锁"。在调用串口前先检查锁的状态，当串口被锁住时，程序会等待，直到锁被释放。当获得串口的使用权后先将串口锁住避免其他地方再调用，然后等待串口的发送缓冲区清空，将需要发送的数据通过串口发送出去，发送完成后对串口进行解锁操作。这就是 cmdCB()函数中所实现的，将速度控制话题转换为底盘控制器的通信协议并发送给控制器的功能。

```
#Subscribe vel_cmd call this to send vel cmd to move base
def cmdCB(self,data):
    self.trans_x = data.linear.x
    self.trans_y = data.linear.y
    self.rotat_z = data.angular.z
    self.last_cmd_vel_time = rospy.Time.now()
outputdata = [0x5a,0x0c,0x01,0x01,0x00,0x00,0x00,0x00,0x00,0x00,0x00,0x00]
outputdata[4] = (int(self.trans_x*1000.0)>>8)&0xff
outputdata[5] = int(self.trans_x*1000.0)&0xff
outputdata[6] = (int(self.trans_y*1000.0)>>8)&0xff
outputdata[7] = int(self.trans_y*1000.0)&0xff
outputdata[8] = (int(self.rotat_z*1000.0)>>8)&0xff
outputdata[9] = int(self.rotat_z*1000.0)&0xff
    crc_8 = self.crc_byte(outputdata,len(outputdata)-1)
outputdata[11] = crc_8
    while self.serialIDLE_flag:
        time.sleep(0.01)
    self.serialIDLE_flag = 4
    try:
        while self.serial.out_waiting:
            pass
        self.serial.write(outputdata)
    except:
rospy.logerr("Vel Command Send Faild")
    self.serialIDLE_flag = 0
```

图 4-64　cmdCB( )函数

这里有个小技巧，因为原始的线速度和角速度值都是浮点型的值，会占用 4 个字节，但是移动机器人的线速度和角速度值不会很大，所以可以对浮点型的值放大后按照 16 位整型值处理，这样只会占用 2B。例如对线速度做放大 1000 倍处理后，它可以存储的值是 -32.768~32.768，既能满足取值范围和精度的需求，也能降低通信所占用的带宽。

接下来是 getVersion( )函数（函数 5），如图 4-65 所示。这个函数比较简单，可将通信协议中查询版本信息的命令通过串口发送给底盘控制器。工作过程和 cmdCB( )函数类似：准备需要发送的数据→等待获取串口使用权→对串口上锁→发送数据→释放串口锁。不同的地方在于，因为查询版本信息指令要发送的数据是固定的，所以可直接将完整的数据包括校验值一起写进代码中而不用每次都对数据做处理。cmdCB( )函数中因为要发送的数据是动态的，需要在发送前对发送数据做处理和校验。

```
#get move base hardware & firmware version
def getVersion(self):
    #Get version info
outputdata = [0x5a, 0x06, 0x01, 0xf1, 0x00, 0xd7] #0x33 is CRC-8 value
    while(self.serialIDLE_flag):
        time.sleep(0.01)
    self.serialIDLE_flag = 1
    try:
        while self.serial.out_waiting:
            pass
        self.serial.write(outputdata)
    except:
rospy.logerr("Get Version Command Send Faild")
    self.serialIDLE_flag = 0
```

图 4-65　getVersion( )函数

timerOdomCB( )函数（函数 8）的执行条件是 timer_odom 定时器的定时时间到达。函数可以分为两个部分，第一部分如图 4-66 所示，向底盘控制器发送里程计信息查询指令。这里根据获取的底盘控制器的固件版本信息做了一个差异化的处理，因为使用的通信协议曾做过版本升级，并随着底盘控制器的固件版本一起发布，为了使功能包兼容一些老旧的底盘控制程序，在这里做了差异化处理，根据固件版本的不同发送不同的查询指令。

```
#Odom Timer call this to get velocity and imu info and convert to odom topic
def timerOdomCB(self,event):
    #Get move base velocity data
    if self.movebase_firmware_version[1] == 0:
        #old version firmware have no version info and not support new command below
outputdata = [0x5a, 0x06, 0x01, 0x09, 0x00, 0x38]
    else:
        #in firmware version new than v1.1.0,support this command
outputdata = [0x5a, 0x06, 0x01, 0x11, 0x00, 0xa2]
    while(self.serialIDLE_flag):
        time.sleep(0.01)
    self.serialIDLE_flag = 1
    try:
        while self.serial.out_waiting:
            pass
        self.serial.write(outputdata)
    except:
rospy.logerr("Odom Command Send Faild")
    self.serialIDLE_flag = 0
```

图 4-66　timerOdomCB( )函数（1）

第二部分如图 4-67 所示，根据收到的里程计信息计算里程计话题中需要用到的值，接收的底盘数据是在 timerCommunicationCB( )函数中处理的。底盘控制器所发送的里程计信息是通过编码器获取的 x 轴和 y 轴线速度，以及通过 IMU 获取的航向数据，为了计算机器人的位置，需要根据速度和航向信息做时间积分，同时底盘控制器发送的航向信息是使用欧拉角表示法，需要将它转换为四元数表示法。

```
#calculate odom data
Vx = float(ctypes.c_int16(self.Vx).value/1000.0)
Vy = float(ctypes.c_int16(self.Vy).value/1000.0)
Vyaw = float(ctypes.c_int16(self.Vyaw).value/1000.0)

self.pose_yaw = float(ctypes.c_int16(self.Yawz).value/100.0)
self.pose_yaw = self.pose_yaw*math.pi/180.0

self.current_time = rospy.Time.now( )
dt = (self.current_time - self.previous_time).to_sec( )
self.previous_time = self.current_time
self.pose_x = self.pose_x + Vx * (math.cos(self.pose_yaw))*dt - Vy * (math.sin(self.pose_yaw))*dt
self.pose_y = self.pose_y + Vx * (math.sin(self.pose_yaw))*dt + Vy * (math.cos(self.pose_yaw))*dt

pose_quat = tf.transformations.quaternion_from_euler(0,0,self.pose_yaw)
msg = Odometry( )
msg.header.stamp = self.current_time
msg.header.frame_id = self.odomId
msg.child_frame_id =self.baseId
msg.pose.pose.position.x = self.pose_x
msg.pose.pose.position.y = self.pose_y
msg.pose.pose.position.z = 0
msg.pose.pose.orientation.x = pose_quat[0]
msg.pose.pose.orientation.y = pose_quat[1]
msg.pose.pose.orientation.z = pose_quat[2]
msg.pose.pose.orientation.w = pose_quat[3]
msg.twist.twist.linear.x = Vx
msg.twist.twist.linear.y = Vy
msg.twist.twist.angular.z = Vyaw
self.pub.publish(msg)
self.tf_broadcaster.sendTransform((self.pose_x,self.pose_y,0.0),pose_quat,self.current_time,self.baseId,self.odomId)
```

图 4-67　timerOdomCB( )函数（2）

在数据准备完成后，定义一个里程计类型的消息，将数据填充进消息中，通过里程计的话题发布器发布。

最后还需要根据机器人的里程计信息发布里程计坐标到机器人坐标的 tf 变换，这里使用的是在构造函数中定义的 tf 变换发布器 tf_broadcaster。

以上就是 timerOdomCB( )函数中实现的功能，在这个函数中实现了里程计查询指令的发送、/odom 话题的发布、里程计→底盘的 tf 变换的发布。

最后来看 timerCommunicationCB( )函数，这个函数实现了通过串口接收底盘控制器发送的数据，并根据通信协议对数据做解析。因为涉及通信协议的解析，所以函数比较长，将通信协议部分折叠起来后如图 4-68 所示。函数会先查询串口接收缓存中的数据长度，如果长度大于 0 则是串口有收到数据。收到数据后会将数据从串口缓存中取出，然后将取出的数据存入环形队列中。

```
#Communication Timer callback to handle receive data
def timerCommunicationCB(self,event):
    length = self.serial.in_waiting
    if length:
        reading = self.serial.read_all( )
        if len(reading)!=0:
            for i in range(0,len(reading)):
                data = reading[i]
                try:
                    self.Circleloop.enqueue(data)
                except:
                    pass
        else:
            pass
    if self.Circleloop.is_empty( )==False:
        data = self.Circleloop.get_front( )
        if data == 0x5a:
            length = self.Circleloop.get_front_second( )
            if length > 1 :
            else:
                    pass
        else:
                self.Circleloop.dequeue( )
    else:
        # rospy.loginfo("Circle is Empty")
        pass
```

图 4-68　timerCommunicationCB( )函数（1）

处理完串口数据接收后，函数会检查环形队列中存储的数据，环形队列不为空，则环形队列中有需要解析的数据，如图 4-69 所示。

```
if self.Circleloop.is_empty( )==False:
    data = self.Circleloop.get_front( )
    if data == 0x5a:
        length = self.Circleloop.get_front_second( )
        if length > 1 :
            if self.Circleloop.get_front_second( ) <= self.Circleloop.get_queue_length( ):
databuf = []
                for i in range(length):
databuf.append(self.Circleloop.get_front( ))
                    self.Circleloop.dequeue( )
                if (databuf[length-1]) == self.crc_byte(databuf,length-1):
                    pass
                else:
                    return
                #parse receive data
                if(databuf[3] == 0x04):
elif(databuf[3] == 0x06):
elif (databuf[3] == 0x08):
elif (databuf[3] == 0x0a):
elif (databuf[3] == 0x12):
                    self.Vx =      databuf[4]*256
                    self.Vx +=     databuf[5]
                    self.Vy =    databuf[6]*256
                    self.Vy += databuf[7]
                    self.Yawz =    databuf[8]*256
                    self.Yawz += databuf[9]
                    self.Vyaw =    databuf[10]*256
elif (databuf[3] == 0x14):
elif (databuf[3] == 0x1a):
elif(databuf[3] == 0xf2):
elif(databuf[3] == 0xf4):
elif(databuf[3] == 0x22):
                    else:
                        pass
            else:
                pass
        else:
            self.Circleloop.dequeue( )
else:
    # rospy.loginfo("Circle is Empty")
    pass
```

图 4-69　timerCommunicationCB( )函数（2）

　　解析的过程是先读取数据的第一位，再和通信协议中的消息头做比较，如果匹配，则认为这是一条由底盘控制器发送的信息。然后比较第二位所表示的消息数据长度和队列中数据的长度，如果队列中数据长度小于这条信息的长度，则认为消息还未接收完整，暂不处理，等下一次执行时再处理。如果队列中数据的长度大于或等于这条消息的长度，则从队列中取出这条消息长度的数据。将取出的数据做 CRC 以验证消息的完整性和准确性，如果校验不通过，则丢弃这条消息并结束这一次的函数执行。数据校验通过后将会按照通信协议中的功能码定义来做数据解析，以 0x12 功能码为例，查看 README.md 文件中的通信协议，如图 4-70 所示，0x12 功能码表示的数据是底盘控制器上报的机器人里程计中速度和航行信息。将消息中的每一位按照协议中数据的定义规则去解析，即可得到需要的数据并存入相应的变量。

```
96    0x11
97    上位机向下位机获取里程计信息（相比功能码0x09对应的消息，增加了Y轴线速度，为了适应全向移动底盘的需求）
98    例:5A 06 01 11 00 A2
99
100   0x12
101   下位机上报速度航向信息，数据长度为8Byte，数据为X轴线速度*1000、Y轴线速度*1000、角度*100、角速度*1000，
102   Byte1   Byte2   Byte3   Byte4   Byte5   Byte6   Byte7   Byte8
103   X MSB   X LSB   Y MSB   Y LSB   Yaw MSB Yaw LSB Z MSB   Z LSB
```

图 4-70   README.md 文件中 0x12 功能码的定义

类中的 Vx、Vy、Yawz 和 Vyaw 变量会在 timerOdomCB( )函数中用到，并最终被转换为 ROS 的消息作为/odom 话题发布。其他功能码的数据解析也是按照通信协议中的定义来进行的，并将获取的数据值存入对应的变量，再由其他函数来使用，这里就不再做展开解读了。

以上列举的几个有代表性的函数基本涵盖了话题→通信协议、通信协议→话题和串口数据收发等主要步骤，未做解读的函数部分读者可以按照表 4-8 中列出的函数功能自行阅读和分析。

最后是 base_control.py 文件中的 main 函数，如图 4-71 所示。初始化一个节点，然后将 BaseControl 类实例化，再让整个程序进入 spin 循环。base_control 节点的代码到此就结束了。

```
#main function
if __name__=="__main__":
    try:
rospy.init_node('base_control',anonymous=True)
            if base_type != None:
rospy.loginfo('%s base control ...'%base_type)
            else:
rospy.loginfo('base control ...')
rospy.logerr('PLEASE SET BASE_TYPE ENV FIRST')

            bc = BaseControl( )
rospy.spin( )
        except KeyboardInterrupt:
            bc.serial.close
            print("Shutting down")
```

图 4-71   base_control.py 文件中的 main 函数

4.9.4 bash 脚本与 udev 规则

在 script/目录下除了由 Python 文件外，还有 5 个 shell 脚本文件。shell 脚本通过将一些需要执行的 shell 命令写入文件并根据 shell 的语法规则来做取值、判断等操作，通过编写和执行 shell 脚本可以快速执行多条命令。

以 setbase.sh 为例，如图 4-72 所示。shell 脚本的基本编写规则很简单，首先指定这个脚本的解析器，这里指定使用/bin/bash 来解析，然后写入需要执行的命令即可。这里使用了一个参数传入的写法，即执行脚本时传入一个参数，然后将这个参数值作为命令的一部分来执行。

```
#!/bin/bash

BASE_TYPE=$1
echo "export BASE_TYPE=$BASE_TYPE" >> ~/.bashrc
source ~/.bashrc
```

图 4-72　setbase.sh 文件

通过分析命令，可以判断出这个脚本的功能就是快速地设置 BASE_TYPE 环境变量的值并使它生效，例如在 script 目录中执行./setbase.sh NanoRobot，即可将 BASE_TYPE 环境变量的值设置为 NanoRobot。

udev 是当前 Linux 默认的设备管理工具。通过编写 udev 规则，可以方便地对硬件设备进行动态管理、自定义命名和设定设备权限的操作。这里是使用了 udev 将功能包需要使用的串口命名为 move_base，并对所有用户赋予了可读写权限，这样功能包中打开串口的设备名称就是固定的了，也可以避免设备操作权限不够的问题。

rpi4initsetup.sh 文件的功能是创建一条 udev 规则，如图 4-73 所示。做法是在/etc/udev/rules.d/目录下创建 move_base_pi4.rules 文件，在文件中写入'KERNEL=="ttyS0", MODE:="0666", GROUP:="dialout", SYMLINK+="move_base"'，这段内容即指明了将 ttyS0 设备自定义命名为 move_base，所有用户对 move_base 设备都具有可读可写权限，在创建完文件后重启 udev 服务使配置生效。

```
#!/bin/bash

echo  'KERNEL=="ttyS0", MODE:="0666", GROUP:="dialout",  SYMLINK+="move_base"'>/etc/udev/rules.d/move_base_pi4.rules

systemctl daemon-reload
service udev reload
sleep 1
service udev restart
```

图 4-73　rpi4initsetup.sh 文件

检查机器人上的设备列表，如图 4-74 所示，可以看到机器人上的 move_base 是一个符号连接设备，通过符号连接的方式连接到 ttyS0，即这两个设备本质上是同一个设备，但是他们所拥有的权限是不同的。

```
bingda@robot: ~
bingda@robot:~$ ls /dev/ -l |grep ttyS0
lrwxrwxrwx 1 root root          5 4月   2  2020 move_base -> ttyS0
lrwxrwxrwx 1 root root          5 4月   2  2020 serial0 -> ttyS0
crw-rw-rw- 1 root dialout   4,  64 4月   2  2020 ttyS0
bingda@robot:~$
```

图 4-74　通过 udev 规则创建 move_base 设备

其他三个脚本也是针对不同板卡硬件上使用的串口设备名做的 udev 规则，最终都会产生一个 move_base 设备。例如 jetsonnanoinitsetup.sh 是针对 jetsonnano 所设置的，将 move_base 连接到 ttyTHS1 设备上。

4.10　ROS 分布式通信配置

前文中已经在 PC 端搭建了一套 ROS，机器人端也可以正常运行 ROS，但是这两台设备依然是互相独立的。要使这两台设备建立通信，就需要配置 ROS 的分布式通信。机器人-PC 之间的分布式通信是 ROS 开发和应用中一个非常常用的功能，通过分布式通信可以在 PC 上实现机器人的控制和数据显示，也可以将一部分节点运行在 PC 上以降低机器人的计算负担。

4.10.1　分布式通信配置条件检查

建立分布式通信的前提条件是需要所有的设备在同一局域网中，在配置分布式通信前需要先进行几项检查。

1）如果使用的是虚拟机，确保虚拟机网络使用桥接模式，对于多网卡的 PC 需要确认桥接到了连接同一局域网所用的网卡。例如 PC 是通过 WiFi 连接到路由器热点或机器人路由模式所产生的热点上，则应该在虚拟机的桥接设置中选择桥接到 PC 的无线网卡。如果是通过网线连接到路由器上，那么应该选择桥接到有线网卡。

如图 4-75 所示，依次单击 VMware 中的"Player"→"可移动设备"→"网络适配器"→"设置"选项进入 VMware 的网络设置界面。在打开的网络设置窗口（见图 4-76）中确认"网络连接"选项中选择的是"桥接模式"，并单击"网络适配器"按钮，在弹出的窗口中检查选中的正确的网卡。如果不满足"桥接到正确网卡"的要求，应根据实际情况做修改，修改完成后重启一次虚拟机。

图 4-75　VMware 网络设置入口

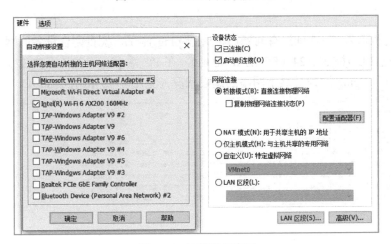

图 4-76　网络设置窗口

2）确认所使用的局域网中不存在 VLAN、NAT、防火墙等设置。使用机器人的路由模式时不存在以上这些问题，可以放心使用，家用型路由器通常也不存在这类设置。但是校园网、公司内网等存在多级路由的环境中可能会存在这些设置。这些设置可能会导致分布式通信无法建立或者通信过程中出现问题。但并不是说这类网络环境就无法使用，如果能正确设置这类网络环境，依然是可以使用这类网络环境来建立 ROS 的分布式通信的。但是在学习阶段，建议还是避开这类网络环境来减少学习中的阻碍。

3）检查机器人和 PC 的 IP 地址并确认可以互相 ping 通。IP 地址的查询可以使用 **ifconfig** 命令，人们在局域网中通常使用的是 C 类 IP 地址，即局域网内设备获取的四位 IP 地址中前三位是相同的，只有第四位不同。

图 4-77 和图 4-78 所示分别为 PC 和机器人的 IP 地址，PC 的 IP 地址为 192.168.31.124，机器人的 IP 地址为 192.168.31.129，两台设备 IP 地址只有最后一位不同，可以初步判断两台设备是处于同一局域网中的。

图 4-77　PC 的 IP 地址

图 4-78　机器人的 IP 地址

在检查完机器人 IP 地址没有问题后再进行 ping 测试，检查两台设备的网络连通性。在机器人端 ping 192.168.31.124（PC 的 IP 地址），在 PC 端 ping 192.168.31.129（机器人的 IP 地址）。互相可以 ping 通则会显示网络的延迟状况（见图 4-79 和图 4-80）。

图 4-79　从机器人 ping PC

```
bingda@vmware-pc:~$ ping 192.168.31.129
PING 192.168.31.129 (192.168.31.129) 56(84) bytes of data.
64 bytes from 192.168.31.129: icmp_seq=1 ttl=64 time=2.89 ms
64 bytes from 192.168.31.129: icmp_seq=2 ttl=64 time=4.49 ms
64 bytes from 192.168.31.129: icmp_seq=3 ttl=64 time=6.00 ms
64 bytes from 192.168.31.129: icmp_seq=4 ttl=64 time=3.47 ms
64 bytes from 192.168.31.129: icmp_seq=5 ttl=64 time=14.1 ms
64 bytes from 192.168.31.129: icmp_seq=6 ttl=64 time=3.17 ms
```

图 4-80　从 PC ping 机器人

4.10.2　分布式通信配置和测试验证

网络环境测试通过后就可以配置分布式通信了，在机器人-PC 的分布式通信中，通常将主节点运行在机器人端，这样可以保证在没有 PC 参与的情况下机器人也能正常工作。分布式通信的相关配置在.bashrc 文件中，如图 4-81 所示是机器人端的~/.bashrc 文件。

```
bingda@robot: ~                                              —    □    ×
source /opt/ros/noetic/setup.bash
source ~/catkin_ws/devel/setup.bash

export ROS_IP=`hostname -I | awk '{print $1}'`
export ROS_HOSTNAME=`hostname -I | awk '{print $1}'`
#export ROS_MASTER_URI=http://192.168.31.129:11311
export ROS_MASTER_URI=http://`hostname -I | awk '{print $1}'`:11311

export BASE_TYPE=NanoRobot
export CAMERA_TYPE=csi72
export LIDAR_TYPE=rplidar
bingda@robot:~$
```

图 4-81　机器人端的~/.bashrc 文件

其中和分布式通信配置有关的是图 4-82 中的 4 行，这里涉及 3 个环境变量 ROS_IP、ROS_HOSTNAME 和 ROS_MASTER_URI。

```
export ROS_IP=`hostname -I | awk '{print $1}'`
export ROS_HOSTNAME=`hostname -I | awk '{print $1}'`
#export ROS_MASTER_URI=http://192.168.31.129:11311
export ROS_MASTER_URI=http://`hostname -I | awk '{print $1}'`:11311
```

图 4-82　ROS 分布式通信配置有关的环境变量

ROS_IP 和 ROS_HOSTNAME 是可选的环境变量，在单机上运行 ROS 可以不配置这两个环境变量。这两个环境变量的功能都是设置 ROS 节点公开网络地址，当一个 ROS 节点报告 URI 给主节点或者其他成员，这个值就会被用到。这两个选项设置一个即可，如果两者都设置则优先使用 ROS_HOSTNAME。这里还是将两个都设置为本机获取的 IP 地址。其中 hostname -I 功能就是获取设备的 IP 地址，| awk '{print $1}' 这一段的功能是提取获取到的 IP 地址中的第 1 项，由于 ROS 使用的是 IPv4 地址，而实际上有时 hostname -I 会获取 IPv4 和 IPv6 的地址，所以为了保险起见，只提取获取到的结果中的第 1 项，即 IPv4 地址。

ROS_MASTER_URI 即指定 ROS 的主节点网址，这里需要注意，这是一个网址而非 IP 地址，前面带有 "http://"，后面带有端口号。其中第 3 行被 '#' 注释掉了，因为在当前使用的环境中它所实现的功能和第 4 行是完全一样的，即在主节点网址中使用本机 IP 地址，使主节点运行在这台设备上。

在 PC 中。使用文本编辑器打开~/.bashrc 文件，例如 gedit ~/.bashrc，打开后复制图 4-82

中的 4 行环境变量的配置，粘贴到 PC 端~/.bashrc 文件的末尾，然后取消第 3 行的注释，并将 IP 地址修改为机器人当前的 IP 地址，再使用 '#' 号注释掉第 4 行。修改完成后如图 4-83 所示。

```
119 source /opt/ros/noetic/setup.bash
120 source ~/catkin_ws/devel/setup.bash
121
122 export BASE_TYPE=NanoRobot
123
124 export ROS_IP=`hostname -I | awk '{print $1}'`
125 export ROS_HOSTNAME=`hostname -I | awk '{print $1}'`
126 export ROS_MASTER_URI=http://192.168.31.129:11311
127 #export ROS_MASTER_URI=http://`hostname -I | awk '{print $1}'`:11311
```

图 4-83　PC 端~/.bashrc 文件的修改

修改完成后保存退出即完成了配置的修改，但在当前已经打开的终端中，这些配置并没有生效，要使配置生效，可以在已经打开的终端中执行 source ~/.bashrc 重新读取配置文件来使修改生效。或者简单点也可以关闭掉所有当前已经打开的终端，再重新打开，在新打开的终端中，配置也可生效。

现在可以来测试机器人和 PC 之间的分布式通信了，首先在机器人端启动底盘的 launch 文件：roslaunch base_control base_control.launch，然后在 PC 端检查当前的话题列表 rostopic list，如图 4-84 所示，此时 PC 上已经可以查看到机器人端所发布的话题了。

```
bingda@vmware-pc:~$ rostopic list
/battery
/cmd_vel
/odom
/rosout
/rosout_agg
/tf
```

图 4-84　使用话题列表来检查分布式通信

也可以在 PC 端将机器人的话题内容输出出来，例如 rostopic echo /battery，或者在 PC 端运行键盘控制节点来控制机器人运动。PC 上的 teleop-twist-keyboard 功能包也需要手动安装，即：sudo apt install ros-noetic-teleop-twist-keyboard -y，安装完成后通过 rosrun 运行即可。

通过实验可以验证，在 PC 端运行的键盘控制节点也是可以控制机器人运动的，分布式通信正常，配置完成。

第5章 机器人仿真环境搭建

5.1 为什么要有机器人仿真环境

5.1.1 机器人仿真主要解决的问题

在提到机器人仿真时，可能很多人第一反应是为什么需要做机器人仿真，似乎花许多时间和精力去搭建一个仿真环境（见图5-1），并不如自己去制作一套机器人或者直接采购成熟的机器人实验平台做实验来得方便。

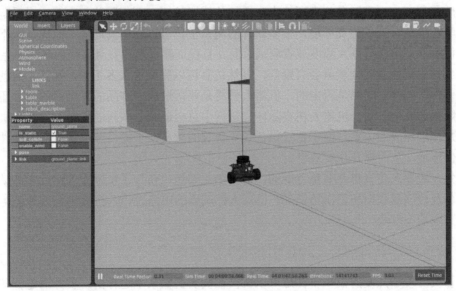

图5-1 仿真环境中的 NanoRobot

对于比较简单的机器人，仿真环境的必要性确实没有那么大，因为这类机器人硬件开发简单，成本低，参与开发的工程师少，跳过仿真环节直接搭建机器人硬件这样的开发流程可能效率更高。但是随着机器人复杂程度的增加，机器人的硬件成本更高，参与开发的人不断增多，分工也更加精细，直接在搭建的机器人硬件上开发软件的弊端就会暴露出来，主要有以下几个问题：

1）在硬件开发阶段，软件开发团队几乎无法有效地开展工作，因为没有可以实验的平台。而机器人硬件设计完成后还有需要加工生产的环节，这个环节尤其耗费时间，并且时间和进度不是很可控。

2）在硬件的开发阶段，软件团队无法对机器人的硬件设计给出有效的反馈，往往需要等到机器人组装完成后才能在开发测试中暴露出硬件设计的问题，而这时硬件设计又需要经历修改设计、加工生产这个漫长的过程。

3）随着机器人复杂程度的增加，所需要的机器人和传感器设备的价格也开始变得高昂，例如六轴机械臂、多线激光雷达动辄几万元乃至几十万元，如果是在方案验证阶段，只是需要测试这个方案的可行性就需要采购这样一台昂贵的设备，这对于很多公司和团体是难以承受的，对于机器人爱好者更是遥不可及。

4）在机器人开发过程中，为了测试和验证机器人的软件运行效果，人们通常需要在机器人上进行大量的实验。而机器人在实验中，除了需要具备硬件外，对场地可能还有一定的要求，例如自动驾驶开发过程中，需要把车开上道路来测试，这样的开发过程无疑是费时费力并且存在一定的危险。

机器人仿真就能很好地解决或改善以上 4 个问题。首先在硬件开发阶段，软件开发团队可以根据机器人的设计方案搭建一个仿真环境用于机器人软件开发。在软件的开发过程中，可能会发现当前的设计方案无法满足部分功能需求，此时暴露出的问题能反馈到硬件开发团队，方便硬件开发团队及时去评估和修改方案。如果需要验证一些新的传感器对机器人工作效果的改善程度，也可以在仿真环境中来添加传感器验证，而不用花一大笔钱去采购传感器再做实验。最后，有了仿真环境，很多软件的测试工作可以在仿真环境中完成，而不用操作真实的机器人，这样可以大幅度节省测试时间并且保证测试是在安全可控的环境中完成的。

看到这里可能有些读者就会有疑问，既然仿真可以完成这么多工作，那是不是就不需要机器人硬件了？答案当然是否定的，机器人最终是要落地成为产品的，当前的仿真还很难做到跟实际系统完全一致，机器人在实际环境运行中总会遇到一些新的问题。仿真和机器人硬件之间是相辅相成的关系，而不是互相替代，仿真的意义在于提供一个和机器人硬件高度一致的软件环境，从而提升开发效率。

当然，机器人仿真也并非是万能的，仿真中主要是"仿"了机器人的运动学和动力学的特性，以及传感器数据和工作场景等。机器人控制器的电路设计、机械结构的装配等工艺过程在仿真中均不涉及。

5.1.2 仿真环境中的机器人和真实机器人的联系

在仿真环境中开发的很多软件是可以直接在真实机器人上运行的，要弄清楚哪些软件可以在机器人上直接运行以及为什么可以直接运行，就需要理清楚仿真环境中的机器人和真实机器人的联系。图 5-2 所示是机器人硬件和仿真环境的系统框图。

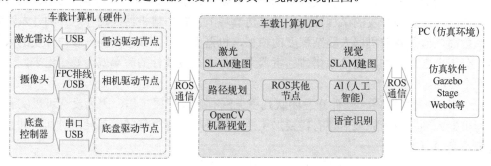

图 5-2　机器人硬件和仿真环境系统框图

图 5-2 左侧为机器人硬件系统，可以看到有激光雷达、摄像头、底盘控制器等硬件设备连接在车载计算机上，车载计算机上运行对应设备的驱动节点用于和其他 ROS 节点通信，例如雷达驱动节点负责发布雷达数据话题，底盘驱动节点发布机器人里程计信息并订阅运动控制话题。所产生的传感器信息则会向右侧传递，例如雷达数据的话题会被激光 SLAM 建图节点订阅，用于产生当前环境的地图。而路径规划节点所产生的运动控制话题则会向左侧传递，被底盘驱动节点订阅并用于控制机器人移动。

最右侧则是仿真环境，相比于机器人硬件系统，仿真软件替代了激光雷达、摄像头、底盘控制器等硬件和硬件驱动节点，仿真软件同样会发布传感器数据和订阅运动控制话题，传感器话题会向左传递给激光 SLAM 建图、路径规划、OpenCV 机器视觉等节点，左侧节点中产生的话题也会被仿真软件所订阅，在订阅到运动控制话题后，仿真软件会控制仿真环境中的机器人模型移动。

从图 5-2 中可以看出，仿真软件是通过软件的方法构建了一套机器的运动、传感器系统来模拟机器人的传感器信息和机器人的运动学行为。所以仿真环境和机器人硬件主要的区别在于传感器的信息来源和执行机构不同，而上层数据处理等和硬件无关的节点没有明显差异。

在 ROS 的通信中，主要依靠话题、服务和动作来沟通，只要保证机器人硬件和仿真环境中所使用的话题、服务、动作名称一致，那么这些和硬件无关的节点都是可以直接在机器人硬件和仿真环境两种条件下工作的。例如，/cmd_vel 话题在使用机器人硬件时可以控制机器人移动，使用仿真环境时可以控制仿真环境中机器人模型运动。

5.2　在 Stage 仿真器中创建机器人

5.2.1　Stage 仿真器简介

Stage 仿真器是一个 2D 的机器人仿真软件，如图 5-3 所示，图中左边的画面看起来是一个平面的世界，通过对平面中的图形做高度方向拉伸就得到了右侧的画面。Stage 仿真器中就是通过对平面地图和机器人轮廓做拉升来得到这样一个 3D 画面的。但是这个 3D 的世界只是对 2D 做了简单的拉伸，所以依然可以认为这是一个 2D（也有说法叫作 2.5D）的仿真环境。

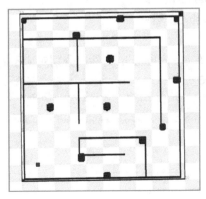

图 5-3　Stage 仿真器中的机器人和仿真环境

在 Stage 仿真器中可以仿真差速转向、全向运动、阿克曼转向这几种常用的机器人动力学模型，也可以仿真常用的传感器，如激光雷达、里程计等，它也可以仿真摄像头、深度相机等视觉传感器。

Stage 仿真器的一个很大的优点是软件非常轻量，在很多计算性能弱的 PC 上也能够流畅地运行。但是保持软件的轻量也是有代价的，那就是 Stage 仿真器中的仿真是将机器人视为一个简单的柱状刚体在环境中运动，并不涉及机器人本体的特征仿真，这样就无法通过仿真环境来对硬件设计提供反馈。并且由于它是 2D 的仿真，所以只能够仿真平面运动的机器人，对于机械臂、无人机等这类有立体空间运动的机器人是无法仿真的。

虽然 Stage 仿真器功能上并不算强大，但是依然能满足很多使用场景中的需求，例如在做移动机器人的 SLAM 和导航相关的开发时候会经常使用 Stage 仿真器来测试开发的代码。

5.2.2 创建 Stage 仿真器地图和机器人模型

Stage 仿真器在 Noetic 版本的 ROS 中不是默认安装的，需要手动安装 Stage 仿真器：

```
sudo apt install ros-noetic-stage-ros -y
```

本书提供一个配置好的 Stage 仿真器仿真环境功能包，可扫描二维码 5-1 将功能包源码压缩包复制到工作空间 src 目录中解压缩，然后编译它，即：

5-1 Stage 仿真器仿真环境功能包

```
cd ~/catkin_ws/src/
unzip robot_simulation.zip
cd ~/catkin_ws/ &&catkin_make
```

然后在 VSCode 中打开功能包的目录，功能包结构如图 5-4 所示。

由于这是一个开源的功能包，所以功能包中放了一个 README.md 文件，用于介绍功能包的使用指导。使用指导中有两个步骤，第一步要配置 PC 的环境变量 BASE_TYPE 的值用来指明需要仿真的机器人型号，这里以 NanoRobot 为例，将 BASE_TYPE 设置为 NanoRobot：echo "export BASE_TYPE=NanoRobot" >> ~/.bashrc。然后 source 环境变量 source~/.bashrc。

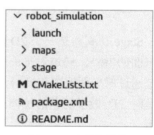

图 5-4 功能包结构

再通过 launch 来启动仿真，launch 目录下有 4 个 launch 文件，分别对应不同的功能，先看 simulation_one_robot.launch，如图 5-5 所示。

```
1  <launch>
2    <!-- ************* Stage Simulator ************** -->
3    <node pkg="stage_ros" type="stageros" name="stageros" args="$(find robot_simulation)/stage/$(env BASE_TYPE)/maze.world">
4      <param name="base_watchdog_timeout" value="0.5"/>
5      <remap from="base_scan" to="scan"/>
6      <remap from="odom" to="odom"/>
7    </node>
8  </launch>
```

图 5-5 simulation_one_robot.launch 文件内容

这个 launch 文件启动了 stage_ros 功能包中的 stageros 节点，给节点传入了一个路径参数。这里用到了一个新的标签<remap>，它可实现话题名的重映射，例如<remap from="base_scan" to="scan"/>可将 base_scan 话题映射为 scan，通过<remap>标签可以将仿真器中所发布的话题名和真实机器人中的保持一致。

args 传入的参数指向的是 stage 的仿真文件，前文中配置的环境变量在这里就会用到，将$(find robot_simulation)/stage/$(env BASE_TYPE)/maze.world 这个路径中的值替换一下，就得到了功能包目录下的 stage/NanoRobot/maze.world 文件，在功能包中找到这个文件打开，文件的第一行是 include "robot.inc"，即包含同级目录下的 robot.inc 文件，找到 robot.inc 并打开，如图 5-6 所示。

```
define laser ranger
(
    sensor
    (
        range_max 12.0
        fov 360.0
        samples 1120
    )
    # generic model properties
    color "black"
    size [ 0.05 0.05 0.05 ]
)

define robot position
(
    size [ 0.12 0.2 0.09 ]
    origin [ -0.026 0.0 0.0 0.0 ]
    drive "diff"
odom_error [0.03 0.03 0.03 3.0]
    color "red"

    # spawn sensors

    laser(pose [ -0.012 0.0 0.05 0.0 ])
)
```

图 5-6　robot.inc 文件内容

ranger 项目中定义了一个 ranger 类型传感器，取名为 laser，也就是激光雷达。在定义中，描述了激光雷达的量程、测量角度范围、采样点数量。这里按照思岚 A1 雷达的参数，设置为最大量程 12m，360°测量，360°内采样点数为 1120 个。然后配置传感器的外观属性，颜色设置为黑色，尺寸设置为 x 轴、y 轴、z 轴方向均为 0.05m（使用中经测试发现这两项参数并不会在仿真中体现，删除也并不影响仿真的正常工作）。

注：Stage 中时间单位为 ms，距离单位为 m，角度单位为弧度，坐标系遵循右手坐标系。

position 项目定义了机器人和它的外观尺寸、模型中心相对动力学中心的位置、动力学模型、里程计噪声误差和外观颜色，这里仿真的机器人尺寸可根据 NanoRobot 的尺寸信息来设置。

外观尺寸格式为[x y z]，设置为 size [0.12 0.2 0.09]，模型中心相对动力学中心的位置的格式为[x y z yaw]，这里设置为 origin [-0.026 0.0 0.0 0.0]，即模型中心相对动力学中心向 x 轴负方向偏移 0.026m，向 y 轴、z 轴和航向方向没有偏移，动力学模型为差速转向模型（阿克曼转向模型为"car"，全向运动模型为"omni"），里程计误差格式也是[x y z yaw]，这里设置成 x 轴、y 轴、z 轴正方向偏移都是 0.03m，航向误差为 3°，模型的外观为红色。

最后将激光雷达装在机器人上，指定安装的位置，位置格式也是[x y z yaw]，这里需要注意的是，x、y 和 yaw 是相对机器人动力学中心位置的偏移，但是 z 是相对机器人顶部的偏移，这里根据机器人的实际尺寸设置为 pose [-0.012 0.0 0.05 0.0]，即激光雷达中心相对动力学中心 x 轴负方向偏移 0.012m，z 轴偏移 0.05m 加机器人高度 0.09m 即 0.14m。

robot.inc 文件中定义了一台机器人，定义的机器人会在 maze.world 文件中被调用，如图 5-7 所示。在这个文件中，除了包含机器人的定义文件外，还需要定义一个环境场景。

```
include "robot.inc"

window
(
  size [ 600 700 ]
  center [ 0.0 0.0 ]
  rotate [ 0.000 0.000 ]
  scale 60
)

define floorplan model
(
  # sombre, sensible, artistic
  color "gray30"
  # most maps will need a bounding box
  boundary 1
)

floorplan
(
  name "maze"
bitmap "../../maps/maze.png"
  size [ 10.0 10.0.000 2.000 ]
  pose [    5.000    5.000 0.000 0.000 ]
)

# throw in a robot
robot
(
  name "robot"
  pose [ 1.000 1.000 0.000 0.000 ]
  color "red"
)
```

图 5-7　maze.world 文件内容

window 项目定义了窗口的大小、显示中心和场景的缩放比例。定义窗口的尺寸为 600×700 像素，显示中心为场景的（0,0）坐标，不做旋转，比例尺为 1∶60，即 1m 的距离对应 60 个像素。

model 项目中定义了一个场景，取名为 floorplan，这里需要设置场景的颜色，设置为灰色，boundary 参数用于控制是否在场景外创建一个封闭的圈来保障机器人在场景内运动，通常设置为 1，默认创建。

接下来需要载入地图，使用创建的场景 floorplan，取名为 maze，载入地图图像，这里使用相对路径，指向功能包 robot_simulation/maps 目录下的 maze.png 文件，这就是一张普通的 png 格式图像，如果需要绘制自己的地图，可以通过 PS 等绘图工具绘制。

载入地图后，定义地图的大小，格式为[x y z]，设置为 size [10.0 10.0.000 2.000]，即长宽均为 10m，高为 2m，高度是通过对图像做垂直方向的拉伸所生成的，最后定义地图在场景中的位置，位置的定义是地图中心点在 Stage 坐标系中的坐标值，格式为[x y z yaw]，设置为 pose [5.000 5.000 0.000 0.000]。

最后还需要在场景中生成机器人，创建一个 robot，取名为 robot，放置创建的位置为 pose [1.000 1.000 0.000 0.000]，颜色设置为红色。

现在已经完成了一个 Stage 仿真场景和机器人的创建，接下来就可以启动这个仿真了。

5.2.3 控制 Stage 仿真器中的机器人

使用 launch 来启动仿真：

```
roslaunch robot_simulation simulation_one_robot.launch
```

启动后会出现如图 5-8 所示的俯视视角，在场景模型外单击鼠标左键移动鼠标可以移动显示范围，单击鼠标右键移动鼠标可以改变显示的视角。倾斜的视角如图 5-9 所示，可以看到 Stage 的坐标系标尺，每一格长度为 1m。

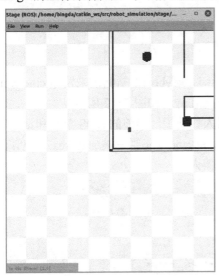

图 5-8 Stage 仿真器俯视视角　　　　　图 5-9 Stage 仿真器倾斜视角

如果在场景模型内单击鼠标左键，场景周围则会出现一圈绿色，如图 5-10 所示，此时按住鼠标左键并移动鼠标，会使场景模型在仿真器中移动，按住鼠标右键移动鼠标会使模型转动。这里要注意，和前面不同的是，前面的操作只会改变仿真器的视角，而这里是会改变场景模型在 Stage 坐标中的位置的。在绿色范围外再次单击鼠标左键即可取消选择场景模型。

查看当前话题列表，如图 5-11 所示。该列表中可以看到雷达的话题/scan、里程计话题/odom 等，也可以通过 rostopic 工具中的 info 来查看话题类型和发布订阅关系等。

图 5-10   在 Stage 仿真器中选中场景模型

```
bingda@vmware-pc:~$ rostopic list
/base_pose_ground_truth
/clock
/cmd_vel
/odom
/rosout
/rosout_agg
/scan
/tf
```

图 5-11   Stage 仿真器中的当前话题列表

要控制机器人移动，可以使用 ROS 下的 teleop-twist-keyboard 功能包来发布/cmd_vel 话题，即 rosrun teleop_twist_keyboard teleop_twist_keyboard.py，如图 5-12 所示。

现在可以通过键盘来控制 Stage 仿真器中的机器人移动了，当前的 ROS 节点和话题状况可以通过 rqt_graph 来查看。/teleop_twist_keyboard 发布/cmd_vel 话题被/stageros 节点订阅，/stageros 节点订阅到/cmd_vel 则会移动仿真器中的机器人。

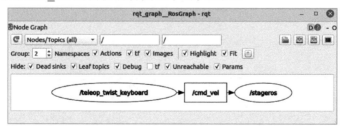

图 5-12   Stage 仿真器和键盘控制

5.3   在 Gazebo 仿真器中创建机器人

5.3.1   Gazebo 仿真器简介

Gazebo 仿真器是一款开源免费的 3D 仿真软件，具备强大的物理引擎、高质量的图形渲染以及方便的编程接口。在 Gazebo 仿真器的仿真环境中，除了可以仿真机器人的模型和传感器数据，还可以仿真机器人的物理性质，如质量、地面摩擦等。相比于简单的 2D 仿真软件，Gazebo 仿真器可以仿真更多类型的机器人，如图 5-13 所示，移动机器人、无人机、机械臂以及多足机器人等都是可以在 Gazebo 仿真器中完成动力学和运动学等项目的仿真。

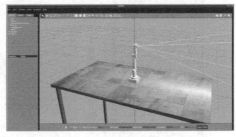

图 5-13　Gazebo 仿真器中仿真无人机和机械臂

Gazebo 仿真器是一款独立的软件，在 ROS 中通过 gazebo_ros_pkgs 功能包提供了在 Gazebo 仿真器中模拟机器人所需的接口。ROS 的桌面完整版中默认已经安装了 Gazebo 仿真器，如果没有安装桌面完整版，也可以通过 sudo apt install ros-noetic-gazebo-ros-pkgs ros-noetic-gazebo-ros-control 命令手动安装。

安装完成后可以通过 gazebo --version 命令检查 Gazebo 仿真器的版本来验证安装是否成功和查看安装的版本信息。图 5-14 所示的 ROS 桌面完整版默认安装的 Gazebo 仿真器版本为 11.5.1。

```
^Cbingda@vmware-pc:~$ gazebo --version
Gazebo multi-robot simulator, version 11.5.1
Copyright (C) 2012 Open Source Robotics Foundation.
Released under the Apache 2 License.
http://gazebosim.org
```

图 5-14　Gazebo 仿真器的版本

检查无误后可以通过 gazebo 命令启动 Gazebo 仿真器，如图 5-15 所示。Gazebo 仿真器的界面可以分为几个分区：

（1）场景区（Scene）　场景区是仿真器的主要显示部分，仿真对象及仿真环境以 3D 的形式显示在场景区。

（2）左面板（Left Panel）　左面板包含"World""Insert"和"Layers"三个选项卡，用于控制场景中物体位置、插入模型等操作。

（3）右面板（Right Panel）　右面板默认为隐藏状态，单击并拖动边栏可将其打开。右面板可用于与所选模型的移动部件进行交互。

（4）上工具栏（Upper Toolbar/ Main Toolbar）　上工具栏是 Gazebo 仿真器的主工具栏，如图 5-16 所示，它包含一些最常用的与模拟器交互的选项。例如选择、移动、旋转和缩放对象等按钮以及可用于创造一些简单的形状等。

（5）底部工具栏（Bottom Toolbar）　底部工具栏用于显示有关模拟的数据，如模拟时间及其与实际时间的关系。

（6）菜单（Menu）　像大多数应用程序一样，Gazebo 仿真器顶部有一个应用程序菜单，菜单中可以完成保存文件、配置界面等操作。

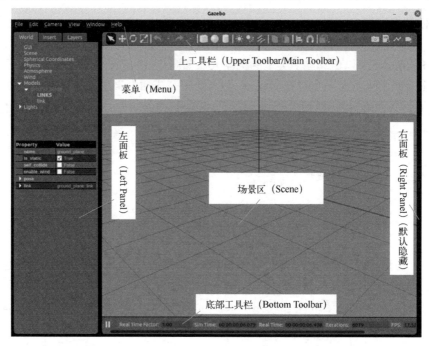

图 5-15　Gazebo 仿真器界面

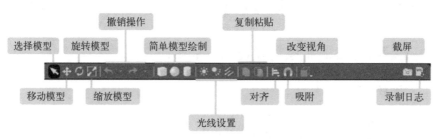

图 5-16　Gazebo 仿真器上工具栏

　　和多数 3D 软件一样，Gazebo 仿真器中对 3D 场景视角的操作也是依靠鼠标左键、右键、中键配合鼠标滑动和键盘按键完成模型的移动、旋转和缩放操作的，具体方法如图 5-17 所示。按住鼠标左键滑动鼠标可移动视角，按住鼠标右键上下滑动鼠标可缩放视角，按住鼠标中键滑动鼠标可旋转视角，在 "场景区" 模型中单击鼠标左键选中模型，单击鼠标右键对模型进行删除等操作。

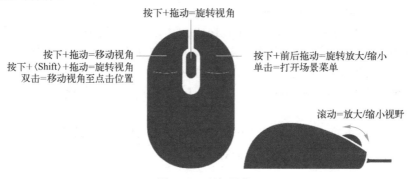

图 5-17　鼠标操作

5.3.2　Gazebo 仿真器中的环境模型

Gazebo 仿真器中的模型可以分为两部分，第一部分是环境模型，第二部分是机器人模型。环境模型在 Gazebo 仿真器中也称为"world"，它的构建比较简单，可以直接使用 Gazebo 仿真器提供的模型，也可以通过 Gazebo 仿真器中的模型编辑器构建模型。机器人模型部分内容较多，将在 5.4 节中单独介绍。

5-2　模型库

Gazebo 仿真器官方提供了丰富的模型库，但是这个模型库并不会随着 Gazebo 仿真器安装，为了避免使用中模型加载速度慢，可以在使用前手动下载。模型库可以通过扫描二维码 5-2 获取。

下载完成后将模型目录拷贝到~/.gazebo 目录下并命名为 models，即：mv gazebo_models/　~/.gazebo/models/。

准备好模型库后就可以使用模型库中的场景模型了，但根据测试，11.5.1 版本的 Gazebo 仿真器中存在一个 bug，使用普通用户运行 Gazebo 仿真器时，涉及保存文件等文件管理器相关的操作时文件管理器无法自动弹出，而使用 sudo 权限执行则不存在此问题。所以在需要创建环境模型时建议使用 sudo gazebo 来启动 Gazebo 仿真器。

由于当前使用 sudo 权限运行 Gazebo 仿真器，所以是不能识别在 bingda 用户主目录下.gazebo 目录中所放置的 models 模型目录的，需要通过"Insert"选项卡中的"Add Path"按钮手动添加，如图 5-18 所示。在弹出的窗口中选择"Computer"→"/"→"home"→"bingda"，由于.gazebo 目录为隐藏目录，所以暂时还看不到这个目录，单击右键选择"Show hidden files"显示隐藏文件，再依次选择".gazebo"→"models"目录。如果有其他存放模型的目录，也可使用同样的方法添加。

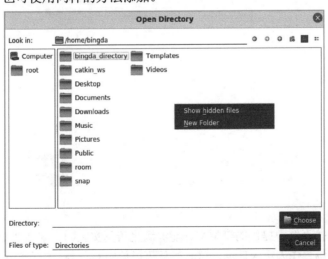

图 5-18　Gazebo 仿真器中添加模型的路径

添加完模型路径后就可以使用模型路径下的模型文件了，单击需要的模型名称，将鼠标指针移到场景区即可预览模型，在场景区合适位置单击鼠标左键即可放置模型。例如选择"Cafe"（咖啡厅模型）添加到场景中，如图 5-19 所示。模型的放置位置可以通过上工具栏中的移动模型按钮调整，需要精确的位置也可以在左面板"World"选项卡中经过"Models"→"模型名称"→"pose"对参数予以设置，如图 5-20 所示。

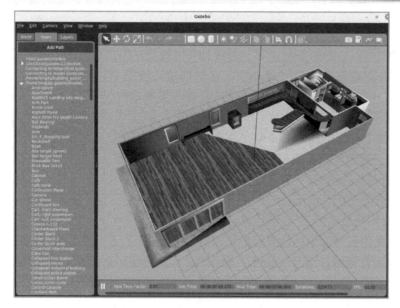

图 5-19　Gazebo 中的咖啡厅模型　　　　　　　　　　　　图 5-20　模型位置调整

　　如果每次仿真都需要手动添加场景模型，显然是不太方便的，因此可以将配置好的场景保存为 world 文件。在/home/bingda/catkin_ws/src/bingda_practices/目录下新建 world 目录，然后单击菜单→"File"→"Save World As"，将当前的场景保存在 world 目录下，取名为 my_world.world，如图 5-21 所示。

图 5-21　保存 world 文件

　　如果 Gazebo 仿真器中提供的模型文件能够满足仿真实验的需求当然是最好的，但是有些时候需要自定义的场景作为实验环境，这时候就可以使用 Gazebo 仿真器中的模型编辑器了。

　　在 Gazebo 仿真器界面中，单击菜单中的"Edit"选项，选中"Building Editor"即建筑物编辑器，如图 5-22 所示，单击左面板中的"wall"即可在建筑物编辑器中画墙体，也可以在墙体上增加窗户、门等元素，墙面可以使用贴图材质等纹理。如果需要构建一个多层的建筑，可以通过建筑物编辑器中的"+"按钮来增加层，并通过"Stairs"（楼梯元素）来连通各层。建筑模型编辑完成后单击菜单中的"File"→"Save As"，将模型命名为 room，保存在/home/bingda/catkin_ws/src/bingda_practices/world 目录下，然后再单击菜单中的"File"→"Exit Building Editor"退出建筑物编辑器，保存后就得到了一个 room 模型。可以将保存 room 模型的路径加入到模型路径的列表中方便下次使用。

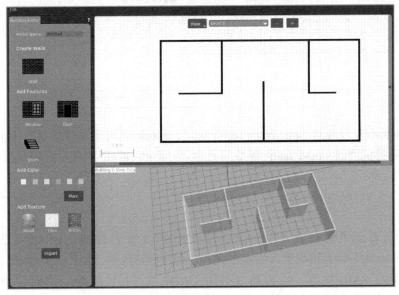

图 5-22　Gazebo 仿真器中的建筑物编辑器

在 Gazebo 仿真器的场景区可以看到自定义的建筑模型，这个场景还是太单调了，可以给它放入一些其他模型，单击左面板中的"Insert"选项卡，选择模型插入到场景中即可。例如它放入两个"Cafe table"（咖啡桌）模型，如图 5-23 所示。然后将场景保存为 world 文件，文件还是存放在 world 目录下，命名为 room.world。

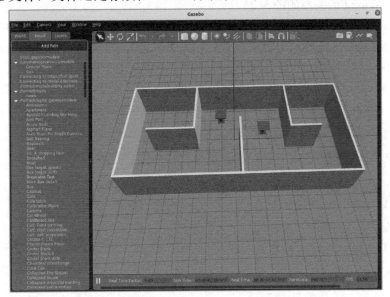

图 5-23　Gazebo 仿真器中自定义模型搭建的场景

保存 world 文件的目的是能够方便地启动仿真场景，接下来可以通过编写 launch 文件来使用 world 文件，在 bingda_practices 功能包的 launch 目录下新建 gazebo_world.launch 文件，在文件中写入图 5-24 中的内容，在 launch 文件中通过 world_name 参数传入场景的路径。

```
1    <launch>
2      <include file="$(find gazebo_ros)/launch/empty_world.launch">
3        <arg name="world_name" value="$(find bingda_practices)/world/room.world"/>
4        <arg name="paused" value="false"/>
5        <arg name="use_sim_time" value="true"/>
6        <arg name="gui" value="true"/>
7        <arg name="headless" value="false"/>
8        <arg name="debug" value="false"/>
9      </include>
10   </launch>
```

图 5-24   gazebo_world.launch 文件

通过 roslaunch bingda_practices gazebo_world.launch 即可启动带场景的 Gazebo 仿真环境。读者可以尝试修改 world_name 参数的值为 my_world.world 来在打开咖啡厅的场景。

5.4   机器人模型和 URDF 文件

Gazebo 仿真器中的机器人模型是通过 URDF 文件创建的，URDF（Unified Robot Description Format）即通用机器人描述格式，它是一种特殊的 XML 文件格式，包含了机器人、传感器等的 XML 规范。在 ROS 中使用 URDF 文件描述机器人的外观、传感器、执行器等信息，并通过 URDF 功能包提供对应的 XML 解析规则。

5.4.1   URDF 文件

在 URDF 文件中最顶层的标签是<robot>标签，用于说明这是一个机器人描述文件，类似于 launch 文件中<launch>标签。和模型的描述密切相关的标签有两个，即<link>和<joint>，link 和 joint 的关系如图 5-25 所示。

<link>标签中描述了具有惯性、视觉特征和碰撞属性的刚体，这里的刚体指的是组成机器人的部分，如果将人体使用 URDF 来描述，那么人体的大腿、小腿都是"link"。

每个<link>标签中都一个必须有的属性和若干个可选的子标签组成。属性 name 用于指定 link 的名称，并且在一个 URDF 文件中 link 的 name 必须是唯一的。子标签包含<inertial>（惯性特征）、<visual>（可视化特征）以及<collision>（碰撞特征），如图 5-26 所示。

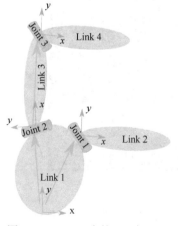

图 5-25   URDF 中的 link 与 joint

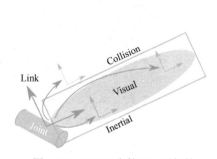

图 5-26   URDF 中的 link 子标签

惯性特征、可视化特征以及碰撞特征这三个<link>的子标签中又包含有若干个子标签，用于对刚体特征做进一步描述，一个 link 的描述通常如图 5-27 所示。

```
<link name="my_link">
<inertial>
<origin xyz="0 0 0.5" rpy="0 0 0">
<mass value="1"/>
<inertia ixx="100"   ixy="0"   ixz="0" iyy="100" iyz="0" izz="100" />
</inertial>

<visual>
<origin xyz="0 0 0" rpy="0 0 0" />
<geometry>
<box size="1 1 1" />
</geometry>
<material name="Cyan">
<color rgba="0 1.0 1.0 1.0"/>
</material>
</visual>

<collision>
<origin xyz="0 0 0" rpy="0 0 0"/>
<geometry>
<cylinder radius="1" length="0.5"/>
</geometry>
</collision>
</link>
```

图 5-27　URDF 中 link 的描述

<joint>标签中描述关节的运动学参数和动态参数，关节就比较好理解了，图 5-25 中各个 link 之间就是依靠关节 joint 连接的。每个<joint>标签都由两个属性和若干个子标签所组成。两个属性分别为 name（名称）和 type（关节类型）。name 指定 joint 的名字，同一个 URDF 文件中 joint 的 name 也必须是唯一的。type 用于指定 joint 的类型，URDF 中定义了 joint 的 6 种类型，见表 5-1。

表 5-1　joint 的 6 种类型

revolute	绕着一个轴旋转的关节，有最大值和最小值限制	fixed	固定不可滑动或转动的关节
continuous	绕着一个轴旋转的关节，没有最大值最小值限制	floating	不受限制的关节，可以在空间的 6 个自由度任意运动
prismatic	可以沿着一个轴滑动的关节，有最大值和最小值限制	planar	平面内垂直于轴运动的关节，具有 3 个自由度

<joint>的子标签用于描述所连接的 link 和坐标变换关系等，如图 5-28 所示。

子标签中包括了必需的<parent>（父 link）、<child>（子 link）和可选的<origin>（父子 link）坐标变换，以及<axis>（旋转轴）、<calibration>（<joint>的参考点）、<dynamics>（<joint>的物理特性）、<limit>（<joint>为受限类型时运动的范围）、<mimic>（模仿已存在的<joint>）、<safety_controller>（安全控制限制）。一个 joint 的描述如图 5-29 所示。

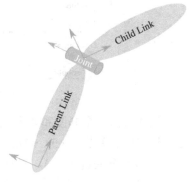

图 5-28　URDF 中的<joint>子标签

```
<joint name="my_joint" type="floating">
<origin xyz="0 0 1" rpy="0 0 3.1416"/>
<parent link="link1"/>
<child link="link2"/>

<calibration rising="0.0"/>
<dynamics damping="0.0" friction="0.0"/>
<limit effort="30" velocity="1.0" lower="-2.2" upper="0.7" />
<safety_controller k_velocity="10" k_position="15" soft_lower_limit="-2.0" soft_upper_limit="0.5" />
</joint>
```

图 5-29　URDF 中 joint 的描述

通过<robot>、<link>和<joint>三个标签已经可以构成一个基础的机器人模型了，这里按照 URDF 文件的规则创建一个机器人模型，模型文件参考 bingda_tutorials 功能包 URDF 目录下的 mybot.urdf，折叠后的文件结构如图 5-30 所示。在这个文件中创建了一个由两个圆柱体的轮子、一个球形万向轮和一个立方体的车身组成的机器人模型。

```
<?xml version="1.0"?>
<robot name="mybot">

<link name="base_footprint"/>

<joint name="baset_footprint2base_link" type="fixed">
</joint>

<link name="base_link">
</link>

<link name="right_wheel_link">
</link>

<joint name="right_wheel_joint" type="continuous">
</joint>

<link name="left_wheel_link">
</link>

<joint name="left_wheel_joint" type="continuous">
</joint>

<link name="ball_wheel_link">
</link>

<joint name="ball_wheel_joint" type="fixed">
</joint>

</robot>
```

图 5-30　mybot.urdf 折叠后的文件结构

机器人由 4 个 link 和 4 个 joint 组成，展开车体（base_link）、右轮（right_wheel_link）、右轮和车体的关节（right_wheel_joint）三个标签后如图 5-31 所示（不过出于篇幅考虑，这里只给出部分关键内容）。车体部分可视化特征中定义了一个长、宽、高分别为 0.25m、0.16m、0.05m 的立方体，并设置了它的惯性特征和碰撞特征。轮子定义为半径 0.025m，高度为 0.02m 的圆柱，然后通过 right_wheel_joint 将车体和轮子的圆柱连接起来。另外一个轮子和球形万向轮也是使用类似的方式定义并和车体连接的。

```
<link name="base_link">
<inertial>
<origin xyz="0 0 0" rpy="0 0 0"/>
<mass value="100"/>
<inertia ixx="100"    ixy="0"    ixz="0" iyy="100" iyz="0" izz="100" />
</inertial>

<visual>
<geometry>
<box size="0.25 0.16 0.05"/>
</geometry>
<origin rpy="0 0 1.57075" xyz="0 0 0"/>
<material name="blue">
<color rgba="0 0 0.8 1"/>
</material>
</visual>

<collision>
<origin xyz="0 0 0" rpy="0 0 0"/>
<geometry>
<box size="0.25 0.16 0.05"/>
</geometry>
</collision>

</link>

<link name="right_wheel_link">
<inertial>
<origin xyz="0 0 0" rpy="0 0 0"/>
<mass value="100"/>
<inertia ixx="100"    ixy="0"    ixz="0" iyy="100" iyz="0" izz="100" />
</inertial>

<visual>
<geometry>
<cylinder length="0.02" radius="0.025"/>
</geometry>
<material name="black">
<color rgba="0 0 0 0.5"/>
</material>
</visual>

<collision>
<origin xyz="0 0 0" rpy="0 0 0"/>
<geometry>
<cylinder length="0.02" radius="0.025"/>
</geometry>
</collision>
</link>

<joint name="right_wheel_joint" type="continuous">
<axis xyz="0 0 1"/>
<parent link="base_link"/>
<child link="right_wheel_link"/>
<origin rpy="0 1.57075 0" xyz="0.09 0.1 -0.03"/>
</joint>
```

图 5-31　mybot.urdf 展开标签内容后（部分）

现在可以将机器人模型放入 Gazebo 仿真环境中了，通过编写 launch 文件来启动 Gazebo 仿真器并加载仿真环境和机器人模型。launch 文件参考 bingda_tutorials 功能包 launch 目录下的 gazebo_robot.launch 文件，如图 5-32 所示。机器人模型的载入时通过 gazebo_ros 功能包中的 spawn_model 节点来将模型放入 Gazebo 仿真环境中，传入的参数为模型文件的路径。需要注意的是 spawn_model 节点在完成模型文件加载后会销毁自身，所以在运行后检查节点列表时是看不到这个节点的。

```
<launch>

<include file="$(find bingda_tutorials)/launch/gazebo_world.launch"/>

<node name="spawn_model"  pkg="gazebo_ros"  type="spawn_model"
      args="-file $(find bingda_tutorials)/urdf/mybot.urdf -urdf -model robot_description"
      output="screen" >
<node/>

</launch>
```

图 5-32　gazebo_robot.launch 文件

运行 launch 文件 roslaunch bingda_tutorials gazebo_robot.launch，如图 5-33 所示，可以看到机器人模型已经加载到自定义的仿真环境中了。

但是目前的模型只是一个可以显示的静态模型，并不具备机器人的仿真功能，为了完成机器人的仿真还需要为机器人模型装上传感器和"电动机"等执行器。

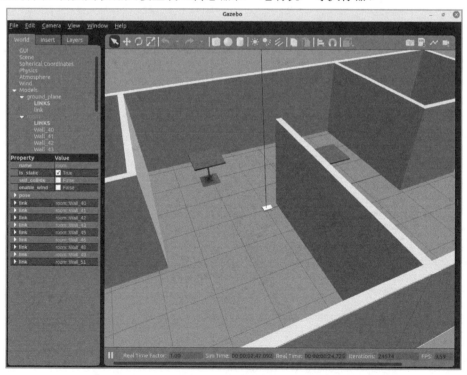

图 5-33　Gazebo 仿真环境中的机器人模型

5.4.2　xacro 文件和 Gazebo 插件

在为机器人添加传感器和执行器之前，需要了解一个新的文件类型，即 xacro 文件。xacro 文件实质上是对 URDF 文件的一种补充，它提供了一些更高级的方式来组织编辑机器人描述。可以通过宏定义、include 引用、变量、数学公式等的来精简模型文件并增加文件的可复用性。使用 xacro 文件描述机器人，文件后缀也自然会变更为.xacro。

在 bingda_tutorials 功能包 URDF 目录下有两个 xacro 文件：mybot.gazebo.xacro 和 mybot.xacro。mybot.xacro 中描述机器人的模型，并通过 include 引用 mybot.gazebo.xacro 文件，mybot.gazebo.xacro 中主要实现对机器人传感器和执行器的定义。

mybot.xacro 文件和 mybot.urdf 高度相似，如图 5-34 所示。不同之处在于<robot>标签中增加了 "xmlns:xacro=http://ros.org/wiki/xacro内容，用于指明这是一个 xacro 文件，并通过 include 引用了 mybot.gazebo.xacro 文件，机器人模型中增加了三个 link 和三个 joint 用于安装传感器。

```
<?xml version="1.0"?>
<robot name="mybot" xmlns:xacro="http://ros.org/wiki/xacro">

<xacro:include filename="$(find bingda_tutorials)/urdf/mybot.gazebo.xacro" />
和 mybot.urdf 文件相同部分略。
<!-- imu sensor -->
<link name="imu">
</link>

<joint name="imu_joint" type="fixed">
</joint>

<!-- camera -->
<link name="base_camera_link">
</link>

<joint name="camera_joint" type="fixed">
</joint>

<!-- laser lidar -->
<link name="base_laser_link">
</link>

<joint name="laser_joint" type="fixed">
</joint>

</robot>
```

图 5-34　部分 mybot.xacro 文件

mybot.gazebo.xacro 文件中主要是 Gazebo 仿真器相关属性的设置和传感器插件的设置，传感器、执行器的使用可以参考 Gazebo 仿真器的相关资料，如图 5-35 中是两轮差速驱动模型的控制器插件。

```
<gazebo>

<plugin name="mybot_controller" filename="libgazebo_ros_diff_drive.so">
<commandTopic>cmd_vel</commandTopic>
<odometryTopic>odom</odometryTopic>
<odometryFrame>odom</odometryFrame>
<odometrySource>world</odometrySource>
<publishOdomTF>true</publishOdomTF>
<robotBaseFrame>base_footprint</robotBaseFrame>
<publishWheelTF>false</publishWheelTF>
<publishTf>true</publishTf>
<publishWheelJointState>true</publishWheelJointState>
<legacyMode>false</legacyMode>
<updateRate>30</updateRate>
<leftJoint>left_wheel_joint</leftJoint>
<rightJoint>right_wheel_joint</rightJoint>
<wheelSeparation>0.180</wheelSeparation>
<wheelDiameter>0.05</wheelDiameter>
<wheelAcceleration>10</wheelAcceleration>
<wheelTorque>100</wheelTorque>
<rosDebugLevel>na</rosDebugLevel>
</plugin>

</gazebo>
```

图 5-35　两轮差速驱动模型的控制器插件

可以用于仿真的机器人模型准备完成后，通过 launch 文件来启动 Gazebo 仿真器并加载实验用的仿真环境和机器人模型，如图 5-36 所示。

```
<launch>
<arg name="x_pos" default="0.0"/>
<arg name="y_pos" default="0.0"/>
<arg name="z_pos" default="0.0"/>
<param name="/use_sim_time" value="true" />

<include file="$(find bingda_tutorials)/launch/gazebo_world.launch"/>

<param name="robot_description" command="$(find xacro)/xacro --inorder $(find bingda_tutorials)/urdf/mybot.xacro" />

<node pkg="gazebo_ros" type="spawn_model" name="spawn_urdf" args="-urdf -model mybot.xacro -x $(arg x_pos) -y $(arg y_pos) -z $(arg z_pos) -param robot_description" />

<node name="robot_state_publisher" pkg="robot_state_publisher" type="robot_state_publisher" />

</launch>
```

图 5-36　启动 Gazebo 仿真器用的 launch 文件 simulation_robot.launch

相比于 gazebo_robot.launch 文件，这里多启动了一个 robot_state_publisher 节点，因为这个仿真环境是可以完整地实现机器人仿真的功能的，所以还需要一个 tf 变换系统，robot_state_publisher 节点可以通过机器人模型文件中的坐标变换来发布 tf 变换。启动 launch 文件 roslaunch bingda_tutorials simulation_robot.launch，然后就可以通过再启动一个键盘控制节点 rosrun teleop_twist_keyboard teleop_twist_keyboard.py 来控制仿真器中的机器人运动了，如图 5-37 所示。

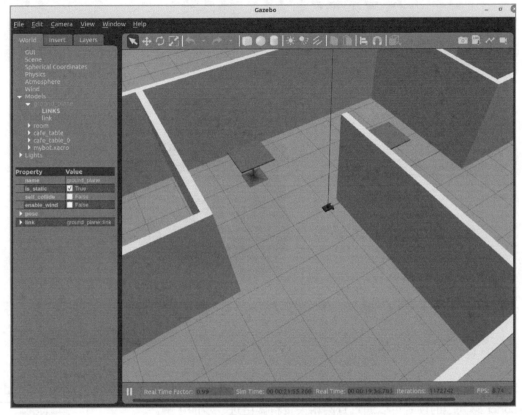

图 5-37　在 Gazebo 仿真环境中控制机器人运动

5.4.3　通过 Solidworks 创建机器人模型

通过手动编写 URDF 或者 xacro 文件可以完成机器人的仿真任务，缺点是构建出的机器人模型很简陋，并且随着机器人设计越来越复杂，编写模型文件的工作量也会越来越大。并且在介绍机器人仿真的意义时已经提到，机器人仿真可以辅助机器人的设计，但是到目前为止依然没有看到这一点。

现代机器人的开发设计中，机械结构部分的设计很多都已经用上了 3D 设计软件，例如图 5-38 所示为 3D 设计软件 SolidWorks 中的 NanoRobot 设计图纸。

如果能够将机械设计中的 3D 图纸转换为机器人，就可以大幅度地降低机器人仿真模型编写的工作量，并且仿真中的机器人模型和机械设计中的模型保持一致，通过机器人在仿真环境中的运行就可以暴露出机械结构设计中的缺陷。

ROS 中提供了一款软件 sw_urdf_exporter 就可以实现将 Solidworks 中的 3D 模型导出为 URDF 格式的文件。获得 URDF 文件后只需要为模型装上传感器、执行器等插件就可以获得一个完整的仿真模型了。

图 5-38　Solidworks 中设计的 NanoRobot

　　由于软件的使用涉及较多的 Solidworks 操作知识，这里就不做展开了，对 sw_urdf_
exporter 感兴趣的读者可以通过查阅相关资料做更进一步的了解。

　　本书提供的 NanoRobot 仿真模型就是通过这种方法设计的，这个仿真模型也将作为后续课程中的仿真环境使用。可扫描二维码 5-3 下载仿真功能包，将其复制到~/catkin_ws/src/目录中并执行解压缩操作，然后编译工作空间：

5-3　仿真功能包

```
cd ~/catkin_ws/src/
unzip robot_description.zip
cd ~/catkin_ws/ &&catkin_make –j
```

通过 roslaunch robot_description simulation.launch 即可启动仿真环境。

第6章　ROS 中的 OpenCV 和机器视觉

本章中的实验需要用到摄像头设备，摄像头的硬件有两种选择，第一种是使用 PC 上连接的摄像头以及笔记本计算机内置的摄像头；第二种是使用机器人上搭载的摄像头。

使用 PC 上的摄像头，则所有实验都是在 PC 端完成，同时 PC 需要将主节点设置为运行在本机上。使用机器人上搭载的摄像头，则使用机器人来获取摄像头图像，通过分布式通信在 PC 端显示图像，这时需要在机器人和 PC 间配置好分布式通信。后文中默认读者已经按照自己所使用的实验环境完成了 ROS 本机运行或分布式通信的相关配置。

实验前应安装本章所依赖的功能包并将本章所需的功能包压缩文件（可扫描二维码 6-1 获取）复制到~/catkin_ws/src/目录中并执行解压缩操作，然后编译工作空间：

6-1　功能包 robot_vision

```
sudo apt install ros-noetic-opencv-apps ros-noetic-camera-calibration
cd ~/catkin_ws/src/
unzip robot_vision.zip
cd ~/catkin_ws/ &&catkin_make -j
```

6.1　摄像头的驱动和图像话题订阅

机器视觉的任务是对图像做处理和分析，本书中采用摄像头捕获图像，这一节将介绍如何在 ROS 中驱动摄像头获取和查看图像，并完成摄像头标定任务。

6.1.1　启动摄像头

使用机器人上的摄像头时，直接在机器人的终端中执行 roslaunch robot_vision robot_camera.launch 即可启动摄像头。

使用 PC 上的摄像头时，需要先确认 PC 上的摄像头可以在 Ubuntu 系统中正常使用，如果使用的是虚拟机环境，应将摄像头连接至虚拟机系统。例如需要使用的笔记本计算机内置的摄像头名称为"Chicony USB2.0 Camera"，如图 6-1 所示，单击 VMware 软件的"Player"→"可移动设备"→"Chicony USB2.0 Camera"→"连接（与主机断开连接）"。

图 6-1　连接摄像头至虚拟机系统

但根据测试，虽然 USB 设备通常为 USB2.0 协议，但是如果虚拟机设置中 USB 兼容性选项设置为 USB2.0，有可能会出现摄像头图像花屏或者没有图像，这可能是由于摄像头所需要的数据带宽比较高所导致的。为了保证摄像头和虚拟机通信的带宽足够，还需要调整虚拟机软件的 USB 兼容性，如图 6-2 所示，单击 VMware 软件的"Player"→"管理"→"虚拟机设置"打开虚拟机设置菜单。

图 6-2　虚拟机设置菜单

在虚拟机设置中，如图 6-3 所示，选择"硬件"选项卡下的"USB 控制器"选项，将"USB 兼容性"选项修改为最高版本的 USB 协议，例如这里选择的是"USB3.1"。

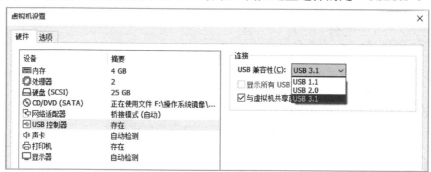

图 6-3　USB 控制器设置

将摄像头连接至虚拟机并修改完 USB 兼容性设置后，通过 ls -l /dev/ 检查虚拟机的设备列表，如图 6-4 所示，设备列表中多出了 video0 和 video1 两个设备，它们对应的硬件都是连接的 USB 摄像头。这两个设备中 video0 是图像/视频采集，video1 是 metadata 采集。实验中使用的是图像/视频采集，即 video0 设备。

```
crw-rw----+ 1 root    video   81,   0 8月  22 16:11 video0
crw-rw----+ 1 root    video   81,   1 8月  22 16:11 video1
crw-------  1 root    root    10, 122 8月  16 08:48 vmci
crw-------  1 root    root    10, 121 8月  16 08:48 vsock
crw-rw-rw-  1 root    root     1,   5 8月  16 08:48 zero
crw-------  1 root    root    10, 249 8月  16 08:48 zfs
bingda@vmware-pc:~$
```

图 6-4　设备列表中的 video 设备

现在需要验证摄像头在 Ubuntu 中能否正常工作，最简单的方法是使用拍照软件来测试。Ubuntu 中自带的拍照软件为 cheese，通过终端输入 cheese 即可打开，如图 6-5 所示，能够打开并正常显示图像即为正常。

图 6-5　用 cheese 软件测试摄像头

接下来需要安装摄像头在 ROS 下的驱动功能包和编译依赖的库，实验中使用的 uvc_camera 摄像头驱动功能包在 ROS 的 Noetic 版本下没有提供二进制安装包，所以采用源码编译安装的方式。

安装 v4l 库，即 sudo apt install libv4l-dev，这个库在稍后编译摄像头的 ROS 功能包中会用到，如果不安装则 ROS 功能包编译会报错。

在功能包的 src 目录下创建一个新目录，例如取名为 depend_pkg，用于存放一些需要依赖的第三方功能包源码，即 mkdir ~/catkin_ws/src/depend_pkg/，然后跳转至 depend_pkg 目录中，即 cd ~/catkin_ws/src/depend_pkg/。

可扫描二维码 6-2 下载摄像头功能包，其复制到~/catkin_ws/src/目录中并执行解压缩操作：

6-2　摄像头功能包

```
unzip camera_umd.zip
```

最后回到工作空间的目录下编译工作空间：cd ~/catkin_ws/ && catkin_make -j2，编译没有报错即为完成，编译完成后即可启动摄像头。

实验中使用的 robot_vision 功能包为了支持多款摄像头，使用了"CAMERA_TYPE"环境变量来定义相机型号。但在 PC 上并没有设置这个环境变量，现在需要临时（所谓临时即只在当前终端中生效，在其他终端或关闭终端后重新打开即无效，需要重新设置）配置一下：export CAMERA_TYPE=unknow。然后再启动摄像头的 launch 文件 roslaunch robot_vision robot_camera.launch。启动中没有红色的 error 信息即为成功，不过可能会有警告信息，这些警告信息暂时不用管，在 6.1.3 节中会解释原因和处理方法。

6.1.2　订阅摄像头图像并显示

在摄像头启动后，可以查看当前的话题列表，在话题列表中会有一系列和 camera 及

image 开头的话题，如图 6-6 所示。

```
bingda@vmware-pc:~$ rostopic list
/camera_info
/image_raw
/image_raw/compressed
/image_raw/compressed/parameter_descriptions
/image_raw/compressed/parameter_updates
/image_raw/compressedDepth
/image_raw/compressedDepth/parameter_descriptions
/image_raw/compressedDepth/parameter_updates
/image_raw/theora
/image_raw/theora/parameter_descriptions
/image_raw/theora/parameter_updates
/rosout
/rosout_agg
```

图 6-6　与摄像头有关的话题列表

其中比较重要的几个话题和内容分别是/camera_info（摄像头标定数据话题）、/image_raw（摄像头获取的原始图像数据话题）、/image_raw/compressed（压缩后的图像数据话题）。在之前查看话题内容时，可以通过 rostopic echo 来输出话题内容。但是这种方法对于图像话题显然是不合适的。这里可以使用 rqt 工具箱中的 rqt_image_view 工具做图像话题预览，在终端中输入 rqt_image_view 可打开工具。

在 rqt_image_view 工具左上角的话题选择栏选择需要显示的话题即可显示图像，选择/image_raw 或者/image_raw/compressed 话题预览摄像头捕获的画面，如图 6-7 所示。

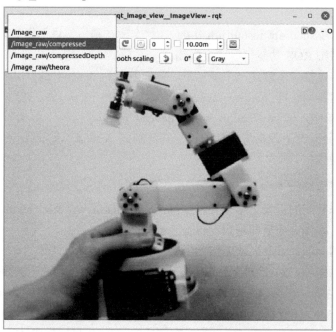

图 6-7　rqt_image_view 工具预览图像

这里建议在图像预览时选择带有"compressed"的话题，尤其是在通过分布式通信预览图像时这点对于保证图像的流畅尤为重要。

带有"compressed"的话题是由 ROS 图像传输功能包 image_transport 中的插件包

compression_image_transport 通过对原始图像使用 JPEG 或 PNG 格式编码压缩所得到的，用于降低图像传输过程的数据带宽。

可以通过 rostopic bw 测试两种话题的数据带宽来验证压缩效果，已知/image_raw 和 /image_raw/compressed 话题的频率都是 30Hz，传输图像的分辨率是 640×480。压缩使用的是 JPEG 格式，80%的质量。

如图 6-8 所示，原始的/image_raw 话题一帧图像有 0.92MB，这个数值也可以通过像素和色彩深度计算出来，图像分辨率为 640×480，每个像素的 R、G、B 三个颜色通道的深度都是 8 位，即 1Byte，那么一帧图像的大小就等于 640×480×3=921600B，约为 0.92MB。按照 30 帧/s 的速率，则需要的带宽为 27.6MB。而在网络传输中描述带宽通常是使用 MB/s。所以为了传输一张分辨率为 640×480 的图像原始数据，就需要耗费 220.8MB/s 的带宽。也就是说如果使用的是百兆的路由器，那么根本无法流畅地通过分布式通信来预览机器人端的捕获的图像。

而/image_raw/compressed 话题的数据带宽只有/image_raw 的 1/9 左右，如果降低 JPEG 格式的编码质量，还可以使数据带宽更低，所以通过 JPEG 或 PNG 格式编码压缩的效果还是非常明显的。

```
bingda@vmware-pc:~$ rostopic bw /image_raw
subscribed to [/image_raw]
average: 28.09MB/s
        mean: 0.92MB min: 0.92MB max: 0.92MB window: 30
average: 27.82MB/s
        mean: 0.92MB min: 0.92MB max: 0.92MB window: 60
^Caverage: 22.67MB/s
        mean: 0.92MB min: 0.92MB max: 0.92MB window: 79
bingda@vmware-pc:~$ rostopic bw /image_raw/compressed
subscribed to [/image_raw/compressed]
average: 323.99KB/s
        mean: 10.56KB min: 10.48KB max: 10.64KB window: 30
average: 320.33KB/s
        mean: 10.57KB min: 10.45KB max: 10.66KB window: 60
average: 318.81KB/s
        mean: 10.56KB min: 10.43KB max: 10.66KB window: 90
^Caverage: 270.10KB/s
        mean: 10.56KB min: 10.43KB max: 10.66KB window: 100
bingda@vmware-pc:~$
```

图 6-8　原始图像和压缩图像带宽对比

6.1.3　摄像头参数标定

在 PC 上启动摄像头时终端中可能会输出一条警告信息：Camera calibration file /home/bingda/ catkin_ws/src/robot_vision/config/unknow.yaml not found。

这条信息提示的是 unknow.yaml 文件找不到，因为在前文中将摄像头的型号临时设置为 unknow，所以启动摄像头的 robot_camera.launch 文件会尝试去读取 unknow.yaml 作为摄像头的标定参数，但是 robot_vision 功能包中并没有这个文件，所以会出现以上的警告信息。要解决这个警告，需要先对摄像头进行标定以获得标定参数。

在进行摄像头标定之前，需要先了解摄像头为什么需要标定。机器视觉的一个重要的任务就是根据摄像头所获取的二维图像来还原三维世界的信息。在理想的状况下，这是可以根据摄像头的模型来计算得出的，但是实际情况是，摄像头的成像基本都有误差，通常也称为摄像头的畸变，如图 6-9 所示即为摄像头常见的几种畸变。

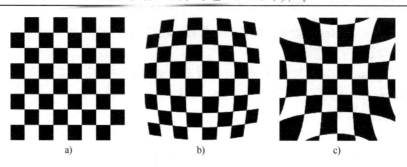

图 6-9　摄像头畸变

a) 正常　b) 桶形畸变　c) 枕形畸变

普通摄像头的成像误差的主要来源有两部分：第一是摄像头感光元件制造产生的误差，比如成像单元不是正方形、有歪斜等；第二是镜头制造和安装产生的误差，镜头一般存在非线性的径向畸变。

在对摄像头成像和三维空间中位置关系对应要求比较严格的场合（例如尺寸测量、视觉SLAM 等）就需要准确的像素和物体尺寸的换算参数，这种参数必须通过实验与计算才能得到，求解参数的过程就称之为摄像头标定。

标定需要用到两个工具，第一个是标定靶文件，即在 robot_vision/doc 目录下的 checkerboard.pdf 文件，它需要在 A4 纸上按照 1：1 的尺寸被打印出来并贴在一块平整的板上，图 6-10 所示是将标定靶打印后贴在了一块亚克力板上。

图 6-10　标定靶

第二个是标定功能包，这里使用的是官方用于双目和单目摄像头标定的功能包 camera_calibration。

标定的过程是通过摄像头捕获棋盘格在不同位置和姿态下的画面，再根据已知的棋盘格尺寸和画面中棋盘格画面的像素进行计算。

首先用 roslaunch robot_vision robot_camera.launch 启动摄像头。

然后在有图像显示的设备上（PC、远程桌面）启动标定节点：

```
rosrun camera_calibration cameracalibrator.py --size 8x6 --square 0.025 image:=/image_raw
```

在启动标定节点时传入了三个参数，--size 用于指定标定靶中行和列方向的内部角点数，格式为 NxM，注意使用小写字母 'x' 来表示"乘号"，这里的标定靶内角点数为 8×6。--square 用于指明标定靶中每个棋盘格的尺寸，单位为 m，标定靶中每一格的尺寸为

25mm。最后传入图像话题，根据前面的内容可以知道图像的话题名为"/image_raw"。

标定节点启动后会弹出标定界面，标定界面中显示的摄像头捕获图像为灰度图像，将标定靶放在摄像头前，标定节点会捕获图像中的内角点（画面中圆圈圈出的位置即为内角点），如图 6-11 所示。

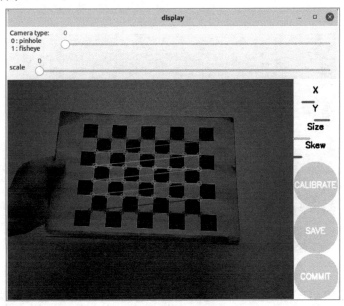

图 6-11　标定界面

标定节点会收集不同位置、姿态下的标定靶图像，右上角的"X"（左右）、"Y"（上下）、"Size"（远近）和"Skew"（倾斜）进度条分别表示不同位置姿态下收集的图像，现在只需要按照不同的方向和姿态移动标定靶，并在移动的过程中尽可能缓慢地移动即可，快速移动可能会产生运动畸变，影响标定质量。在收集图像的过程中，标定节点每收集到一帧有效的图像都会在终端中输出图像的基本信息，如图 6-12 所示。

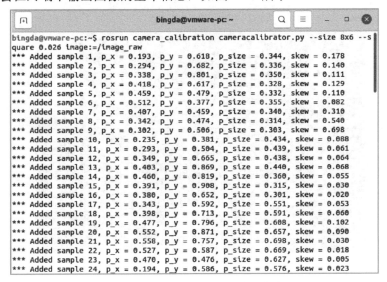

图 6-12　输出的图像的基本信息

当所有的进度条都变为绿色并且标定画面中的"CALIBRATE"按钮变色（见图 6-13）后就可以结束收集开始后续的标定工作了。

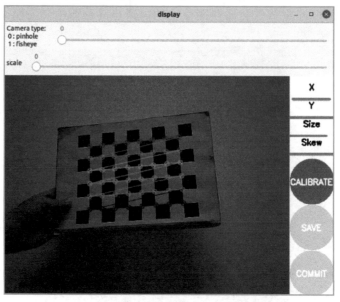

图 6-13　图像收集完成

单击"CALIBRATE"按钮，单击之后画面不会由任何显示，但是终端中会提示"****Calibrating ****"，即正在标定中，标定过程耗时根据采集的图像数量和计算机的性能从几秒到几分钟不等。标定完成后标定界面中的"SAVE"和"COMMIT"按钮也会变色，如图 6-14所示，终端中也会输出标定结果，如图 6-15 所示。单击"SAVE"按钮即可保存标定结果。同时可以结束标定节点和摄像头节点的运行。

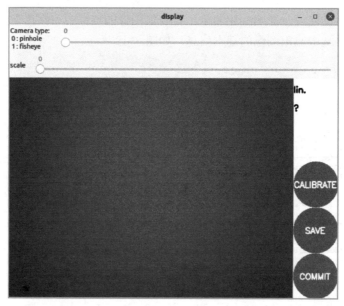

图 6-14　标定完成

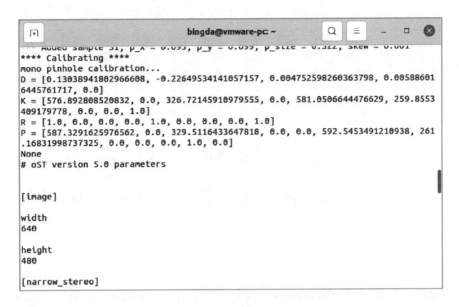

图 6-15 标定结果

标定结果保存在/tmp 目录下，/tmp 目录可以通过文件管理器中的"Other Locations"→"computer"进入。目录下的 calibrationdata.tar.gz 压缩包文件就是标定结果，如图 6-16 所示，右键单击它并选择"Extract Here"将其解压在本地。

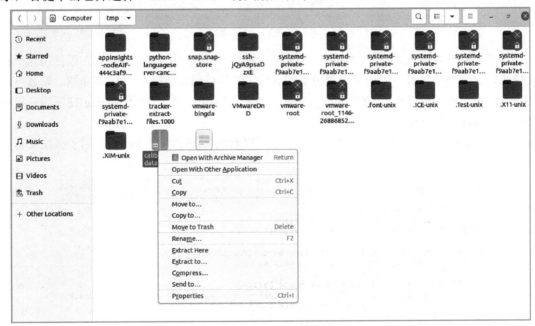

图 6-16 标定结果压缩包文件

进入到解压得到的 calibrationdata 中，如图 6-17 所示，可以看到在标定过程中采集到的图像和"ost.txt""ost.yaml"两个文件，这两个文件就是标定结果。

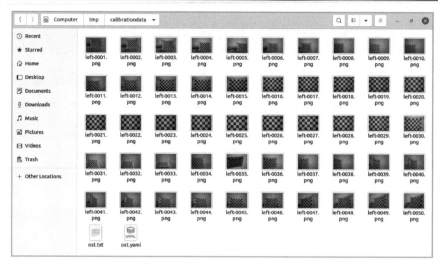

图 6-17　标定结果解压得到的内容

将 "ost.yaml" 复制到 robot_vision 功能包目录下的 config 目录中，并将文件重命名为一个自定义的名称，例如 "my_camera.yaml"。并将 my_camera.yaml 文件中 "camera_name" 的值修改为 "camera"，如图 6-18 所示。

```
1    image_width: 640
2    image_height: 480
3    camera_name: camera
4    camera_matrix:
```

图 6-18　修改标定文件中的摄像头名称

现在可以在 PC 上将 "CAMERA_TYPE" 环境变量设置为 "my_camera" 以使用这个标定结果，关于通过设置环境变量来调用不同的标定文件代码实现将在 7.5 节介绍。设置方法为 echo "export CAMERA_TYPE=my_camera" >> ~/.bashrc，然后使用 source 使环境变量生效，即 source ~/.bashrc。

再次启动摄像头节点，如图 6-19 所示，可以看到终端中已经正确的使用了摄像头标定文件。

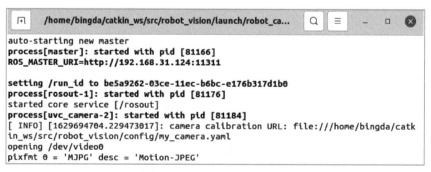

图 6-19　载入摄像头标定文件

通过 rostopic echo /camera_info 也可以看到摄像头的标定信息中已经被有效的数据填充了（见图 6-20）。有了有效的标定数据话题，在需要对摄像头进行标定时就可以使用标定数据来对图像的畸变进行修成以满足使用需求。

```
header:
  seq: 3332
  stamp:
    secs: 1629694838
    nsecs: 474142007
  frame_id: "/base_camera_link"
height: 480
width: 640
distortion_model: "plumb_bob"
D: [0.138338, -0.244303, -5e-05, 0.000724, 0.0]
K: [580.09386, 0.0, 316.6466, 0.0, 580.4812, 245.46273, 0.0, 0.0, 1.0]
R: [1.0, 0.0, 0.0, 0.0, 1.0, 0.0, 0.0, 0.0, 1.0]
P: [590.52557, 0.0, 316.51218, 0.0, 0.0, 590.68512, 244.93879, 0.0, 0.0, 0.0, 1.
0, 0.0]
binning_x: 0
binning_y: 0
roi:
  x_offset: 0
  y_offset: 0
  height: 0
  width: 0
  do_rectify: False
```

图 6-20　camera_info 话题

6.2　连接 ROS 和 OpenCV

在机器人中，通过摄像头获取图像是为了帮助机器人理解所处的环境，要通过摄像头理解周围的环境就离不开图像处理。

在做计算机视觉和图像处理的开发中，OpenCV 是一个离不开的工具。OpenCV 的全称是 Open Source Computer Vision Library，它是一个基于 BSD 许可（开源）发行的跨平台计算机视觉和机器学习软件库，可以运行在 Linux、Windows、Android 和 Mac OS 操作系统上。它轻量且高效——由一系列 C 函数和少量 C++ 类构成，同时提供了 Python、Ruby、MATLAB 等语言的接口，实现了图像处理和计算机视觉方面的很多通用算法。

值得一提的是，OpenCV 和 ROS 是很有历史渊源的，它们都是由 Willow Garage 所开发的。

6.2.1　ROS 图像话题和 OpenCV 图像格式差异

如果读者之前接触过 OpenCV 就会知道，OpenCV 中所使用的图像格式是"cv::Mat"格式，它本质上是一个数组，而 ROS 中的图像是通过话题发布的，消息类型为 sensor_msgs/Image，消息内容如图 6-21 所示。

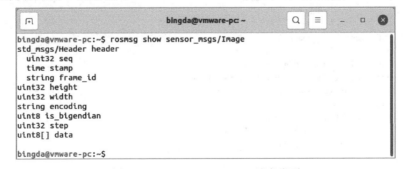

图 6-21　sensor_msgs/Image 消息类型

图 6-21 所示的消息类型中包含了 ROS 中的消息头等信息，这些数据在 OpenCV 的图像格式中显然是不存在的，所以为了能让 ROS 的图像话题在 OpenCV 中能正常使用，还需要对数据做一次转换。

ROS 官方提供了一个很好用的工具库 cv_bridge，如图 6-22 所示。通过这个库中的接口函数可以很容易地实现 ROS 图像话题和 OpenCV 中图像的转换。

在 robot_vision 功能包中提供了一个简单的节点 cv_bridge_test.py，用来测试 ROS 话题和 OpenCV 图像之间的互相转换。在这个节点中会订阅摄像头节点发布的图像话题后通过 cv_bridge 将图像消息转换为 OpenCV 中的图像格式，并对图像做简单处理，例如在图像上画个圆圈，然后再转换为 ROS 的消息通过话题发布器发布，代码如图 6-23 所示。

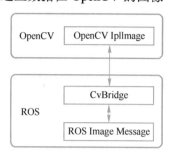

图 6-22　cv_bridge 工具

```python
#!/usr/bin/env python
# -*- coding: utf-8 -*-

import rospy
import cv2
from cv_bridge import CvBridge, CvBridgeError
from sensor_msgs.msg import Image

class image_converter:
    def __init__(self):
        self.image_pub = rospy.Publisher("cv_bridge_image", Image, queue_size=1)
        self.bridge = CvBridge()
        self.image_sub = rospy.Subscriber("/image_raw", Image, self.callback)

    def callback(self,data):
        try:
            cv_image = self.bridge.imgmsg_to_cv2(data, "bgr8")
        except CvBridgeError as e:
            print (e)

        (rows,cols,channels) = cv_image.shape
        if cols > 60 and rows > 60 :
            cv2.circle(cv_image, (60, 60), 30, (0,0,255), -1)

        try:
img_msg = self.bridge.cv2_to_imgmsg(cv_image, "bgr8")
img_msg.header.stamp = rospy.Time.now()
            self.image_pub.publish(img_msg)
        except CvBridgeError as e:
            print (e)

if __name__ == '__main__':
    try:
rospy.init_node("cv_bridge_test")
rospy.loginfo("Starting cv_bridge_test node")
        image_converter()
rospy.spin()
    except KeyboardInterrupt:
        print ("Shutting down cv_bridge_test node.")
        cv2.destroyAllWindows()
```

图 6-23　cv_bridge_test.py 文件

这段代码中第 12 行，实例化了 CvBridge( )类，然后在图像话题订阅器的回调函数（第 17 行）中调用这个类 cv_image = self.bridge.imgmsg_to_cv2(data, "bgr8")，其中 data 就是订阅到的话题内容，bgr8 是指定编码格式，即 8 位深度的颜色按照蓝（blue）、绿（green）、红（red）顺序排列，bgr8 编码也是最常用的彩色图像编码格式，更多的编码格式可以参考相关资料。

函数返回值 cv_image 即为 OpenCv 中的图像格式，接下来就可以使用 OpenCV 中提供的各种图像操作函数来处理图像，例如代码中在图像左上角画一个红色的圆。

处理后的图像可以通过 img_msg= self.bridge.cv2_to_imgmsg(cv_image, "bgr8")将 OpenCV 的图像 cv_image 再转换为 ROS 中的图像消息 img_msg，更新消息中的时间戳信息，再将消息通过图像话题发布器发布。

效果可以通过运行节点测试。

1）启动摄像头：roslaunch robot_vision robot_camera.launch。

2）启动图像格式转换节点：rosrun robot_vision cv_bridge_test.py。

3）打开两个 rqt_image_view 工具，分别订阅/image_raw 和/cv_bridge_image 话题，如图 6-24 所示。可以看到相比摄像头节点发布的图像话题，经过 OpenCV 处理后的图像左上角多一个红色的圆点。结果证明通过 cv_bridge 库是可以完成 ROS 图像消息类型和 OpenCV 图像格式之间的互相转换。

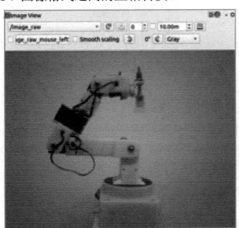

图 6-24　/image_raw 和/cv_bridge_image

6.2.2　运行 OpenCV 官方 ROS 例程

OpenCV 官方提供了很丰富的实验例程，涵盖了边缘检测、运动分析、颜色过滤等机器视觉中主要的研究方向。在 robot_vision 功能包中也对这些例程做了复现，例程相关的 launch 文件存放在 launch 目录下的 opencv_apps 目录中，例程的功能见表 6-1。

表 6-1　OpenCV 例程的功能

launch 文件名称	所属类型	功能
edge_detection	边缘检测类	边缘检测
hough_lines		霍夫直线检测
hough_circles		霍夫圆检测

（续）

launch 文件名称	所属类型	功能
find_contours	结构分析	轮廓检测
general_contours		轮廓检测
convex_hull		凸包检测
contour_moments		图像矩计算
camshift	物体检测	物体检测
goodfeature_track	运动分析	角点检测
fback_flow		稠密光流
lk_flow		稀疏光流
phase_corr		相位法光流
simple_flow		稠密光流
segment_objects	对象分析	物体分割
watershed_segmentation		分水岭分割
rgb_color_filter	颜色过滤	RGB 色彩空间过滤
hls_color_filter		HLS 色彩空间过滤
hsv_color_filter		HSV 色彩空间过滤
adding_images	简单应用	图像叠加

例程数量比较多，限于篇幅不做逐一演示，这里选取了几个有代表性的例程演示使用方法。

（1）霍夫圆检测

启动摄像头：roslaunch robot_vision robot_camera.launch。

启动霍夫圆检测节点：roslaunch robot_vision hough_circles.launch。

打开 rqt_image_view 工具查看/hough_circles/image/compressed 话题，如图 6-25 所示，可以看到图像处理能够识别画面中的圆形并标注出来。

图 6-25 霍夫圆检测

可以通过 rosrun rqt_reconfigure rqt_reconfigure 使用动态调参工具来调整 OpenCV 算法中的参数，如图 6-26 所示。这里参数主要涉及的是 OpenCV 中图像处理算法的相关知识，本书中不做介绍。

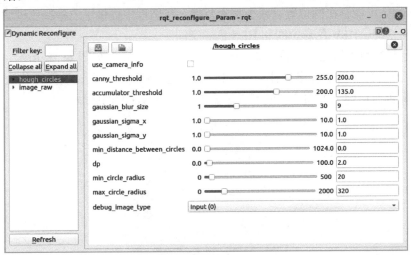

图 6-26　动态调参工具

（2）轮廓检测

如果当前使用的是机器人–PC 的分布式通信实验环境，可以尝试在机器人端启动摄像头节点，在 PC 端启动轮廓检测节点，使用分布式计算来完成检测。如果使用 PC 作为实验环境，将节点都运行在 PC 上也是可以完成实验的。

机器人端启动摄像头：roslaunch robot_vision robot_camera.launch。

PC 端启动轮廓检测节点：roslaunch robot_vision find_contours.launch。

然后启动两个 rqt_image_view 工具，分别订阅摄像头节点发布的/image_raw/compressed 和轮廓检测节点发布的/find_contours/image/compressed 话题，如图 6-27 所示，可以看到轮廓检测节点将图像中存在轮廓描绘出来了，算法中的相关参数也可以通过 rqt_reconfigure 工具来调整。

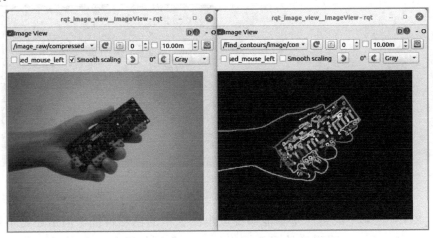

图 6-27　轮廓检测

（3）颜色过滤

颜色过滤是机器视觉开发中一种非常常用的手段。如果需要识别的物体和周围物体有明显的颜色差异，通过颜色过滤可以快速地检测和定位出目标物体的位置、尺寸等信息，或者提取出目标物体可能存在的位置以减少搜索范围。在例程中提供了三种颜色过滤方式，分别是 RGB 色彩空间、HSV 色彩空间和 HLS 色彩空间。

RGB 色彩空间人们比较熟悉，红、绿、蓝是光学三原色，如图 6-28 所示，通过三种颜色不同强度的组合可以呈现出各种彩色，例如红+蓝=紫等等。通过设置颜色过滤器中 R、G、B 三个颜色通道的上下阈值，就可以过滤出所需要的提取的区域。

图 6-28　RGB 色彩空间

启动摄像头节点：roslaunch robot_vision robot_camera.launch。

启动 RGB 色彩空间过滤器节点：roslaunch robot_vision rgb_color_filter.launch。

在例程中颜色通道使用 8 位颜色深度，取值范围为 0～255，通过 rqt_reconfigure 工具调整 R、G、B 三个颜色通道的上下阈值，就可以将画面中手持的树莓派板卡中绿色的印制电路板区域提取出来，如图 6-29 所示。

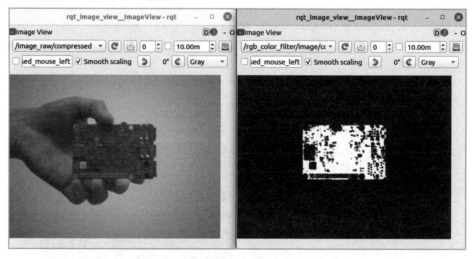

图 6-29　RGB 色彩空间过滤

使用 RGB 色彩空间过滤基本能够提取出图像中的色彩特征，但是还是不够理想，因为 R、G、B 通过不同强度的组合可以呈现出不同的颜色，所以设置三个颜色通道的上下阈值后，实际上能通过颜色过滤器的除了"绿色"外，可能还有其他的杂色。所以就有了更符合人眼颜色感知的色彩空间，这就是 HSV 和 HLS 色彩空间，如图 6-30 所示。

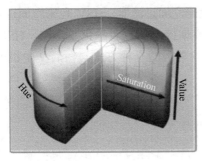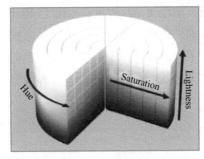

图 6-30　HSV 和 HLS 色彩空间

HSV 又称 HSB，表示一种颜色模式：在 HSV 模式中，H（Hue）表示色相，S（Saturation）表示饱和度，V（Value）或者是 B（Brightness）表示亮度。

1）色相：代表的是人眼所能感知的颜色范围，这些颜色分布在 0°～360° 的标准色轮（见图 6-31）上，每个角度可以代表一种颜色。色相值的意义在于，人们可以在不改变光感的情况下，通过旋转色相环来改变颜色。这在 OpenCV 中使用 8 位深度来表示，取值范围 0～255 对应 0° 到 360°。后文中的各通道取值范围均使用 0～255 表示最小值到最大值。

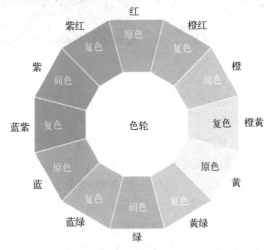

图 6-31　标准色轮

2）饱和度表示色彩的纯度，饱和度为 0 时为灰色。白、黑和其他灰色色彩都没有饱和度。在最大饱和度时，每一色相具有最纯的色光。取值范围为 0～100%。

3）亮度是色彩的明亮度。为 0 时即为黑色。最大亮度是色彩最鲜明的状态。取值范围为 0～100%。

HSV 色彩空间的优势显而易见，通过设置较小的色相阈值，就可以限制过滤器只允许目标颜色及其临近的颜色通过。调整饱和度和亮度则只改变颜色的"深浅"。

下面来尝试使用 HSV 色彩空间过滤器

启动摄像头节点：roslaunch robot_vision robot_camera.launch。

启动 HSV 色彩空间过滤器节点：roslaunch robot_vision hsv_color_filter.launch。

通过调整 H、S、V 三个通道的上下阈值，可以很好地过滤出树莓派板卡中绿色的印制电路板区域，如图 6-32 所示。相比于 RGB 色彩空间过滤器，HSV 色彩空间过滤器的提取效果中混入的"杂色"更少，并且可以比较完整地提取所有"绿色"范围。HSV 色彩空间过滤器也是在 OpenCV 中实现颜色过滤时比较常用的一种方式，在后文中机器人巡线的例程就是通过 HSV 色彩空间过滤器实现的。

图 6-32 HSV 色彩空间过滤器

HLS 色彩空间则另一种类似的颜色标准，H（Hue）表示色相，L（Lightness）表示明度，S（Saturation）表示饱和度。

其中色相的定义和 HSV 色彩空间是一致的，HLS 中的饱和度和 HSV 中的饱和度是有区别的，HLS 中的饱和度指的是色彩的饱和度，它用 0～100%的值描述了相同色相、明度下色彩纯度的变化。数值越大，颜色中的灰色越少，颜色越鲜艳，呈现一种从灰色到纯色的变化。

明度这个概念并不是很好理解，通常来说它可以作为"黑白的量"去理解，即明度的值越小，颜色中的"黑"越多，"白"越少。明度的值为 0%时，颜色为黑色，为 100%时为白色。

HLS 色彩空间过滤器节点可以通过 roslaunch robot_vision hls_color_filter.launch 启动，使用方法和 HSV 色彩空间过滤器类似，这里就不再做演示了。

6.2.3 opencv_apps 的二进制包和源码包

打开 HSV 色彩空间过滤器的 launch 文件，即 hsv_color_filter.launch 文件，如图 6-33 所示。

```
<launch>
<arg name="node_name" default="hsv_color_filter" />

<arg name="image" default="image_raw" doc="The image topic. Should be remapped to the name of the real image topic." />

<arg name="use_camera_info" default="false" doc="Indicates that the camera_info topic should be subscribed to to get the default
input_frame_id. Otherwise the frame from the image message will be used." />
<arg name="debug_view" default="false" doc="Specify whether the node displays a window to show image" />
<arg name="queue_size" default="3" doc="Specigy queue_size of input image subscribers" />

<arg name="h_limit_max" default="250" doc="The maximum allowed field value Hue" />
<arg name="h_limit_min" default="0" doc="The minimum allowed field value Hue" />
<arg name="s_limit_max" default="255" doc="The maximum allowed field value Saturation" />
<arg name="s_limit_min" default="150" doc="The minimum allowed field value Saturation" />
<arg name="v_limit_max" default="255" doc="The maximum allowed field value Value" />
<arg name="v_limit_min" default="50" doc="The minimum allowed field value Value" />

<!-- color_filter.cpp  -->
<node name="$(arg node_name)" pkg="opencv_apps" type="hsv_color_filter" output="screen">
<remap from="image" to="$(arg image)" />
<param name="use_camera_info" value="$(arg use_camera_info)" />
<param name="debug_view" value="$(arg debug_view)" />
<param name="queue_size" value="$(arg queue_size)" />
<param name="h_limit_max" value="$(arg h_limit_max)" />
<param name="h_limit_min" value="$(arg h_limit_min)" />
<param name="s_limit_max" value="$(arg s_limit_max)" />
<param name="s_limit_min" value="$(arg s_limit_min)" />
<param name="v_limit_max" value="$(arg v_limit_max)" />
<param name="v_limit_min" value="$(arg v_limit_min)" />
</node>
</launch>
```

图 6-33　hsv_color_filter.launch 文件

在 launch 文件中设置了话题名、颜色通道上下阈值等参数，最终启动的是 opencv_apps 功能包中的 hsv_color_filter 节点。颜色过滤的相关代码的实现是在 hsv_color_filter 节点中。通过 roscd opencv_apps 跳转到功能包目录中，它的绝对路径是/opt/ros/noetic/share/opencv_apps。通过 ls 等工具在功能包目录下并不能找到 hsv_color_filter 节点的相关源码内容。

在/opt/ros/noetic/lib/opencv_apps 目录中可以找到可执行文件，但是依然没有源码，这就使得需要了解功能包的具体代码实现时非常不方便。

在 ROS 中一部分功能包是通过 apt 方式安装的，而另外一些是通过复制源码到工作空间中编译安装的。通过 apt 方式安装的功能包称为二进制包，通过编译源码方式安装的功能包称为源码包，两者的区别见表 6-2。

表 6-2　二进制包和源码包的区别

区别	二进制包	源码包
下载方式	apt-get install	复制源代码
ROS 包存放位置	/opt/ros/noetic/	通常为 ~/catkin_ws/src
编译方式	无需编译	通过 caktin 编译
来源	官方 apt 软件源	开源项目、开发者
扩展性	无法修改	通过源代码修改
优点	下载简单，安装方便	源码可修改、学习和二次开发
缺点	无法查看和修改源代码	需要编译

两种方式各有优缺点，并没有哪种方式更好，只是适用的场合不同。如果需要借助某个功能包实现某项功能，那么通过二进制包方式安装更快捷。如果使用源码则需要编译后再使用，并且可能会因为本地环境、软件版本的问题无法直接编译通过。如果需要了解一个功能包的代码实现并试图去优化它，那么就只能选择编译源码的方式。

在安装了二进制包后想要去修改源码，也可将二进制包切换为源码包。方法很简单，首先找到功能包的源码地址，源码地址可以通过两种方式去查找，第一种是搜索功能包名称，找到功能包的 wiki 页面，在功能包的 wiki 页面中会有 github 的地址，以 opencv_apps 功能包为例，其 wiki 页面如图 6-34 所示。

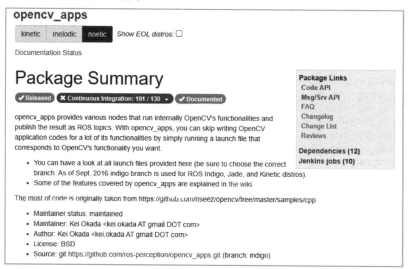

图 6-34　opencv_apps 功能包的 wiki 页面

也可以通过查看二进制包目录下的 package.xml 文件，文件中通常会指明项目的 wiki 页面地址和源码的 github 地址，如图 6-35 所示。

```
bingda@vmware-pc:/opt/ros/noetic/share/opencv_apps$ cat package.xml
<?xml version="1.0"?>
<package>
  <name>opencv_apps</name>
  <version>2.0.2</version>
  <description>
    <p>opencv_apps provides various nodes that run internally OpenCV's functionalities and publish the result as ROS topics. With open
cv_apps, you can skip writing OpenCV application codes for a lot of its functionalities by simply running a launch file that correspon
ds to OpenCV's functionality you want.</p>
    <ul>
      <li>You can have a look at all launch files provided here (be sure to choose the correct branch. As of Sept. 2016 indigo branch
is used for ROS Indigo, Jade, and Kinetic distros).</li>
      <li>Some of the features covered by opencv_apps are explained in <a href = "http://wiki.ros.org/opencv_apps">the wiki</a>.</li>
    </ul>
    <p>The most of code is originally taken from https://github.com/Itseez/opencv/tree/master/samples/cpp</p>
  </description>

  <maintainer email="kei.okada@gmail.com">Kei Okada</maintainer>
  <author email="kei.okada@gmail.com">Kei Okada</author>
```

图 6-35　opencv_apps 功能包的 package.xml 文件

首先卸载安装的二进制功能包，即 sudo apt remove ros-noetic-opencv-apps。然后将功能包源码复制到工作空间的 src 目录中，为了方便区分自己编写的功能包和第三方功能包，可将下载的第三方功能包放在 depend_pkg 目录中，然后编译工作空间：

```
cd ~/catkin_ws/src/depend_pkg/
git clone https://github.com/ros-perception/opencv_apps.git
cd ~/catkin_ws&&catkin_make -j2
```

如果通过 github 复制源码失败，可以扫描二维码 6-3 下载功能包，并将其复制到~/catkin_ws/src/depend_pkg/目录后解压缩并编译工作空间：

6-3　功能包
opencv_apps

```
cd ~/catkin_ws/src/depend_pkg/
unzip opencv_apps.zip
cd ~/catkin_ws&&catkin_make -j2
```

编译完成后使用 roscd opencv_apps 尝试跳转到功能包目录下，经过此次跳转可知：现在功能包所在的目录是/home/bingda/catkin_ws/src/depend_pkg/opencv_apps，即用户工作空间中，功能包的相关源码都可以在这个目录中找到。

6.3　实例——基于 OpenCV 的机器人巡线

本章实验完整的实验过程需要实体机器人的参与，如果使用 PC 的摄像头，也可以进行本章中的实验，只是在最后的机器人运动部分由于缺少机器人执行动作而无法直观地观察实验效果，但是依然可以通过输出话题的方式来查看实验数据。

6.3.1　机器人巡线环境搭建和应用启动

本节实验的目标是使机器人沿着地面上的一条宽约 1cm 的蓝色线条运动，如果使用实体机器人进行实验，可以使用蓝色电工胶带贴在地面，如图 6-36 所示，如果使用的是 PC 的摄像头实验，可以将胶带贴在 A4 纸上。

然后启动实验设备上的摄像头：roslaunch robot_vision robot_camera.launch，在 PC 上打开一个 rqt_image_view 工具，订阅/image_raw/compressed 话题，调整机器人或 PC 的摄像头角度，使当前视野内能够看到线条，比较理想的视野如图 6-37 所示。

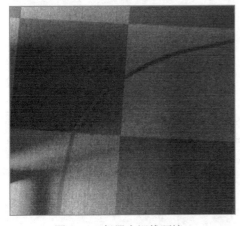

图 6-36　机器人巡线环境

图 6-37　比较理想的视野

接下来启动机器人巡线应用：roslaunch robot_vision line_follow.launch

在 rqt_image_view 工具中订阅/mask_image/compressed 或/result_image/compressed 话题。分别如图 6-38 和图 6-39 所示。如果使用 PC 摄像头作为实验环境，将贴有蓝色胶带的 A4 纸放在摄像头前也会有类似的效果。

图 6-38 中的白色部分是通过 OpenCV 提取出的包含线条的区域，如果提取的效果不理

想，可以通过 rqt_reconfigure 调整 H、S、V 三个通道的上下阈值，直到获得比较好的提取效果。获得线所在位置后计算线的中心位置，图 6-39 中的圆点标记了线的中心位置。通过计算得到线和图像中心的偏差，从而计算出机器人当前应该运动的方向。

图 6-38　/mask_image/compressed 话题　　　　图 6-39　/result_image/compressed 话题

如果有机器人，启动机器人的底盘驱动节点：roslaunch base_control base_control.launch，可以看到机器人会沿着线的中心运动。如果使用 PC 摄像头作为实验环境，可以输出 /cmd_vel 话题来观察随着线的位置移动，/cmd_vel 话题中的数值变化。

6.3.2　机器人巡线代码分析

机器人巡线的过程中启动了三个 launch 文件，摄像头和底盘的驱动节点这就不再介绍，直接看 line_follow.launch。该文件位于 robot_vision 功能包的 launch 目录下，文件内容如图 6-40 所示。

```
<launch>

<arg name="h_lower" default="0"/>
<arg name="s_lower" default="125"/>
<arg name="v_lower" default="125"/>

<arg name="h_upper" default="30"/>
<arg name="s_upper" default="255"/>
<arg name="v_upper" default="200"/>
<arg name="test_mode" default="False"/><!-- node work in test or normal mode -->

<node pkg="robot_vision" name="linefollow" type="line_detector.py" output="screen">
<param name="h_lower"            value="$(arg h_lower)"/>
<param name="s_lower"            value="$(arg s_lower)"/>
<param name="v_lower"            value="$(arg v_lower)"/>
<param name="h_upper"            value="$(arg h_upper)"/>
<param name="s_upper"            value="$(arg s_upper)"/>
<param name="v_upper"            value="$(arg v_upper)"/>
<param name="test_mode"            value="$(arg test_mode)"/>

</node>

<node name="republish_mask" pkg="image_transport" type="republish" args="raw in:=mask_image compressed out:=mask_image" />
<node name="republish_result" pkg="image_transport" type="republish" args="raw in:=result_image compressed out:=result_image" />

</launch>
```

图 6-40　line_follow.launch 文件

在 launch 文件中一共启动了三个节点，其中两个是 image_transport 功能包下的 republish 节点，这是 ROS 官方提供的图像压缩节点，可以将原始的图像压缩为 compressed 重新发布，用于降低图像传输带宽，它的参数为图像名，例如将 mask_image 图像话题压缩后发布为新的 mask_image/compressed 话题。

另外一个节点是 line_detector.py，在这个节点中实现了图像的检测和 cmd_vel 话题的发布，文件位于 robot_vision 功能包的 scripts 目录下，文件内容如图 6-41 所示。

```python
#!/usr/bin/env python
# -*- coding: utf-8 -*-

import rospy
import cv2
from cv_bridge import CvBridge, CvBridgeError
from sensor_msgs.msg import Image
import numpy as np
from dynamic_reconfigure.server import Server
from robot_vision.cfg import line_hsvConfig

from geometry_msgs.msg import Twist

class line_follow:
    def __init__(self):
        #define topic publisher and subscriber
        self.bridge = CvBridge()
        self.image_sub = rospy.Subscriber("image_raw", Image, self.callback)
        self.mask_pub = rospy.Publisher("mask_image", Image, queue_size=1)
        self.result_pub = rospy.Publisher("result_image", Image, queue_size=1)
        self.pub_cmd = rospy.Publisher('cmd_vel', Twist, queue_size=5)
        self.srv = Server(line_hsvConfig,self.dynamic_reconfigure_callback)
        # get param from launch file
        self.test_mode = bool(rospy.get_param('~test_mode',False))
        self.h_lower = int(rospy.get_param('~h_lower',110))
        self.s_lower = int(rospy.get_param('~s_lower',50))
        self.v_lower = int(rospy.get_param('~v_lower',50))

        self.h_upper = int(rospy.get_param('~h_upper',130))
        self.s_upper = int(rospy.get_param('~s_upper',255))
        self.v_upper = int(rospy.get_param('~v_upper',255))
        #line center point X Axis coordinate
        self.center_point = 0
    def dynamic_reconfigure_callback(self,config,level):

    def callback(self,data):

    def twist_calculate(self,width,center):

if __name__ == '__main__':
    try:
        # init ROS node
rospy.init_node("line_follow")
rospy.loginfo("Starting Line Follow node")
        line_follow()
rospy.spin()
    except KeyboardInterrupt:
        print ("Shutting down line_follow node.")
        cv2.destroyAllWindows()
```

图 6-41　line_detector.py 文件

line_detector.py 文件整个的框架是编写了一个 line_follow 类，类的构造函数中定义了一个话题订阅器订阅 image_raw 话题，订阅器的回调函数为 callback( )。此外定义了三个发布器，其中 mask_pub 用于发布提取的线区域的图像 mask_image；result_pub 用于发布线识别结果 result_image 话题；pub_cmd 用于发布机器人的速度控制话题 cmd_vel。

在这段代码中还定义了一个动态调整参数相关的服务器 srv，使节点可以支持动态调整 HSV 色彩空间过滤器的上下阈值。它的回调函数是 dynamic_reconfigure_callback( )。

动态调整参数除了需要有服务器外，还需要有参数相关的配置文件经过编译后产生的 C++头文件或 Python 包，在代码开头 import 的 line_hsvConfig 就是参数的 Python 包。

参数配置文件在 robot_vision 功能包下 config 目录的 line_hsv.cfg 文件中，如图 6-42 所示。在配置文件中应设置需要调整的参数和参数的上下阈值等。

```python
#!/usr/bin/env python
PACKAGE = "robot_vision"
from dynamic_reconfigure.parameter_generator_catkin import *

gen = ParameterGenerator( )

gen.add("h_lower", int_t, 0, "HSV color space h_low", 0, 0, 255)
gen.add("s_lower", int_t, 0, "HSV color space s_low", 0, 0, 255)
gen.add("v_lower", int_t, 0, "HSV color space v_low", 0, 0, 255)
gen.add("h_upper", int_t, 0, "HSV color space h_high", 255, 0, 255)
gen.add("s_upper", int_t, 0, "HSV color space s_high", 255, 0, 255)
gen.add("v_upper", int_t, 0, "HSV color space v_high", 255, 0, 255)

exit(gen.generate(PACKAGE, "robot_vision", "line_hsv"))
```

图 6-42 line_hsv.cfg 文件

配置文件需要经过编译生成 C++头文件或 Python 的包，在 CmakeLists.txt 的 find_package 加上动态调参包 dynamic_reconfigure，取消 generate_dynamic_reconfigure_options 栏的注释，并填上参数文件名，如图 6-43 所示。

```
## if COMPONENTS list like find_package(catkin REQUIRED COMPONENTS xyz)
## is used, also find other catkin packages
find_package(catkin REQUIRED
      dynamic_reconfigure
)

## Generate dynamic reconfigure parameters in the 'cfg' folder
generate_dynamic_reconfigure_options(
#     cfg/DynReconf1.cfg
    config/line_hsv.cfg
)
```

图 6-43 部分 CmakeLists.txt 的内容

在节点中，动态调参服务器收到参数调整后会调用函数 dynamic_reconfigure_callback( )，如图 6-44 所示。在函数中会获取参数的值，然后将节点中的变量重新赋值，达到动态调整节点中参数的效果。

```python
def dynamic_reconfigure_callback(self,config,level):
    # update config param
    self.h_lower = config.h_lower
    self.s_lower = config.s_lower
    self.v_lower = config.v_lower
    self.h_upper = config.h_upper
    self.s_upper = config.s_upper
    self.v_upper = config.v_upper
    return config
```

图 6-44 dynamic_reconfigure_callback( )函数

当订阅器订阅到 image_raw 话题后会调用 callback( )函数，如图 6-45 所示。回调函数中会先将话题转换为 OpenCV 中的图像格式 cv_image，然后将图像变换为 HSV 色彩空间，再根据设置的 HSV 阈值使用 inRange( )函数做过滤，得到过滤后的图像 hsv_image，过滤之后图像可能会有小的空洞或噪声，通过形态学操作函数 morphologyEx( )进行处理，现在就得到了一个经过滤波后二值化的线条区域黑白图像 mask。

```python
def callback(self,data):
    # convert ROS topic to CV image formart
    try:
        cv_image = self.bridge.imgmsg_to_cv2(data, "bgr8")
    except CvBridgeError as e:
        print (e)
    # conver image color from RGB to HSV
    hsv_image = cv2.cvtColor(cv_image,cv2.COLOR_RGB2HSV)
    #set color mask min amd max value
    line_lower = np.array([self.h_lower,self.s_lower,self.v_lower])
    line_upper = np.array([self.h_upper,self.s_upper,self.v_upper])
    # get mask from color
    mask = cv2.inRange(hsv_image,line_lower,line_upper)
    # close operation to fit some little hole
    kernel = np.ones((9,9),np.uint8)
    mask = cv2.morphologyEx(mask,cv2.MORPH_CLOSE,kernel)
    # if test mode,output the center point HSV value
    res = cv_image
    if self.test_mode:
        cv2.circle(res, (hsv_image.shape[1]/2,hsv_image.shape[0]/2), 5, (0,0,255), 1)
        cv2.line(res,(hsv_image.shape[1]/2-10, hsv_image.shape[0]/2), (hsv_image.shape[1]/2+10,hsv_image.shape[0]/2), (0,0,255), 1)
        cv2.line(res,(hsv_image.shape[1]/2, hsv_image.shape[0]/2-10), (hsv_image.shape[1]/2, hsv_image.shape[0]/2+10), (0,0,255), 1)
        rospy.loginfo("Point HSV Value is %s"%hsv_image[hsv_image.shape[0]/2,hsv_image.shape[1]/2])
    else:
        # in normal mode,add mask to original image
        for i in range(-60,100,20):
            point = np.nonzero(mask[int(mask.shape[0]/2) + i])
            if len(point[0]) > 10:
                self.center_point = int(np.mean(point))
                cv2.circle(res, (self.center_point,int(hsv_image.shape[0]/2)+i), 5, (0,0,255), 5)
                break
        if self.center_point:
            self.twist_calculate(hsv_image.shape[1]/2,self.center_point)
        self.center_point = 0

    # convert CV image to ROS topic and pub
    try:
        img_msg = self.bridge.cv2_to_imgmsg(res, encoding="bgr8")
        img_msg.header.stamp = rospy.Time.now( )
        self.result_pub.publish(img_msg)
        img_msg = self.bridge.cv2_to_imgmsg(mask, encoding="passthrough")
        img_msg.header.stamp = rospy.Time.now( )
        self.mask_pub.publish(img_msg)

    except CvBridgeError as e:
        print (e)
```

图 6-45　callback( )函数

如果当前节点运行在 test_mode，就将图像中心点像素的 H、S、V 三个通道值输出出来方便调整参数。如果运行在非 test_mode，则可从二值图像 mask 中搜索白色像素，如果在一条横轴上白色像素超过 10 个，则判定为线所在区域，计算白色像素点的平均横坐标。

如果获取到有效的横坐标值，则根据横坐标值代入 twist_calculate( )函数中计算机器人运动的线速度和角速度并发布。twist_calculate( )函数如图 6-46 所示。

```
def twist_calculate(self,width,center):
    center = float(center)
    self.twist = Twist( )
    self.twist.linear.x = 0
    self.twist.linear.y = 0
    self.twist.linear.z = 0
    self.twist.angular.x = 0
    self.twist.angular.y = 0
    self.twist.angular.z = 0
    if center/width > 0.95 and center/width < 1.05:
        self.twist.linear.x = 0.2
    else:
        self.twist.angular.z = ((width - center) / width) / 2.0
        if abs(self.twist.angular.z) < 0.2:
            self.twist.linear.x = 0.2 - self.twist.angular.z/2.0
        else:
            self.twist.linear.x = 0.1
    self.pub_cmd.publish(self.twist)
```

图 6-46 twist_calculate( )函数

6.3.3 调整机器人的巡线颜色

通过分析 6.3.2 节中的代码可以知道，机器人巡线的颜色是可以通过调整 H、S、V 通道的阈值来调整的，只需要通过调整 launch 文件中阈值变量的默认值即可。要获得需要的巡线颜色，这里在节点中提供了一种简单的方法，即 test_mode 的值设置为 true 即可让节点工作在测试模式，测试模式中会将图像中心点的像素 HSV 值输出到终端中以供参考。

以测试模式启动 line_follow 节点：roslaunch robot_vision line_follow.launch test_mode:=true，在 rqt_image_view 工具中订阅/result_image/compressed 话题。在 test_mode 下节点会在图像的中心位置绘制一个"准星"，将"准星"对准需要巡线的线条，即可获得线条颜色的 HSV 值，如图 6-47 所示。

以终端输出的像素 HSV 值作为参考，使用 rqt_reconfigure 工具调整 H、S、V 三个通道的上下阈值，获得比较满意的提取效果，如图 6-48 所示，然后将当前 H、S、V 三通道的上下阈值设置为 launch 文件中的默认值，即可调整机器人的巡线颜色。

图 6-47 获得线条颜色的 HSV 值

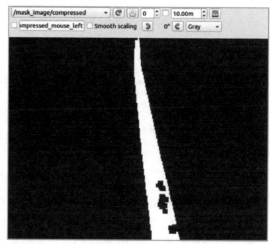

图 6-48 提取效果

第7章 激光雷达 SLAM 建图和自主导航

本章中的实验可以使用机器人硬件设备或机器人仿真器两种方式完成。使用 PC 上的仿真器则所有实验都在 PC 端完成，同时 PC 需要将主节点设置为运行在本机上。使用机器人硬件进行实验，则使用机器人来获取激光雷达数据和控制机器人移动，通过分布式通信在 PC 端显示数据，这时机器人和 PC 需要配置分布式通信。后文中默认读者已经按照自己所使用的实验环境完成 ROS 本机运行或分布式通信的相关配置。

实验前安装本章所依赖的功能包：

sudo apt install ros-noetic-amcl ros-noetic-move-base ros-noetic-slam-gmapping ros-noetic-slam-karto ros-noetic-dwa-local-planner ros-noetic-teb-local-planner ros-noetic-map-server ros-noetic-hector-slam ros-noetic-globalplanner ros-noetic-navfn -y

然后将本章所需的功能包源码压缩包（可扫描二维码 7-1、二维码 7-2 获取）复制到 PC 工作空间的 src 目录中，将其解压缩后编译工作空间：

```
cd ~/catkin_ws/src/
unzip lidar.zip
unzip robot_navigation.zip
cd ~/catkin_ws/ && catkin_make -j2
```

7-1 功能包源码 lidar

7-2 功能包源码 robot_navigation

7.1 启动激光雷达和数据查看

本节将介绍激光雷达在 ROS 中的驱动以及激光雷达的工作特点，便于在后续的实验中更好地理解 SLAM 建图和自主导航的实现过程。

7.1.1 启动机器人上的激光雷达

激光雷达是机器人在执行 SLAM 建图和导航时重要的设备，它可以用来获取周围环境的距离信息。在进行 SLAM 建图等实验前可先通过一个实验了解激光雷达的相关特性和实验中常用的调试方法。

激光雷达的驱动功能包通过雷达生产厂家提供，例如 NanoRobot 上使用的思岚 A1 雷达的驱动功能包名称为“rplidar_ros”，在准备实验环境时获取的 lidar 目录中即包含这个功能包，功能包中也有提供启动激光雷达的 launch 文件。但是在使用时通常会为了使激光雷达坐标、话题名等符合实验的需求，会参考官方提供的 launch 文件来自己编写激光雷达的 launch 文件，图 7-1 所示是专为本章所编写的激光雷达 launch 文件，它支持了激光雷达坐标名称变量的传入和激光雷达端口修改为使用 udev 规则产生的/dev/rplidar 设备。

启动机器人上搭载的激光雷达可以使用：roslaunch robot_navigation rplidar.launch。

使用仿真器环境可以使用：roslaunch robot_description simulation.launch。

```
<launch>
<arg name="lidar_frame" default="base_laser_link"/>

<node name="rplidarNode"            pkg="rplidar_ros"   type="rplidarNode" output="screen">
<param name="serial_port"           type="string"   value="/dev/rplidar"/>
<param name="serial_baudrate"       type="int"      value="115200"/><!--A1/A2 -->
<!--param name="serial_baudrate"         type="int"      value="256000"--><!-- A3 -->
<param name="frame_id"              type="string"   value="$(arg lidar_frame)"/>
<param name="inverted"              type="bool"     value="false"/>
<param name="angle_compensate"      type="bool"     value="true"/>
</node>
</launch>
```

图 7-1　专为本章编写的激光雷达 launch 文件

启动后通过检查话题列表 rostopic list，如图 7-2 所示，话题列表中有/scan 话题，仿真器和机器人硬件两种实验环境所产生的话题列表会有差异，只需要关注有无/scan 话题即可。

```
bingda@robot: ~                                  —    □    ×
bingda@robot:~$ rostopic list
/rosout
/rosout_agg
/scan
/tf
bingda@robot:~$ []
```

图 7-2　话题列表

/scan 话题即为激光雷达所发布的话题，通过 rostopic info /scan 可查看话题的信息，如图 7-3 所示。

```
bingda@robot: ~                                  —    □    ×
bingda@robot:~$ rostopic info /scan
Type: sensor_msgs/LaserScan

Publishers:
 * /rplidarNode (http://192.168.31.131:40433/)

Subscribers: None


bingda@robot:~$ █
```

图 7-3　/scan 话题的信息

在/scan 话题的信息中可以看到，话题的消息类型为 sensor_msgs/LaserScan，话题的发布者为/rplidarNode，即话题是由激光雷达驱动节点发布的，如果使用仿真器，则话题的发布者为 Gazebo。

sensor_msgs/LaserScan 消息类型是 ROS 中用于传递激光雷达数据的标准消息类型，通过 rosmsg show sensor_msgs/LaserScan 可以查看消息中所包含的信息，如图 7-4 所示，消息中包含消息头、测量角度范围，测样点角度间隔，时间间隔，扫描时间，量程范围，距离数值（ranges），强度数值（intensities）。

话题中的数据可以通过 rostopic echo /scan 来获取，但是终端中输出的信息可能会比较难以观察，因为 ranges 和 intensities 两个数组长度比较长，占据了输出信息中的绝大多数篇幅，如图 7-5 所示。ranges 中的数值表示的是雷达采样点采集的距离信息，每两个距离信息之间所间隔的角度就是 angle_increment。根据 angle_min 和 angle_increment 就可以计算出数组中每个值所表示的采样点相对激光雷达的绝对角度，即可以还原出二维的环境信息。

```
bingda@robot: ~
bingda@robot:~$ rosmsg show sensor_msgs/LaserScan
std_msgs/Header header
  uint32 seq
  time stamp
  string frame_id
float32 angle_min
float32 angle_max
float32 angle_increment
float32 time_increment
float32 scan_time
float32 range_min
float32 range_max
float32[] ranges
float32[] intensities

bingda@robot:~$ 
```

图 7-4　sensor_msgs/LaserScan 消息类型

```
bingda@robot: ~
bingda@robot:~$ rostopic echo /scan
header:
  seq: 1544
  stamp:
    secs: 1630230253
    nsecs:   1552833
  frame_id: "base_laser_link"
angle_min: -3.1241390705108643
angle_max: 3.1415927410125732
angle_increment: 0.008714509196579456
time_increment: 0.00018612053827382624
scan_time: 0.13382066786289215
range_min: 0.15000000596046448
range_max: 12.0
ranges: [inf, inf, 2.828000068664551, 2.828000068664551, 2.5320000648498535, 2.5
320000648498535, 2.5399999618530273, 2.5399999618530273, 2.5480000972747803, 2.5
799999237060547, 2.5999999046325684, 2.5999999046325684, 2.5920000076293945, 2.5
920000076293945, 2.6040000915527344, 2.6080000400543213, 2.615999937057495, 2.62
8000020980835, 2.635999917984009, 2.640000104904175, 2.6519999504089355, 2.66000
```

图 7-5　/scan 话题中的数据

根据实际测试，消息中的一部分信息在仿真器及部分激光雷达硬件中是没有做很好的维护的，例如强度数值数组，它所表示的是激光雷达在每个采样点上的激光强度信息，这个数值在仿真器和 rplidarA1 中都没有做维护，输出值为恒定的。又比如 scan_time 数值也是没有做维护的，因为它和 header 中的 stamp 所表示的含义类似，并且在 ROS 中对时间有要求的场合通常都是读取 header 中的 stamp 信息。

7.1.2　rviz 中查看激光雷达数据

通过 rostopic echo /scan 输出话题的内容显然是非常不直观的，如果用图形化的方式显示雷达所获取的二维环境图显然会更直观。rviz 中提供了一个可视化的雷达数据显示功能。

在 PC 上执行 rviz，启动 rviz 界面，将“Fixed Frame”设置为雷达的坐标“base_laser_link”，单击“Add”按钮，在弹出的 rviz 窗口中（见图 7-6）选择“By topic”选项卡，然后选择 /scan 话题下的“LaserScan”显示插件（见图 7-7）。

如果配置遇到困难也可以使用 roslaunch robot_navigation lidar_rviz.launch 来启动 rivz。

配置完成的 rviz 界面如图 7-8 所示，中间区域的斑点即为激光雷达测距点，参考坐标系为激光雷达的坐标。通过和实际环境或者仿真器中的场景对比，可以发现红色的激光雷达所构成的二维图形和雷达所处的环境轮廓是基本吻合的。

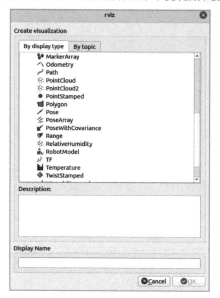

图 7-6　弹出的 rviz 窗口

图 7-7　By topic 选项卡

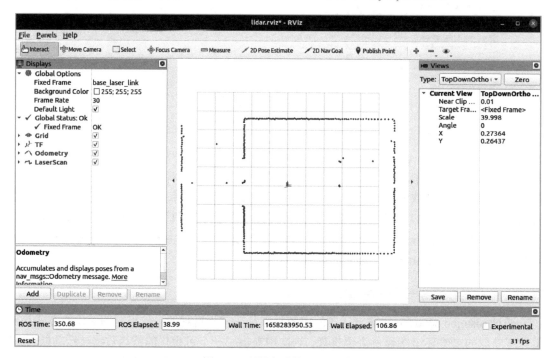

图 7-8　配置完成的 rviz 界面

图 7-8 中还可以看到的另外一个现象是，激光雷达的点在一些地方比较密集，例如左下角，在一些地方比较稀疏，例如左上角。因为激光雷达的采样间隔角度是固定的，随着物体到激光雷达距离的增加，相邻采样点之间的距离也会相应地增加，从可视化的数据上看起来就是点变得稀疏了。

7.1.3　激光雷达使用注意事项

本书中使用的是机械旋转式单线激光雷达，所以激光雷达扫描的为一个平面，平面高度为激光雷达扫描视窗所在的高度，如图 7-9 所示。只有处于扫描高度上的物体可以被激光雷达检测到。

图 7-10 所示桌子底部连接桌腿的加强杆因为低于激光雷达检测平面，所以激光雷达检测不到，桌板和后面的挡板因为高于激光雷达检测平面，所以也是无法检测到的，只有四条桌腿是处于雷达检测平面中的，从激光雷达的数据中看起来桌子就是四个独立的物体（四条桌腿）。

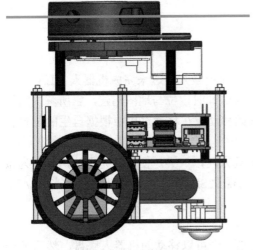

图 7-9　单线激光雷达扫描示意图　　　　　　　　图 7-10　桌子不同高度的构件

对于激光雷达装在顶部的机器人，高于激光雷达扫描平面的物体通常不构成威胁，因为它通常不影响机器人的导航通行，但低于激光雷达扫描平面的物体会对机器人的通行构成一定的困扰。在实践中通常通过两种方式来减少或者缓解这类问题，其一是将机器人的高度设计得尽可能低，使激光雷达扫描平面很低，例如常见的家用扫地机器人，通常都是非常扁平的形状。其二是加装其他传感器用于检测低矮的障碍物，例如在机器人较低的位置额外加装几个单点的测距传感器，如单点红外传感器等，用于避免机器人和低矮的物体发生碰撞。另外一部分高端的扫地机器人也会配备相机，通过深度学习等方法来识别家庭中常见的障碍物，例如散落的拖鞋、插座等来辅助机器人的导航。

激光雷达的另外一个问题是对于镜面反射的物体和高透明的物体检测效果较差，例如常见的镜子、玻璃等。无论是使用三角测距法还是光飞行时间法的激光雷达，都是利用发射出的激光的反射来测量距离的，而镜面反射的物体会使激光按照镜面反射的规则完全从另外一个方向反射回去，导致激光接收器件接收不到反射的激光。

在透明的物体例如玻璃上，激光则会几乎完全穿过玻璃而没有反射，直到穿过玻璃的激光遇到其他物体才会反射回来。这时激光接收器件接收到激光计算出的距离是激光雷达到玻璃后的物体之间距离，所以在这个过程中玻璃被完全"忽略"了，也就是检测不到。

所以大面积的镜面反射或透明的物体对于机器人的导航也是一个挑战，若处理不当，机器人导航时就会出现碰撞。

对于镜面反射物体和玻璃这类光学特性比较特殊的物体，激光雷达、摄像头等依赖光学特性的设备几乎都是效果不佳的，所以在实践中通常是配备其他类型的测距传感器来辅助，最常用的是超声波传感器，因为无论物体的光学特性是什么样的，只要是一个实体，超声波传感器都可以探测到。

各种传感器都有自己擅长的方向，也都有不足，例如激光雷达测量速度快，但是对于有特殊光学特性的物体效果很差，超声波传感器可以测量几乎所有的实体，但是测量速度较慢，并且测量距离较短。所以在机器人的研究中通常都会结合多种传感器的优点，使用多种传感器来做多传感器融合，以便增强机器人感知能力，多传感器融合也是目前机器人感知和导航中的一个主流的技术方向。

7.2 机器人运行激光 SLAM

在掌握了激光雷达的基本使用方法后，就可以使用激光雷达来完成机器人 SLAM 的任务了。SLAM (simultaneous localization and mapping)，即时定位与地图构建，它所解决的问题是如何让机器人在未知环境中从一个未知位置开始移动，在移动过程中根据自生的位置和传感器信息构建出所处环境的地图。

根据传感器的不同，SLAM 可以分为两个研究方向，一类是使用激光雷达，称之为激光 SLAM，另一种是使用摄像头等视觉设备，称之为视觉 SLAM。本书介绍的是激光 SLAM。

7.2.1 启动机器人激光 SLAM 应用

机器人 SLAM 的运行需要几个条件，首先是一个可以移动的机器人底盘，然后是一个可以提供激光数据的传感器，一些算法中还会依赖机器人的里程计信息，所以还需要底盘能够提供里程计信息。以上要求的这些条件在实体机器人上，可以通过底盘驱动节点和激光雷达节点来满足，而 Gazebo 仿真环境也已经提供了以上所需的传感器和执行器。现在只需要一个用于建图的节点就可以实现激光 SLAM 功能了。

SLAM 的相关算法并不在本书的讨论范围内，所以例程中均使用开源的 SLAM 功能包。使用开源的 SLAM 功能包只需要配置坐标名、话题名等信息即可使用，这里以 gmapping 算法为例，其 launch 文件如图 7-11 所示。

启动 gmapping 功能包中的 slam_gmapping 节点，并将底盘坐标、里程计坐标和地图坐标名称修改为符合当前使用的机器人或仿真器的坐标名称，再将传感器的话题名通过 remap 映射为符合机器人或仿真器中发布的话题名即可。其他的参数主要涉及 gmapping 算法，这里是按 gmapping 说明页中的参数说明做的设置和调整。由于篇幅原因就不对参数含义做具体解释了，对 SLAM 算法感兴趣的读者可以扫描二维码 7-3 查看。

7-3 gmapping 说明

现在就可以开始 SLAM 的实验了，实验依然分成机器人硬件和 Gazebo 仿真环境两种实验方法，读者可以根据自己的情况旋转一种进行实验。

实体机器人上，需要启动机器人底盘驱动节点、激光雷达节点和激光雷达→机器人坐标变换，为了方便，这里将三个部分写在同一个 launch 文件 robot_lidar.launch 中。

机器人端：roslaunch robot_navigation robot_lidar.launch。

```
<launch>
<arg name="set_base_frame" default="base_footprint"/>
<arg name="set_odom_frame" default="odom"/>
<arg name="set_map_frame"    default="map"/>
<arg name="scan_topic" default="/scan" />
<!-- Gmapping -->
<node pkg="gmapping" type="slam_gmapping" name="gmapping" output="screen">
<param name="base_frame" value="$(arg set_base_frame)"/>
<param name="odom_frame" value="$(arg set_odom_frame)"/>
<param name="map_frame"    value="$(arg set_map_frame)"/>
<param name="map_update_interval" value="2.0"/>
<param name="maxUrange" value="5.0"/>
<param name="sigma" value="0.05"/>
<param name="kernelSize" value="1"/>
<param name="lstep" value="0.05"/>
<param name="astep" value="0.05"/>
<param name="iterations" value="5"/>
<param name="lsigma" value="0.075"/>
<param name="ogain" value="3.0"/>
<param name="lskip" value="0"/>
<param name="minimumScore" value="50"/>
<param name="srr" value="0.1"/>
<param name="srt" value="0.2"/>
<param name="str" value="0.1"/>
<param name="stt" value="0.2"/>
<param name="linearUpdate" value="1.0"/>
<param name="angularUpdate" value="0.2"/>
<param name="temporalUpdate" value="0.5"/>
<param name="resampleThreshold" value="0.5"/>
<param name="particles" value="100"/>
<param name="xmin" value="-10.0"/>
<param name="ymin" value="-10.0"/>
<param name="xmax" value="10.0"/>
<param name="ymax" value="10.0"/>
<param name="delta" value="0.05"/>
<param name="llsamplerange" value="0.01"/>
<param name="llsamplestep" value="0.01"/>
<param name="lasamplerange" value="0.005"/>
<param name="lasamplestep" value="0.005"/>
<remap from="scan" to="$(arg scan_topic)"/>
</node>
</launch>
```

图 7-11　gmapping.launch 文件

Gazebo仿真环境中已经包含了底盘、激光雷达、摄像机等硬件的仿真，所以只需要启动仿真环境就等效于在机器人硬件上启动了底盘、激光雷达、摄像机等一系列硬件相关的节点，即 roslaunch robot_description simulation.launch，而无论使用哪种实验环境，都需要启动 gmapping 节点:roslaunch robot_navigation gmapping.launch。

在节点启动完成后，通过 rqt_graph 工具来查看机器人当前的节点、话题关系，图 7-12 所示为实体机器人的 rqt_graph，图 7-13 所示为仿真环境中的 rqt_graph。从节点和话题的关系图中可以看出，gmapping 节点订阅的是/scan 话题，从/tf 话题中获取一些坐标变换，并且会通过/tf 话题发布一些坐标变换。

图 7-12　实体机器人的 rqt_graph

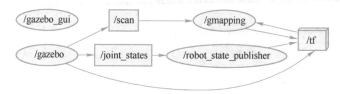

图 7-13　仿真环境中的 rqt_graph

实体机器人和仿真环境中节点和话题的关系是基本一致的，区别在于一些话题的发布节点不同，例如实体机器人中/scan 话题是由激光雷达驱动节点发布，仿真环境中是由 Gazebo 仿真器所发布。

gmapping 需要的 tf 变换和发布的 tf 变换可以通过 rqt_tf_tree 查看，即执行：rosrun rqt_tf_tree rqt_tf_tree。

仿真环境中的 tf 变换树如图 7-14 所示，最顶层的坐标为建立的地图 map 的坐标，/gmapping 发布了 map 到 odom 里程计的坐标转换。至于 gmapping 为什么需要获取一些 tf 变换也很好理解，gmapping 需要订阅激光雷达的话题/scan，而在建图的过程中 mapping 是以 map 坐标作为参考的，所以就需要地图→激光雷达的坐标关系。gmapping 只发布了 map→odom 的变换关系，为了知道 map→base_laser_link 的变换关系，就需要订阅里程计→激光雷达之间的所有的坐标变换，这就是 gmapping 节点获取 tf 变换的用途。实体机器人中的 tf 树结构也是类似的。

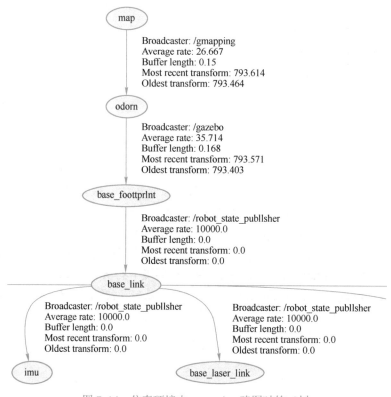

图 7-14　仿真环境中 gmapping 建图时的 tf 树

要可视化地预览所建立的地图，还是需要用到 rviz，这里提供一个配置好的用于显示界面的 launch 文件，通过 launch 启动即可：roslaunch robot_navigation slam_rviz.launch。

如图 7-15 所示，图中灰色部分即为已经建立的地图中的可通行区域，黑色为地图中的不可通行区域，即障碍物或者地图边界。

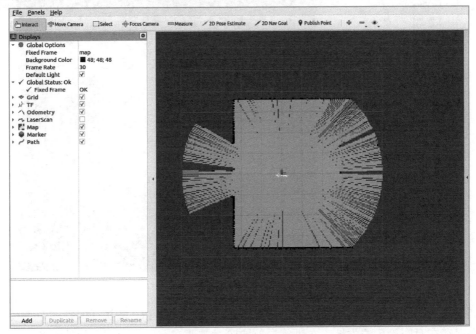

图 7-15　rviz 预览建图效果画面

注意：如果看不到黑色的部分，可以关闭 rviz 中雷达数据的显示。

7.2.2　控制机器人进行建图

在 7.2.1 节中，已经构建出的地图只是机器人所在场景中的一小部分，为了建立出完整的场景地图，需要控制机器人在场景中移动，直到遍历每个角落，将地图完整地建立出来。

控制机器人移动可以使用键盘遥控节点，为了保证建图效果，建议尽可能降低机器人移动速度，根据测试，0.2～0.3m/s 的线速度和 1.0rad/s 的角速度是比较合适的。启动键盘遥控节点并调整速度，即：rosrun teleop_twist_keyboard teleop_twist_keyboard.py。

在移动的过程中，应避免机器人和环境发生碰撞。一旦发生碰撞，就会导致机器人的坐标和里程计的坐标产生较大偏移，这对于 gmapping 这类依赖里程计信息的建图算法很可能会影响建图效果，严重的碰撞还可能会使地图产生错位、重叠的错误。

当机器人遍历整个场景后环境的地图也就建立出来了，如图 7-16 所示。这里是使用仿真器完成的本节实验，对比仿真器中的场景的地图和 gmapping 所建立的地图可以发现后者基本能够还原出场景的真实状况。

地图成功建立后可将地图保存起来，并在后面的实验中使用建立的地图来完成导航。在机器人导航实验中，默认地图存储路径为 robot_navigation 功能包下的 maps 目录，默认使用的名称为 map。现在按照默认路径和名称来存储地图。

跳转到默认存储路径：roscd robot_navigation/maps/。

按照默认名称存储地图：rosrun map_server map_saver -f map。

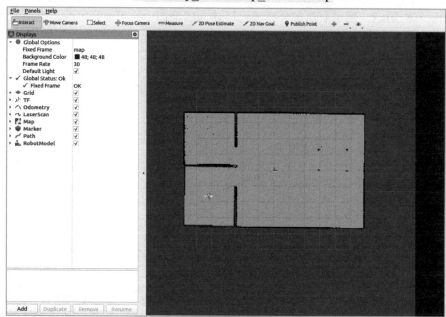

图 7-16　完整的场景地图

如果使用实体机器人完成实验，需要注意在机器人端或 PC 端执行保存的命令后，地图文件会保存在对应设备的本地。在进行导航实验时需要在存储有地图文件的设备上运行导航节点，否则无法获取正确的地图文件。这里建议是在机器人端和 PC 端均执行保存地图的命令，使机器人端和 PC 端都存储有地图文件，方便后续实验的进行。

7.2.3　切换其他 SLAM 算法

在本书使用的 robot_navigation 功能包中，除了提供 gmapping 的 SLAM 算法外，还提供了一些其他的 SLAM 算法可供选择，这些算法的对应 launch 文件存放在/robot_navigation/launch/includes 目录下。

只需要启动其他 SLAM 算法的 launch 文件即可启动节点，但是注意不要同时启动两个建图的节点，这样会导致地图和 tf 变换的混乱。

例如使用 hector 的 SLAM 算法，在启动实体机器人的底盘和激光雷达或仿真环境后运行 roslaunch robot_navigation hector.launch。启动建图节点后通过 rviz 可以查看到，如图 7-17 所示，hector 的 SLAM 算法也是可以正常建立地图的。

各种建图算法的特点和各自的算法实现方式不是本书要讨论的内容，对 SLAM 算法感兴趣或者研究 SLAM 相关技术方向的读者可以扫描二维码 7-4、二维码 7-5 查看更多信息。

7-4　hector_
mapping 说明

7-5　slam_karto
说明

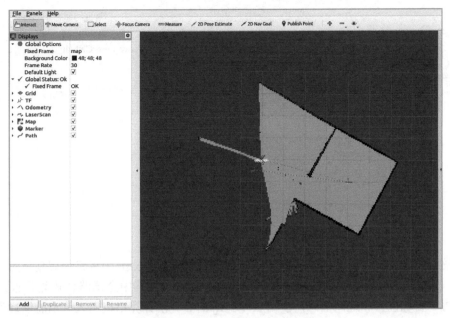

图 7-17　hector 的 SLAM 算法建图

7.3　机器人运行激光雷达导航和避障

导航是机器人基于地图，实现从起始点运动到目标点的过程，这是机器人应用中一个方向，也是智能机器人需要实现的基础功能之一。从家用的扫地机器人到马路上的无人驾驶汽车，都离不开导航功能。本节将分析 ROS 中基于 SLAM 建立的地图和激光雷达的导航功能实现。

7.3.1　启动激光雷达导航应用

机器人导航的实现可以分为几个功能模块，首先要有场景的地图，在 7.2 节的实验中已经建立了机器人所处环境的地图。其次要解决定位的问题，即当前机器人在地图中的位置。有了机器人当前的位置后，可以给定机器人目标位置，机器人想从当前位置到目标位置，需要使用路径规划器规划运动路径，并最终由机器人按照规划出的路径执行运动的任务。

7-6　move_base
说明

图 7-18 所示为 ROS 中关于导航系统的框架的描述。完整的描述文档可扫描二维码 7-6 获取。

地图话题/map 是由 map_server 所提供，在 map_server 的启动中需要传入地图文件的路径和文件名。

机器人的定位是由 amcl 自适应蒙特卡洛定位提供，它依赖传感器话题/scan、地图话题/map 和里程计话题/odom，发布的是地图坐标→里程计坐标之间的 tf 变换。

路径规划是由 move_base 提供，move_base 依赖地图话题/map、amcl 定位的结果、里程计话题/odom 和传感器话题/scan，所发布的信息是机器人运动控制话题/cmd_vel。

机器人的目标点通过/move_base_simple/goal 话题发布，/move_base 节点订阅，话题可以使用 rviz 中提供的插件在地图上指定点发布，也可以通过编写节点之类的方式发布。

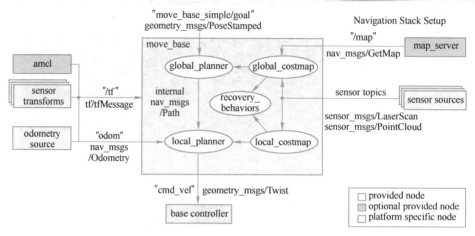

图 7-18 ROS 中导航系统的框架

在这个框架中比较复杂的是 move_base 部分，在 move_base 中将路径规划分为了全局路径规划（global_planner）和局部路径规划（local_planer）。其中全局路径规划是根据机器人当前位置、目标位置和地图信息，使用 A*或 Dijkstra 算法计算出机器人从当前位置到目标位置的最优路径。但是全局路径规划在规划路径时是并不考虑机器人的实际运动限制等条件的。例如阿克曼转向结构的底盘是有最小转向半径的限制的，所以还需要使用局部路径规划根据机器人的运动学特性去计算出机器人运动控制话题中速度的值，来控制机器人移动。

全局代价地图（global_costmap）和局部代价地图（local_costmap）是 move_base 用于处理地图中障碍物的一种机制。分别用于全局路径规划和局部路径规划。例如用户建立了地图后，在环境中放入一些新的障碍物，这些障碍物不会体现在已经建立好的地图中，但是在导航时激光雷达会检测到障碍物，而这些障碍物和地图边界等不可通行区域就会体现在 costmap 中。在路径规划器中，实际使用的是代价地图 costmap 的信息，这也是机器人在导航中躲避障碍物的实现方法。

在 robot_navigation 功能包中，提供了参数、话题名等已经配置好的 launch 文件，直接运行即可开始实验。会用到 map_server.launch、amcl.launch 和 move_base.launch 这 3 个 launch 文件。

map_server.launch 文件比较简单，如图 7-19 所示，传入地图文件的路径并指定地图的坐标名称即可。地图文件路径指向 SLAM 建图实验中保存地图的路径和名称，地图坐标名使用约定俗成的坐标名"map"。

```
<launch>
<!-- Arguments -->
<arg name="map_file" default="$(find robot_navigation)/maps/map.yaml"/>

<!-- Map server -->
<node pkg="map_server" name="map_server" type="map_server" args="$(arg map_file)">
<param name="frame_id" value="map"/>
</node>
</launch>
```

图 7-19 map_server.launch 文件

amcl.launch 文件如图 7-20 所示，amcl 节点需要的参数比较多，可通过参数文件的方式传入，其余的三个参数是指定机器人的初始位置的，为了方便修改，可将它们写在

launch 文件中。

```
<launch>
<!-- AMCL -->
<node pkg="amcl" type="amcl" name="amcl" output="screen">
<rosparam file="$(find robot_navigation)/param/$(env BASE_TYPE)/amcl_params.yaml" command="load" />
<param name="initial_pose_x"          value="0.0"/>
<param name="initial_pose_y"          value="0.0"/>
<param name="initial_pose_a"          value="0.0"/>
</node>
</launch>
```

图 7-20　amcl.launch 文件

根据 launch 文件中的路径找到 amcl 的配置文件，图 7-21 所示为部分配置参数，大多数参数还是和 amcl 算法有关，参数说明可以扫描二维码 7-7 解，这里不做过多介绍。和实验有关的是话题名、坐标名等参数，将其配置为符合机器人和地图的坐标名称即可。

7-7　amcl 说明

```
use_map_topic: true
odom_frame_id: "odom"
base_frame_id: "base_footprint"
global_frame_id: "map"
## Publish scans from best pose at a max of 10 Hz
odom_model_type: "diff"
odom_alpha5: 0.1
gui_publish_rate: 10.0
laser_max_beams: 60
laser_max_range: 12.0
min_particles: 500
max_particles: 2000
kld_err: 0.05
kld_z: 0.99
odom_alpha1: 0.2
odom_alpha2: 0.2
## translation std dev, m
odom_alpha3: 0.2
odom_alpha4: 0.2
laser_z_hit: 0.5
aser_z_short: 0.05
laser_z_max: 0.05
laser_z_rand: 0.5
laser_sigma_hit: 0.2
laser_lambda_short: 0.1
laser_model_type: "likelihood_field" # "likelihood_field" or "beam"
laser_likelihood_max_dist: 2.0
update_min_d: 0.25
update_min_a: 0.2
resample_interval: 1
## Increase tolerance because the computer can get quite busy
transform_tolerance: 1.0
recovery_alpha_slow: 0.001
recovery_alpha_fast: 0.1
```

图 7-21　部分配置参数

move_base.launch 会稍微复杂一点，先将其 group 部分折叠，如图 7-22 所示。在 launch 文件定义的变量中，除了话题名称外还定义了 planner 变量用于指定局部路径规划器，默认为 teb，可以设置为 dwa。use_dijkstra 变量用于选择全局路径规划器，默认为 true，使用 dijkstra 算法作为全局路径规划，设置为 false 则使用 A*算法。base_type 指定机器人型号，通过环境变量获取。move_forward_only 用于使机器人只能向前移动，这是为了方便一些没有 360° 激光雷达的机器人使用，默认为 false。

```
<launch>
<!-- Arguments -->
<arg name="cmd_vel_topic" default="cmd_vel" />
<arg name="odom_topic" default="odom" />
<arg name="planner"    default="teb" doc="opt: dwa, teb"/>
<arg name="use_dijkstra" default= "true"/>
<arg name="base_type" default= "$(env BASE_TYPE)"/>
<arg name="move_forward_only" default="false"/>


<!-- move_base use DWA planner-->
<group if="$(eval planner == 'dwa')">
</group>
<!-- move_base use TEB planner-->
<group if="$(eval planner == 'teb')">
</group>
</launch>
```

图 7-22　move_base.launch 文件（折叠了 group 部分）

折叠的 group 部分是用于区分使用 teb 和 dwa 两种局部路径规划器的，以使用 teb 为例，如图 7-23 所示。

```
<node pkg="move_base" type="move_base" respawn="false" name="move_base" output="screen">
<!-- use global_planner replace default navfn as global planner
        global_planner support A* and dijkstra algorithm-->
<param name="base_global_planner" value="global_planner/GlobalPlanner"/>
<param name="base_local_planner" value="dwa_local_planner/DWAPlannerROS" />
<rosparam file="$(find robot_navigation)/param/$(env BASE_TYPE)/costmap_common_params.yaml"
        command="load" ns="global_costmap" />
<rosparam file="$(find robot_navigation)/param/$(env BASE_TYPE)/costmap_common_params.yaml"
        command="load" ns="local_costmap" />
<rosparam file="$(find robot_navigation)/param/$(env BASE_TYPE)/local_costmap_params.yaml"
        command="load" />
<rosparam file="$(find robot_navigation)/param/$(env BASE_TYPE)/global_costmap_params.yaml"
        command="load" />
<rosparam file="$(find robot_navigation)/param/$(env BASE_TYPE)/move_base_params.yaml"
        command="load" />
<rosparam file="$(find robot_navigation)/param/$(env BASE_TYPE)/dwa_local_planner_params.yaml"
        command="load" />
<remap from="cmd_vel" to="$(arg cmd_vel_topic)"/>
<remap from="odom" to="$(arg odom_topic)"/>
<param name="DWAPlannerROS/min_vel_x" value="0.0" if="$(arg move_forward_only)" />
<!--default is True,use dijkstra algorithm;set to False,usd A* algorithm-->
<param name="GlobalPlanner/use_dijkstra " value="$(arg use_dijkstra)" />
</node>
```

图 7-23　使用 teb 局部路径规划器

这部分会启动 move_base 功能包中的 move_base 节点，base_global_planner 用于指定全局路径规划器，base_local_planner 用于指定局部路径规划器。ROS 中的全局和局部路径规划器是以插件的形式支持的，已经支持的规划器可以扫描二维码 7-8 获取。

ROS 中插件的开发规范可以扫描二维码 7-9 获取。

下方的参数配置文件比较多，可以分为三部分：move_base 的参数配置、路径规划器的配置和代价地图的参数配置。move_base 的参数配置文件如图 7-24 所示，所需要的参数可以参考 move_base 的说明文档。文件中配置了控制底盘的频率、规划频率等。

这里使用的是 teb 局部路径规划器，它的配置文件如图 7-25

```
controller_frequency: 2.0
controller_patience: 15.0

planner_frequency: 0.0
planner_patience: 5.0

conservative_reset_dist: 3.0

oscillation_timeout: 10.0
oscillation_distance: 0.2

clearing_rotation_allowed: true
```

图 7-24　move_base 的
参数配置文件

所示。局部路径规划器的参数中定义了机器人的移动速度、目标点允许误差等。完整的参数可以扫描二维码 7-10 获取。

全局路径规划器使用的是 global_planner，它的配置文件如图 7-26 所示，参数定义和说明可扫描二维码 7-11 获取。

最后是代价地图的参数配置，这部分的参数说明可以扫描二维码 7-12 获取。代价地图的参数配置文件有三个：costmap_common_params.yaml 中存放的是全局和局部代价地图中相同的配置参数；global_costmap_params.yaml 存放的是全局代价地图中的配置参数配置；local_costmap_params.yaml 存放的是局部代价地图的参数配置。

7-8　nav_core
说明

7-9　pluginlib
开发说明

7-10　teb_local_
planner 说明

7-11　global_
planner 说明

7-12　costmap_
2d 说明

```
TebLocalPlannerROS:

odom_topic: odom
 # Trajectory
teb_autosize: True
 dt_ref: 0.3
 dt_hysteresis: 0.1
 global_plan_overwrite_orientation: True
 allow_init_with_backwards_motion: True
 max_global_plan_lookahead_dist: 3.0
 feasibility_check_no_poses: 2
 # Robot
 max_vel_x: 0.2
 max_vel_x_backwards: 0.2
 max_vel_y: 0.0
 max_vel_theta: 1.0 # the angular velocity is also bounded by min_turning_radius in case of a carlike robot (r = v / omega)
 acc_lim_x: 0.5
 acc_lim_theta: 0.5
 min_turning_radius: 0.0 # diff-drive robot (can turn on place!)
 footprint_model: # types: "point", "circular", "two_circles", "line", "polygon"
   type: "point"
 # GoalTolerance
 xy_goal_tolerance: 0.1
 yaw_goal_tolerance: 0.
 free_goal_vel: False
```

图 7-25　teb 局部路径规划器(部分)

全局路径规划器使用的是 global_planner，它配置文件如图 7-26 所示，它的参数定义和说明可以参考 global_planner 的相关资料。

最后是代价地图的参数配置，这部分的参数说明可以在 costmap_2d 的相关资料中找到。代价地图的参数配置文件有三个：costmap_common_params.yaml 中存放的是全局和局部代价地图中相同的配置参数；global_costmap_params.yaml 存放的是全局代价地图中的配置参数；local_costmap_params.yaml 存放的是局部代

```
GlobalPlanner:
  allow_unknown: true
  default_tolerance: 0.2
  use_grid_path: false
  use_quadratic: false
  old_navfn_behavior: false
  lethal_cost: 253
  neutral_cost: 50
  cost_factor: 3
  publish_potential: true
  orientation_mode: 0
  orientation_window_size: 1
  outline_map: true
  visualize_potential: false
```

图 7-26　全局路径规划器的配置文件

价地图的配置参数。

最后根据传入的参数来配置话题名称和对配置文件中的个别参数做调整，例如将 move_forward_only 参数设置为 true 时，可以通过将局部路径规划器中的最大后退速度设置为 0 来实现。

在了解了需要使用的 launch 文件和其中涉及的参数配置文件后即可开始实验，和 7.2 节的建图实验一样，实验也分为实体机器人和仿真环境两种实验方法。区别只在于启动的硬件节点是机器人上的还是仿真环境的。现在依次启动需要的节点，实体机器人和 Gazebo 仿真环境根据具体的实验条件二选一。

实体机器人上：roslaunch robot_navigation robot_lidar.launch。

Gazebo 仿真环境：roslaunch robot_description simulation.launch。

然后启动地图服务器：roslaunch robot_navigation map_server.launch。

再启动定位节点：roslaunch robot_navigation amcl.launch。

最后启动 move_base 节点：roslaunch robot_navigation move_base.launch。

节点都正常启动后，可以通过 rviz 来查看信息，这里也提供一个配置好的 rviz 界面启动文件，可运行 roslaunch robot_navigation navigation_rviz.launch 启动。

如果使用的是实体机器人的环境，可能会出现机器人激光雷达数据和地图并不吻合的情况，如图 7-27 所示。这是由于 amcl 定位是需要给定机器人的初始位置的，在 launch 文件中设置机器人的初始位置是在（0,0,0），即地图的原点（地图的原点即在建图中机器人开始建图的点），而如果实际上机器人当前并不在地图原点，就会导致定位不准。

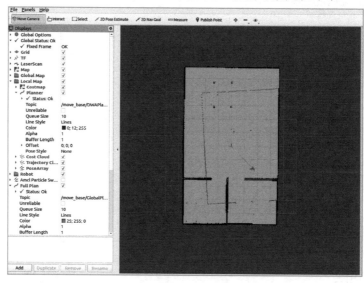

图 7-27　不准确的机器人初始位置

要修正机器人的初始位置，可以通过单击 rviz 中的"2D Pose Estimate"按钮，然后用鼠标指针在地图上定位实际所在的位置，按住左键不放拖动鼠标，出现绿色箭头，调整箭头方向为机器人的朝向，调整完成松开鼠标左键即可完成初始位置修正，修正初始位置后的地图和机器人雷达的数据基本吻合，如图 7-28 所示。

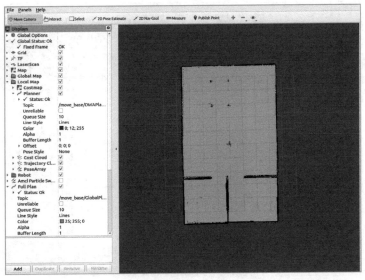

图 7-28　准确的机器人初始位置

现在可以给机器人指定一个目标点了，单击 rviz 中的"2D Nav Goal"按钮，然后在地图上单击期望机器人到达的位置，按住左键不放拖动鼠标，出现紫色箭头，调整箭头方向为机器人目标角度，调整完成松开鼠标左键即可完成机器人目标点给定。

如图 7-29 所示，路径规划器为机器人从当前位置至目标位置之间规划出了一条路径，并且机器人开始向目标点移动。

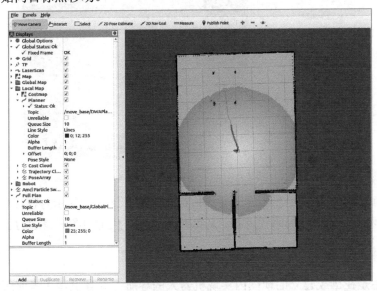

图 7-29　移动中的机器人

rviz 中左侧的显示列表中包含了很多显示插件，用于显示导航中的不同信息，可以自由地选择显示或不显示某些信息，也可以更改显示插件所显示的话题，例如最下方的"Map"插件中选择/move_base/GlobalPlanner/potential，如图 7-30 所示，可以显示全局路径规划搜索的地图范围，选择/move_base/local_costmap/costmap 可以显示局部代价地图范围，如图 7-31 所示。

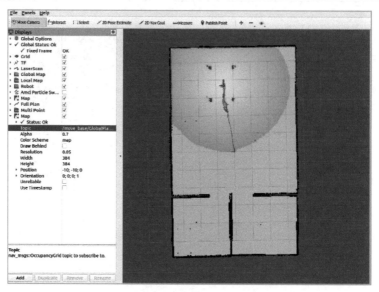

图 7-30 全局路径规划搜索的地图范围

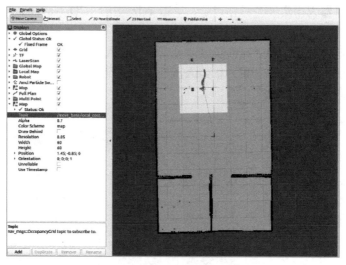

图 7-31 局部代价地图范围

这里建议读者可以多次给定机器人目标位置并调整 rviz 中的显示内容，观察地图界面中的变化以增加对于导航中全局路径规划、局部路径规划、代价地图等概念的了解。

7.3.2 环境中新增障碍物条件下的导航

7.3.1 节中是在已经建立的地图内实现机器人的导航，并且机器人当前所处的环境和地图是完全一致的，现在尝试在场景中增加新的障碍物。

如果使用实体机器人，可直接在机器人当前位置和目标点之间放置几个箱子之类的障碍物用来影响机器人的正常运动路径。

如果使用 Gazebo 仿真环境，如图 7-32 所示，可以单击"Inset"选项卡，在场景中插入新的模型，选择的模型需要尺寸合适并且高度需要易于被激光雷达检测到，这里选择在场景中加入了两个"Standingperson"人物模型。

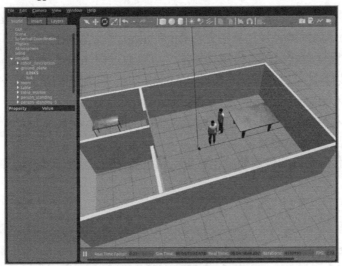

图 7-32　在 Gazebo 仿真环境中加入两个人物模型

如图 7-33 所示，从 rviz 中可以看到，激光雷达中的数据显示已经检测到了新加入人物模型的腿部部分，并且已经体现在全局代价地图中，现在给机器人指定一个需要经过障碍物区域的目标点。路径规划器为机器人所规划的路径是避开了场景中的障碍物的。对于路径规划器来说，场景中新增的障碍物和地图中本就存在的边界、物体等是没有本质区别的，它们都会体现在代价地图中，而路径规划时所依赖的信息正是代价地图。

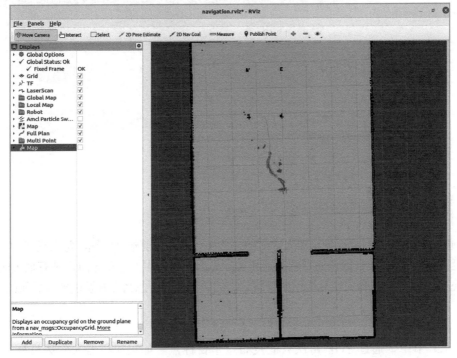

图 7-33　机器人在障碍物中穿行

7.3.3 路径规划算法的切换

在本书的 robot_navigation 功能包中，全局路径规划支持 A*和 Dijkstra 两种算法，默认使用的是 Dijkstra，局部路径规划算法支持 teb 和 dwa，默认使用的是 teb。

如果需要切换全局或局部路径规划算法，可以通过向 mobe_base.launch 中传入变量实现。全局路径规划算法可以通过传入 use_dijkstra:=false 切换为使用 A*算法。局部路径规划算法可以通过传入 planner:=dwa 切换为使用 dwa 算法。

例如可以传入 planner 变量 roslaunch robot_navigation move_base.launch planner:=dwa，如图 7-34 所示，观察导航中的变化。

各种算法的代码实现和参数调整在这里不做过多介绍，感兴趣可以扫描二各种路径规划算法的有关资料。

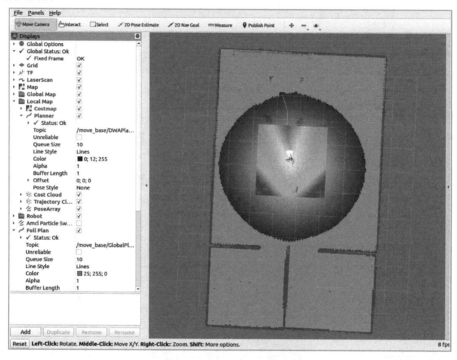

图 7-34　dwa 局部路径规划

7.4　机器人导航的应用

在通过 rviz 发布目标点使机器人导航的任务中，需要提前建立地图，每次只能发布一个目标点，且需要人工发布目标点的导航实验和实际机器人应用中的自动导航还是有很大区别的，下面通过几个更贴合机器人实际应用中导航应用的例子来分析怎么样开发机器人导航的应用。

7.4.1 工厂AGV——多目标点导航

在 7.3 节中，通过 rviz 每次只能发布一个目标点，如果在机器人到达目标点之前发布新的目标点，机器人会重现规划从当前位置到新的目标点的路径，而放弃之前的目标点。但在工厂 AGV 搬运这类场景中期望的是机器人可以依次到达各个工位完成上下料、搬运等工作。

为了实现这个功能，可以先来分析导航的过程：首先是在 rviz 中通过"2D Nav Goal"按钮来拖动鼠标指针，发布目标点，而目标点的话题为/move_base_simple/goal，move_base 会订阅这个话题作为目标点。如果修改 rviz 中所发布的话题名，例如修改为/goal，这样发布的话题就不会被 move_base 所订阅然后使机器人开始导航。然后编写一个节点，用于订阅/goal 话题，再将/goal 话题中的信息使用/move_base_simple/goal 的话题名发布出去，这样就可以由用户自己来掌控/move_base_simple/goal 话题的发布时机了。

在这个实验中期望的是机器人可以依次到达各个目标点，所以正确的逻辑应该是当机器人到达一个目标点后，发布下一个目标点的数据的/move_base_simple/goal 话题。现在的问题是怎样去检测一次导航任务的状态是进行中、成功还是失败。通过 move_bas 的说明文档可以查到，在 move_base 的 Action 接口中会发布/move_base/result 话题用于表示导航的状态，如图 7-35 所示。

```
Action Published Topics
move_base/feedback (move_base_msgs/MoveBaseActionFeedback)
    Feedback contains the current position of the base in the world.
    feedback 话题包含机器人当前的实际位置
move_base/status (actionlib_msgs/GoalStatusArray)
    Provides status information on the goals that are sent to the move_base action.
    提供有关发送到 move_base 操作的目标的状态信息
move_base/result (move_base_msgs/MoveBaseActionResult)
    Result is empty for the move_base action.
    move_base 导航目标的执行结果
```

图 7-35　move_baseAction 相关说明

所以在编写的节点中，只需要订阅 move_base/status 话题即可获得导航的状态。话题的消息类型为 actionlib_msgs/GoalStatusArray。消息的内容可以通过 rosmsg show actionlib_msgs/GoalStatus 查看，如图 7-36 所示，在消息定义中定义了 10 种状态，有挂起、活动中、抢占、成功等，使用 0~9 表示各个状态，其中 3 表示的是导航成功，即到达目标点，状态值存储在消息的 status 变量中。

```
bingda@vmware-pc:~$ rosmsg show actionlib_msgs/GoalStatus
uint8 PENDING=0
uint8 ACTIVE=1
uint8 PREEMPTED=2
uint8 SUCCEEDED=3
uint8 ABORTED=4
uint8 REJECTED=5
uint8 PREEMPTING=6
uint8 RECALLING=7
uint8 RECALLED=8
uint8 LOST=9
actionlib_msgs/GoalID goal_id
  time stamp
  string id
uint8 status
string text
```

图 7-36　actionlib_msgs/GoalStatus

现在已经清楚节点所需要实现的功能了，即订阅/goal 话题→存储/goal 中的消息→判断导航状态→发布/move_base_simple/goal 话题，直到将缓存的/goal 目标点全部发布出去。

目标点的存储可以通过数组来实现，ROS 中有提供一个可视化显示的消息类型

visualization_msgs/MarkerArray，它是一个 visualization_msgs/Marker 类型的数组，可以存储一组位置信息序列并通过 rviz 显示，这样不但可以实现存储目标点序列的需求，也可以将设定的各个目标点在 rviz 中显示，比较符合实验中的需求，所以使用这个消息类型的变量作为目标点的存储容器。将这个消息作为话题发布出去，并在 rviz 中增加显示插件，就能完成显示的功能。

在这个流程中还有一个小问题，move_base/status 话题只有在导航状态更新时才会发布，如果当前没有导航任务，则不会产生该话题，也就无法获取导航的状态。所以对于这种状态还需要做一些特殊状态处理，默认当前没有导航任务，直接发布目标点。

这个功能实现的代码在 robot_navigation/script/目录下的 multi_goal_point.py 文件中，代码框架如图 7-37 所示。

```
from visualization_msgs.msg import Marker
from visualization_msgs.msg import MarkerArray
import rospy
import math
from geometry_msgs.msg import PointStamped,PoseStamped
import actionlib
from move_base_msgs.msg import *
import tf

def status_callback(msg):

def click_callback(msg):

if __name__ == '__main__':

    count = 0          #total goal num
    index = 0          #current goal point index
    add_more_point = 1 # first point or after all goal arrive, if add some more goal
    try_again = 1    # try the fail goal once again
markerArray = MarkerArray()
rospy.init_node('multi_goal_point_demo')
rospy.loginfo("multi_goal_point_demo start")
    mark_pub = rospy.Publisher('/path_point_array', MarkerArray,queue_size=100)
    goal_pub = rospy.Publisher('/move_base_simple/goal',PoseStamped,queue_size=1)
    goal_status_pub = rospy.Publisher('/move_base/result',MoveBaseActionResult,queue_size=1)
    click_goal_sub = rospy.Subscriber('/goal',PoseStamped,click_callback)
    goal_status_sub = rospy.Subscriber('/move_base/result',MoveBaseActionResult,status_callback)
rospy.spin()
```

图 7-37　multi_goal_point.py 代码框架

在这个节点中，定义了 3 个话题发布器，mark_pub 用于发布 MarkerArray 消息类型的 /path_point_array 话题，它用来存储给定的多个导航点位置信息的话题。goal_pub 用于发布 move_base 节点所需的目标点话题/move_base_simple/goal。goal_status_pub 用于发布导航状态话题/move_base/result，它用来处理当前没有导航任务这种状态。

这个节点同时还定义了 2 个话题订阅器，click_goal_sub 用于订阅通过 rviz 发布的多目标点话题，回调函数为 click_callback()。goal_status_sub 用于订阅 move_base 的导航状态，回调函数为 status_callback()。

此外，这个节点还定义了几个全局变量，用于维护需要在全局共享的数据，markerArray 变量用于存储目标点序列，因为在两个回调函数中都需要用到，所以也将它定义为全局变量。

当 rviz 中通过按钮发布了/goal 话题，会被 click_goal_sub 订阅到，并进入 click_callback()函

数处理，如图 7-38 所示。

在回调函数中，定义一个 Marker()类型的消息 marker，先通过 marker 中的 type 设置 rviz 中显示的形状、scale 设置大小、color 设置颜色，再根据发布的目标点数量设置 id，将目标点中的位置信息存储至 pose 中，最后将 marker 加入 markerArray 中，通过 mark_pub 将其发布出去。

add_more_point 的初始值为 1，所以 click_callback()函数第一次被执行时会通过 goal_status_pub 话题发布器发布一次导航结果话题 move_base/result，这就是对于当前没有导航任务的特殊处理机制，处理完成后将 add_more_point 值置为 0。

现在，通过 rviz 所发布的目标点话题已经被订阅处理成 markerArray，并且发布出了一次导航结果话题 move_base/result，这个话题会被 goal_status_pub 话题订阅器订阅，现在来分析下它的回调函数 status_callback()，如图 7-39 所示。

```python
def click_callback(msg):
    global markerArray,count
    global goal_pub,index
    global add_more_point

    marker = Marker()
    marker.header.frame_id = "map"
    marker.header.stamp = rospy.Time.now()
    marker.type = marker.CYLINDER
    marker.action = marker.ADD
    marker.scale.x = 0.2
    marker.scale.y = 0.2
    marker.scale.z = 0.5
    marker.color.a = 1.0
    marker.color.r = 0.0
    marker.color.g = 1.0
    marker.color.b = 0.0
    marker.id = count
    marker.pose = msg.pose
    markerArray.markers.append(marker)

    # Publish the MarkerArray
    mark_pub.publish(markerArray)

    if add_more_point:
        add_more_point = 0
        move =MoveBaseActionResult()
        move.status.status = 3
        move.header.stamp = rospy.Time.now()
        goal_status_pub.publish(move)
    count += 1
```

图 7-38　click_callback( )函数

```python
def status_callback(msg):
    global goal_pub, index,markerArray
    global add_more_point,try_again
    pose = PoseStamped()
    pose.header.frame_id = "map"
    pose.header.stamp = rospy.Time.now()
    if(msg.status.status == 3):
        try_again = 1
        if index:
rospy.loginfo("Goal ID %d reached", index)

        if index < count:
            pose.pose = markerArray.markers[index].pose
            goal_pub.publish(pose)
            index += 1
    elif index == count:
        add_more_point = 1
    else:
rospy.loginfo("Goal cannot reached has some error :%d try again!!!!",
msg.status.status)
        if try_again == 1:
            pose.pose = markerArray.markers[index-1].pose
            goal_pub.publish(pose)
            try_again = 0
        else:
            if index < len(markerArray.markers):
                pose.pose = markerArray.markers[index].pose
                goal_pub.publish(pose)
                index += 1
```

图 7-39　status_callback( )函数

在订阅到 move_base/result 话题后，会先创建一个 PoseStamped 类型的消息 pose 用于存储即将发布的导航目标点信息。然后根据接收到的 move_base/result 话题中的导航状态值进行话题处理。

如果消息中的状态值为 3，即导航任务成功，则将重试标志位 try_again 置为 1，输出导航成功信息。如果当前发布的目标点编号小于目标点序列长度，则将下一目标点的信息放入 pose 中通过 goal_pub 话题发布器发布，并对目标点编号做+1 操作。如果当前发布的目标点编号等于目标点序列长度，即所有目标点都已经发布执行完成，则将 add_more_point 重新置为 1，方便随时增加新目标点。

如果消息中的状态值为 3 以外的其他值，则导航任务失败，输出导航失败的状态码，并允许重试一次。如果重试后依然失败，则跳过当前的目标点，继续发送下一个目标点。

现在来启动例程测试一下。

实体机器人上：roslaunch robot_navigation robot_lidar.launch。

Gazebo 仿真环境：roslaunch robot_description simulation.launch。

为了方便使用，这里将 map_server、amcl、move_base 三个节点的启动用一个 launch 文件 roslaunch robot_navigation navigation_stack.launch 来管理。

然后再启动多目标点处理节点，这里同样也编写了一个 launch 文件 roslaunch robot_navigation multi_points_navigation.launch 来管理。

最后在 PC 上启动 rviz 界面，这里还是使用导航时使用的 rviz 界面配置：roslaunch robot_navigation navigation_rviz.launch。

都启动完成后，最后一个问题是修改 rviz 中的目标点按钮所发布的话题名。简单的办法是单击 rviz 中的"Panels"菜单，选中"Tool Properties"选项。然后"Tool Properties"选项会在 rviz 中显示，展开选项中的"2D Nav Goal"选项，修改"Topic"栏后的话题名称即可，如图 7-40 所示。为了能够将各个目标点显示在地图中，可以在显示中增加显示 /path_point_array 话题的 MarkerArray 插件，如图 7-41 所示。

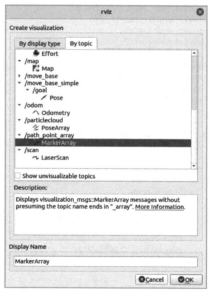

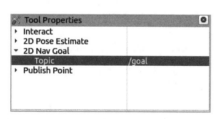

图 7-40 "Tool Properties"选项　　　　　图 7-41 MarkerArray 插件

修改完成后，为了方便下次使用，可以单击 rviz 中的"File"菜单，选择"Save Config As"将配置文件保存下来。再通过 launch 文件启动 rviz 载入配置文件。可以参考功能包 robot_navigation launch 目录下的 multi_navigation.launch 文件。

最终配置完成的界面如图 7-42 所示，通过单击"2D Nav Goal"按钮即可给机器人发布目标点，发布的目标点会在地图上通过绿色的圆点标注。发布多个目标点后，机器人将依次前往各个点，这就是多个目标点导航功能的实现。

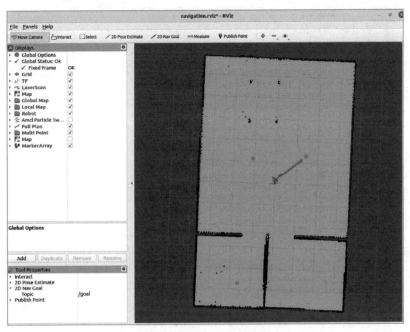

图 7-42　多目标点导航

7.4.2　巡逻机器人——多点全自动巡航

在 7.4.1 节中，通过编写节点实现了可控地发布多个目标点并使机器人依次到达的效果，但是这个功能的实现中依然需要人为给定各个目标点，这在实际应用中仍很不方便。例如需要一台巡逻机器人始终在 A、B、C 三个点之间自动导航巡逻，通过手动指定目标点显然是非常低效率的。

通过 7.4.1 节的分析，可以知道导航的目标点是通过 move_base_simple/goal 话题发布的，导航的结果是通过 move_base/result 话题发布的，所以只要预先设置导航的各个目标点的位置信息，再通过监测导航任务的结果，依次发布各个目标点的信息，就可以实现全自动的目标点巡航功能了。

这个功能实现的代码已经放在了 robot_navigation/script/目录下的 way_point.py 文件中，如图 7-43 所示。

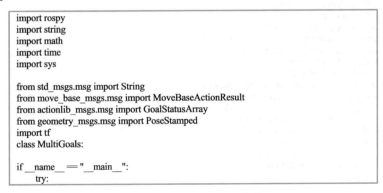

```
import rospy
import string
import math
import time
import sys

from std_msgs.msg import String
from move_base_msgs.msg import MoveBaseActionResult
from actionlib_msgs.msg import GoalStatusArray
from geometry_msgs.msg import PoseStamped
import tf
class MultiGoals:

if __name__ == "__main__":
    try:
```

图 7-43　way_point.py 文件

```
            # ROS Init
rospy.init_node('way_point', anonymous=True)

            # Get params
goalListX = rospy.get_param('~goalListX', '[2.0, 2.0]')
goalListY = rospy.get_param('~goalListY', '[2.0, 4.0]')
goalListZ = rospy.get_param('~goalListZ', '[0.0, 0.0]')
            map_frame = rospy.get_param('~map_frame', 'map' )
loopTimes = int(rospy.get_param('~loopTimes', '0'))

goalListX = goalListX.replace("[","").replace("]","")
goalListY = goalListY.replace("[","").replace("]","")
goalListZ = goalListZ.replace("[","").replace("]","")
goalListX = [float(x) for x in goalListX.split(",")]
goalListY = [float(y) for y in goalListY.split(",")]
goalListZ = [float(z) for z in goalListZ.split(",")]
            if len(goalListX) == len(goalListY) == len(goalListZ) & len(goalListY) >=2:
                # ConstractMultiGoals Obj
rospy.loginfo("Multi Goals Executing...")
                mg = MultiGoals(goalListX, goalListY, goalListZ, loopTimes, map_frame)
rospy.spin()
            else:
rospy.errinfo("Lengths of goal lists are not the same")
        except KeyboardInterrupt:
            print("shutting down")
```

图 7-43 way_point.py 文件（续）

　　目标点从参数的位置信息可以通过 launch 文件中的参数传入，在节点中先获取 launch 文件中 goalListX、goalListY、goalListZ 参数，这三个参数分别存储目标点序列的 x 坐标值、y 坐标值和 z 坐标值（四元数表示法）。因为 launch 文件中参数是按照字符串传输的，所以需要将参数字符串做分割，按照浮点数提取出各项值组成数组。loopTimes 用于指定导航的循环次数，到达指定的循环次数将不再执行，设置为 0 则一直循环。

　　获得位置信息的数组和其他参数值并判断位置信息符合要求后，代入参数实例化 MultiGoals 类，如图 7-44 所示。

```
class MultiGoals:
    def __init__(self, goalListX, goalListY, goalListZ,loopTimes, map_frame):
        self.sub = rospy.Subscriber('move_base/result', MoveBaseActionResult, self.statusCB, queue_size=10)
        self.pub = rospy.Publisher('move_base_simple/goal', PoseStamped, queue_size=10)
        # params& variables
        self.goalListX = goalListX
        self.goalListY = goalListY
        self.goalListZ = goalListZ
        self.loopTimes = loopTimes
        self.loop = 1
        self.wayPointFinished = False
        self.goalId = 0
        self.goalMsg = PoseStamped()
        self.goalMsg.header.frame_id = map_frame
        self.goalMsg.pose.orientation.z = 0.0
        self.goalMsg.pose.orientation.w = 1.0
        # Publish the first goal
        self.goalMsg.header.stamp = rospy.Time.now()
        self.goalMsg.pose.position.x = self.goalListX[self.goalId]
        self.goalMsg.pose.position.y = self.goalListY[self.goalId]
        self.goalMsg.pose.orientation.x = 0.0
        self.goalMsg.pose.orientation.y = 0.0
        if abs(self.goalListZ[self.goalId]) > 1.0:
            self.goalMsg.pose.orientation.z = 0.0
            self.goalMsg.pose.orientation.w = 1.0
        else:
```

图 7-44 MultiGoals 类实例化

```
          w = math.sqrt(1 - (self.goalListZ[self.goalId]) ** 2)
          self.goalMsg.pose.orientation.z = self.goalListZ[self.goalId]
          self.goalMsg.pose.orientation.w = w
      self.pub.publish(self.goalMsg)
rospy.loginfo("Current Goal ID is: %d", self.goalId)
      self.goalId = self.goalId + 1
```

图 7-44　MultiGoals 类实例化（续）

在类的初始化中，定义了一个话题发布器 pub 和一个话题订阅器 sub，话题发布器用于发布导航所需的目标点 move_base_simple/goal 话题，话题订阅器用于订阅导航状态信息的 move_base/result 话题，回调函数为 statusCB( )。然后将位置坐标信息等参数读入，定义 PoseStamped 类型消息 goalMsg 用于存放目标点消息。

对于第一个目标点，由于当前没有导航任务，所以无法通过 move_base/result 话题触发，这里选择直接发布。将目标点坐标中的第一组位置信息装入 goalMsg 消息中，并对消息中表示方向的四元数做处理，然后通过 pub 发布，并对 goalId 变量+1 操作用于维护当前执行的目标点序号。

在消息发布之后，机器人应该已经开始导航任务，接下来就等待 move_base/result 话题被 sub 订阅器订阅了，当 sub 订阅器订阅到话题后，会触发 statusCB( ) 函数，如图 7-45 所示。

```
def statusCB(self, data):
    if self.loopTimes and (self.loop > self.loopTimes):
rospy.loginfo("Loop: %d Times Finshed", self.loopTimes)
        self.wayPointFinished = True
    if data.status.status == 3 and (not self.wayPointFinished): # reached
        self.goalMsg.header.stamp = rospy.Time.now( )
        self.goalMsg.pose.position.x = self.goalListX[self.goalId]
        self.goalMsg.pose.position.y = self.goalListY[self.goalId]
        if abs(self.goalListZ[self.goalId]) > 1.0:
            self.goalMsg.pose.orientation.z = 0.0
            self.goalMsg.pose.orientation.w = 1.0
        else:
            w = math.sqrt(1 - (self.goalListZ[self.goalId]) ** 2)
            self.goalMsg.pose.orientation.z = self.goalListZ[self.goalId]
            self.goalMsg.pose.orientation.w = w
        self.pub.publish(self.goalMsg)
rospy.loginfo("Current Goal ID is: %d", self.goalId)
        if self.goalId < (len(self.goalListX)-1):
            self.goalId = self.goalId + 1
        else:
            self.goalId = 0
            self.loop += 1
```

图 7-45　statusCB( ) 函数

在回调函数中，程序会先判断指定的导航循环次数有没有到达，如果没有到达循环次数，则会发布存储的目标序列中的下一个目标点。如果目标点序号和目标点数组长度相等，则已经完成了一轮目标点循环，程序会将目标点序号重置为 0，对循环次数 loop 变量值+1。

以上就是自动巡航节点的代码实现，接下来编写 launch 文件来启动这个节点并给定目标点，launch 文件即 way_point.launch，如图 7-46 所示。

```
<launch>
<!-- task loop execute -->
<arg name="loopTimes"          default="0" />
<!-- way point -->
<node pkg="robot_navigation" type="way_point.py" respawn="false" name="way_point" output="screen">
<!-- params for way point -->
```

图 7-46　way_point.launch 文件

```
<param name="goalListX" value="[2.0, 4.0, 1.0]" />
<param name="goalListY" value="[3.0, 3.0, 2.0]" />
<param name="goalListZ" value="[0.0, 0.0, 0.0]" />
<param name="loopTimes" value="$(arg loopTimes)"/>
</node>
</launch>
```

图 7-46   way_point.launch 文件（续）

launch 文件比较简单，主要功能是为了方便地修改目标点数量和目标点坐标，这里给定的 3 个目标点，x、y 和 z 坐标值为（2.0，3.0，0.0）、（1.0，3.0，0.0）和（1.0，2.0，0.0）。如果需要给定更多的目标点，修改参数中数组的长度即可。

获取地图坐标，常用的方式是通过终端输出/move_base_simple/goal 话题内容，然后在 rviz 界面为机器人指定目标点，终端中输出的话题内容中即包含目标点的坐标信息，如图 7-47 所示，则在地图中指定的目标点坐标为 x=1.039，y=3.045，z=0.0081。通过这种方式就可以获得期望机器人巡航的各个目标点的坐标。

```
bingda@vmware-pc:~$ rostopic echo /move_base_simple/goal
WARNING: no messages received and simulated time is active.
Is /clock being published?
header:
  seq: 0
  stamp:
    secs: 302
    nsecs: 274000000
  frame_id: "map"
pose:
  position:
    x: 1.0392787456512451
    y: 3.01547908782959
    z: 0.0
  orientation:
    x: 0.0
    y: 0.0
    z: 0.008136977985114128
    w: 0.9999668942466394
```

图 7-47   获取地图坐标

现在来启动例程测试一下。

实体机器人上：roslaunch robot_navigation robot_lidar.launch。

Gazebo 仿真环境：roslaunch robot_description simulation.launch。

导航：roslaunch robot_navigation navigation_stack.launch。

自动巡航，设置循环的次数为 1，也可以修改为 0 或其他值：roslaunch robot_navigation way_point.launch loopTimes:=1。

启动之后可以看到，使用的实体机器人或仿真器中的机器人已经开始移动，并依次到达各个目标点，到达设置的循环次数后会停止自动巡航任务。

7.4.3   无地图条件下导航

到目前为止所进行的所有导航实验都是需要预先已经建立好地图的，但是在一些场景中，机器人是没有已知的地图的，例如执行搜救任务的机器人，它显然是不能提前去建立需要工作的环境的地图的，需要机器人能够实现在无地图场景中导航。

还记得在 7.3 节中分析实现导航功能时用到的各个模块功能吗？在导航中，由激光雷达提供传感器数据，map_server 提供地图话题，amcl 提供定位，move_base 提供路径规划，再由底盘来执行运动。

现在没有地图，map_server 也就无法启动，导航整个环节中即缺少地图这一部分。但是在 7.2 节介绍机器人的建图功能时提到过，建图节点会产生地图，并且建图节点还会提供地图坐标→里程计坐标之间的 tf 变换。所以在建图节点运行时，导航中所需要的地图和定位两个需求都满足了，只需要具备路径规划节点，导航功能所需要的所有条件就都满足了。可以通过实验验证猜想，下面以 gmapping 建图为例。

实体机器人上：roslaunch robot_navigation robot_lidar.launch。

Gazebo 仿真环境：roslaunch robot_description simulation.launch。

gmapping 建图：roslaunch robot_navigation gmapping.launch。

move_base 路径规划：roslaunch robot_navigation move_base.launch。

在 PC 上启动 rviz 界面：roslaunch robot_navigation navigation_rviz.launch。

如图 7-48 所示，gmapping 建立的场景中部分区域的地图，通过单击 "2D Nav Goal" 按钮可以给机器人设定目标点，随着机器人在场景中运动，地图也会逐步完整。通过这种方式所建立的地图和 7.2 节中建立的地图并无差异，同样也是可以保存的。

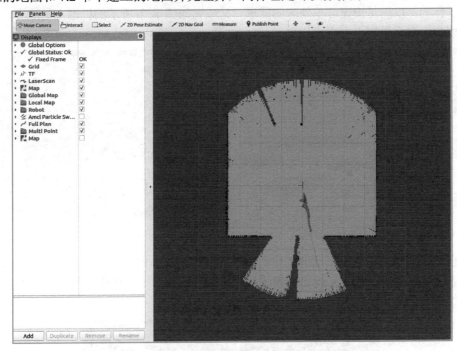

图 7-48　gmapping 建立的场景中部分区域的地图

本节参考机器人实际应用中导航的三个场景，完成了三个机器人导航的应用。在这个过程中是通过分析各个节点所实现的功能、发布订阅的话题、参考相关资料中的诸多信息和灵活地组合各个功能模块来最终实现需要的功能的。例如在多目标点导航中，通过修改 rviz 中发布的话题名，再编写节点来实现依次可控地发布导航所需要的目标点话题。在无地图场景导航中，通过分析导航所需要的条件，以及每个节点分别能提供的功能，最终不需要新增一行代码就可以实现机器人在无场景的地图中导航。

希望读者能够根据所提供的例程，开动自己的创意，开发一些自己关于机器人建图、导航的应用场景的 Demo 以加深对 ROS 开发的理解。

第8章　ROS 多机器人系统

8.1　ROS 多机器人系统概述

8.1.1　多机器人系统概述

多机器人系统是目前机器人研究和应用中的一个热门的方向，即通过多个或多款机器人组合来完成较为复杂的任务。例如仓库中用于货物分拣的 AGV（见图 8-1）通常是几十上百台同时工作的，以满足快速订单处理的需求。又或者如图 8-2 所示的机器人足球赛，比赛双方都需要使用多台机器人来完成比赛。

图 8-1　货物分拣 AGV

图 8-2　机器人足球赛

在自动化工厂中，由于不同的工序所需要的操作方式不同，通常会将不同类型的机器人组合来完成复杂的生产任务，例如使用机械手完成分拣、加工等操作，使用 AGV 完成物料搬运等工作，如图 8-3 所示。

图 8-3　自动化工厂中的机器人

　　当一个系统中有了多台机器人后，如果每台机器人都是完全独立工作，通常无法实现最优的工作效率。就像足球赛中，如果一支球队不注重团队配合，那么即使每个运动员的竞技水平都非常高，可能也难以赢下比赛。为了使机器人互相之间能够"交流"信息完成配合，需要将每个独立的机器人连接起来，这样构成的一套系统就称为多机器人系统，在这种系统中除了机器人外，可能还包含一台至多台服务器或 PC 用于运行业务层软件、运行机器人调度系统或显示数据等功能，下文中这类设备统称为服务器。

　　多机器人系统根据系统内的机器人的类型可以分为两类，一类是同构多机器人系统，同构指的是组成多机器人系统的机器人功能相同或类似。另一类是异构多机器人系统，异构多机器人系统中的机器人通常能力各不相同。异构机器人系统中如何使每个不同的机器人发挥自己的优势来完成复杂任务，是异构多机器人系统需要重点解决的问题之一。

　　多机器人系统相比单个机器人，主要有以下几个优点。

　　1）能完成更复杂的任务。例如汽车生产中，通常会有车身焊接、喷漆的工序，完成这两道工序所需要的机器人并不相同，可能完成这两道工序的车间也并不在一起，所以就需要焊接机械手、喷涂机器人以及搬运 AGV 协同来共同完成生产任务。

　　2）更强的感知能力。由于系统内的多个机器人上都配备了感知系统，将每个机器人上获取的信息汇总后就可以获得更详细的感知环境信息。例如足球赛中负责守门的守门员机器人可能会被其他机器人遮挡视线看不到"足球"，但是通过其他正在争抢足球的机器人，依然可以获取球的位置信息。

　　3）更高的工作效率。例如仓库中用于货物分拣的系统，接收到的订单中可能包含多种商品，系统让每种货物的分拣任务分别由多台机器人并行执行，相比于一台机器人依次去分拣每种货物可以大幅度地缩短分拣任务的完成时间。

　　4）更好的可靠性。由于多机器人系统中具备多台可调用的机器人，当一台机器人出现故障无法完成当前任务时，系统可以安排其他机器人去接替发生故障的机器人工作，确保工作任务能够正常完成。

8.1.2　ROS 和多机器人系统

　　ROS 的分布式通信架构决定了 ROS 是可以组建多机器人系统的，目前使用 ROS 实现多机器人系统主要用两种方式。

　　第一种是每个机器人上都运行各自的主节点，然后通过编写一个节点，例如取名为 ros_server，节点会订阅 ROS 中的相关话题，将话题中的信息通过 TCP 或其他协议发送给服务器。服务器对机器人的控制也是通过 TCP 等协议发布，ros_server 节点接收到控制命令，将它转换为 ROS 话题等类型然后发布到 ROS 通信网络中，如图 8-4 所示。

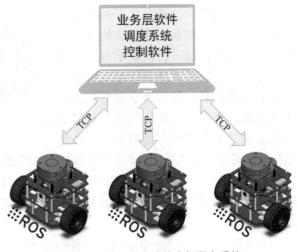

图 8-4　第一种方式的多机器人系统

这种方法在机器人上需要做的开发工作是 ros_server 节点编写，它主要需要解决的问题是机器人和服务器之间通信所使用的"非 ROS 协议"和 ROS 中通信标准的转换，类似于第 4 章中 base_control 功能包所实现的底盘控制器和 ROS 话题之间的转换。采用这种方式，服务器端可以不安装和运行 ROS，只需要编写可以和 ros_server 建立 TCP 通信的代码即可。

这种方式有几个明显的优点，首先是系统的结构比较简单，抛开机器人上运行的 ROS 来看，这就是一个典型的客户端-服务器的架构。其次是可以提升系统的安全性，机器人和服务器之间的通信可以采用加密的协议来传输。并且由于每个机器人独立运行主节点，因此可以使用机器人的内部网络而不用将 ROS 的通信网络暴露在整个局域网范围内，这样可以最大限度地降低 ROS 中明文传输、不辨识消息来源等问题所带来的安全风险。最后是系统的稳定性也会更高，ROS 运行时高度依赖主节点，如果主节点进程意外结束，那么整个 ROS 都将无法正常工作。由于每台机器人都有独立的主节点，所以任意一台机器人上主节点进程意外结束只会影响自身，不会影响其他设备。

当然这种方式也有一些缺点，由于服务器和机器人之间的通信脱离了 ROS，所以 ROS 中提供的各种通信类型都无法再直接使用。机器人和服务器之间需要通信的消息越多，开发的工作量也会越大。并且系统内的每一台机器人都需要通过服务器才能获得系统内其他机器人的信息，系统的灵活性相对比较差。

采用这种方式，多机器人系统的搭建和 ROS 并无太大的关系，故这里不做展开，这里重点介绍第二种方式。

第二种方式是在一台设备上运行主节点，通常是选择在服务器上运行，系统内所有机器人运行的节点都连接服务器上的主节点，即整个系统中的所有设备都处于同一个 ROS 通信网络中，如图 8-5 所示。

采用这种方式的优缺点和第一种方式几乎是相反的，这种方式存在着安全性低、稳定性低和系统较复杂的缺点，但优点是系统内每一台设备都可以不用额外开发任何代码就能获取系统内其他设备的所有信息，控制命令也可以由系统内任意一台机器人发给其他一台或多台机器人。采用这种方式的系统的通信

图 8-5　第二种方式的多机器人系统

结构极其灵活，这也是在机器人研究中比较常用的实现 ROS 多机器人系统的方式。

虽然 ROS 的分布式通信结构可以支持多机器人系统的组建，但是据目前情况来看，ROS 的软件层面上并没有提供系统性支持多机器人系统的方案，需要开发者做一些适配工作来实现。

下文中将以两台 NanoRobot（分别称为 robot_0 和 robot_1）为例，用 PC 作为服务器来实现一套多机器人系统。同时也提供了多机器人系统的 Gazebo 仿真环境，这些内容将在后

文中实验环节再做介绍。

实现 ROS 多机器人系统需要解决四个问题：一张网、一条线、一幅图和一棵树。

"一张网"指的是一个机器人可以连接服务器的网络环境，通常是局域网，在多机器人系统中所有设备需要处于同一局域网内，并且完成分布式通信的相关配置。

"一条线"指的是一条相同的时间线，在系统内的所有设备需要时间同步，确保系统内每一台设备具有相同的时间参考，通常以服务器的时间作为基准，机器人端通过 NTP 服务器校准自身时间。

ROS 的多机器人系统本质上是由分布式通信而实现的，所以以上这两项要求和 4.10 节的条件要求是一致的。

"一幅图"指的是 ROS 计算图，如图 8-6 所示，这是 NanoRobot 运行导航时的 ROS 计算图，其中包含了很多节点和话题。如果在一个 ROS 网络中运行多台相同的机器人，就必然会产生节点、话题、服务等重名的问题。

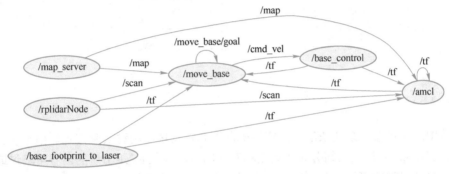

图 8-6　NanoRobot 运行导航时的 ROS 计算图

通过前面的内容可以知道，ROS 中的话题、节点等名称都是唯一的。如果节点重名，会导致新运行的节点将更早运行的同名节点踢出 ROS 网络。如果话题重名，虽然系统能够正常运行,但是会导致通信混乱,例如通过/cmd_vel 话题控制 robot_0 移动，但是 robot_1 也订阅了相同名称的话题，robot_1 也会执行移动的动作。所以在多机器人系统中，需要解决节点、话题等重名的问题，使计算图保持清晰、有序的状态。

"一棵树"指的自然就是 tf 树，tf 变换是 ROS 中用于表示坐标变换的方式，机器人上的每个坐标都应该有一个唯一的坐标名称，这样才能确保 tf 变换表述准确。

图 8-7 所示是 NanoRobot 运行导航时的 tf 树，可以看到图中的里程计坐标/odom，底盘坐标/base_footprint 等都有自己的坐标名称。

现在如果运行多台机器人，每台机器人的底盘坐标都是/base_footprint，那么从/odom→/base_footprint 之间的坐标变换描述就不准确，它可能是 robot_0 的里程计→底盘之间的变换，也可能是 robot_1 的里程计→底盘之间的变换，不准确的坐标变换描述也就失去了参考价值。

接下来将通过实验，依次介绍如何解决 ROS 多机器人系统搭建中的问题，最终完成多机器人导航的任务。

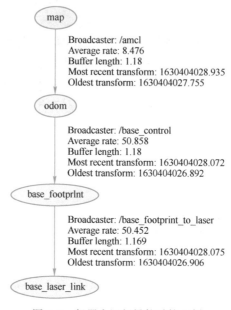

图 8-7　机器人运行导航时的 tf 树

8.2　ROS 多机器人系统搭建

本节中的多机器人系统依然分为实体机器人和仿真环境两种实验方式，由于仿真环境在一台 PC 上完成，不涉及网络分布式通信和时间同步，因此 8.2.1 节中的内容可略过或仅作了解即可。8.2.2 节中以两台 NanoRobot 为例演示多机器人系统，即使用仿真环境，这里也强烈建议读者阅读此小节以了解相关概念。

8.2.1　ROS 多机器人系统通信和时间配置

多机器人系统实验中，为了使多台机器人和 PC 能够处于同一局域网中，机器人需要配置为 WiFi 模式，并确保所有机器人和 PC 都连接在同一路由器上。多机器人系统的网络环境检查方式与分布式通信配置前的检查一致，网络环境检查通过后就可以开始配置多机器人系统的分布式通信了。

在多机器人系统的分布式通信中，理论上主节点可以运行在多机器人系统内的任意一台服务器或机器人上。在本实验中为了系统的结构更清晰，选择将主节点设置在 PC 端运行，两台机器人都使用 PC 上的主节点。

在实验中，设所使用的 PC 的 IP 地址为 192.168.31.132，robot_0 的 IP 地址为 192.168.31.131，robot_1 的 IP 地址为 192.168.31.105。

主节点的设置是通过修改 ~/.bashrc 文件中的 ROS_MASTER_URI 环境变量实现的。PC 端将 ROS_MASTER_URI 环境变量中的 IP 修改为本机 IP，如图 8-8 所示。

所有机器人上 ROS_MASTER_URI 环境变量中的 IP 也修改为 PC 的 IP 地址 192.168.31.132，如图 8-9 所示。

```
export ROS_IP=`hostname -I | awk '{print $1}'`
export ROS_HOSTNAME=`hostname -I | awk '{print $1}'`
#export ROS_MASTER_URI=http://192.168.31.132:11311
export ROS_MASTER_URI=http://`hostname -I | awk '{print $1}'`:11311
```

图 8-8　PC 上 ROS_MASTER_URI 环境变量设置

```
bingda@robot: ~                                               —  □  ×
export ROS_IP=`hostname -I | awk '{print $1}'`
export ROS_HOSTNAME=`hostname -I | awk '{print $1}'`
export ROS_MASTER_URI=http://192.168.31.132:11311
#export ROS_MASTER_URI=http://`hostname -I | awk '{print $1}'`:11311
```

图 8-9　机器人上 ROS_MASTER_URI 环境变量设置

　　修改完成后需要在所有终端中运行 source ~/.bashrc，使设置的环境变量在当前终端中生效，或者关闭所有终端重新打开。

　　修改完成后验证分布式通信，在 PC 端运行 roscore，使机器人端输出话题列表，即 rostopic list 验证。PC 端能够正常启动 roscore，所有的机器人端的话题列表中均包含/rosout 和/rosout_agg 两个话题即为测试通过。

　　在分布式通信配置完成后，检查每台机器人和 PC 的时间，如果时间有差异，建议使用 NTP 服务器完成一次时间同步，确保系统内所有设备具有相同的时间参考。

8.2.2　实体机器人多机器人系统测试

　　在第 4 章解析 base_control.launch 时没有对 robot_name 变量赋值时所执行的 group 中的内容做解析，当时提到这部分是和多机器人有关的。这部分代码如图 8-10 所示。

```xml
<group unless="$(eval robot_name == ")">
<group ns="$(arg robot_name)">
<node name="base_control"   pkg="base_control"   type="base_control.py" output="screen">
<param name="baudrate"     value="115200"/>
<param name="port"    value='/dev/move_base'/>

<param name="base_id"      value="$(arg robot_name)/$(arg base_frame)"/><!-- base_link name -->
<param name="odom_id"       value="$(arg robot_name)/$(arg odom_frame)"/><!-- odom link name -->
<param name="imu_id"      value="$(arg robot_name)/$(arg imu_frame)"/><!-- imu link name -->

<param name="odom_topic" value="$(arg odom_topic)"/><!-- topic name -->
<param name="imu_topic" value="$(arg imu_topic)"/><!-- topic name -->
<param name="battery_topic" value="$(arg battery_topic)"/><!-- topic name -->

<param name="cmd_vel_topic" value="$(arg cmd_vel_topic)"/>
<param name="ackermann_cmd_topic" value="$(arg robot_name)$(arg ackermann_cmd_topic)"/><!-- topic name -->

<param name="pub_imu" value="$(arg pub_imu)"/><!-- pub imu topic or not -->
<param name="pub_sonar" value="$(arg pub_sonar)"/><!-- pub sonar topic or not -->
<param name="sub_ackermann" value="$(arg sub_ackermann)"/><!-- sub ackermann topic or not -->
</node>
</group>
</group>
```

图 8-10　robot_name 变量赋值时所执行的 group 标签中的内容

　　代码中 robot_name 变量赋值时 group 相比单-机器人主要有两个不同点，第一是这里在 group 标签内还嵌套了一层 group，第二是在向节点中传入坐标名称参数时，除了传入用于坐标名称的变量外，还叠加了 robot_name 变量，如 value="$(arg robot_name)/$(arg odom_frame)"。

首先看第一处不同，group 标签内嵌套的 group 标签没有做数值判断，而是使用了 ns 属性，即命名空间。命名空间是 ROS 中提供的一种管理机制，可以被视为一个目录，目录的内容是可以是节点、话题、服务等，也可以是其他命名空间。命名空间的主要功能是能够给命名空间内的节点、话题、服务等名称加上一个前缀。

例如一个 base_control 中的节点名称为 base_control，base_control 会发布"odom"话题。直接运行节点，节点名称为"/base_control"，它订阅的话题是"/odom"。

如果通过命名空间"robot_0"运行，那么节点名称为"/robot_0/base_control"，它发布的话题是"/robot_0/odom"，这就是通过命名空间的处理机制所实现的。

细心的读者可能会发现，在上面的例子中，以及本书中其他提及计算图中的话题、节点等名称时，通常都是以"/"开头，例如/odom 话题，但是通过对 launch 文件解析给里程计话题所取的名称是"odom"，并没有"/"。

事实上 ROS 在运行时是使用了根命名空间的，由正斜杠"/"表示，这就意味着在 ROS 中，所有的节点都是运行在"/"命名空间下。在命名空间"/"的作用下，所有节点、话题等名称也就加上了"/" 前缀。

在 ROS 中以"/"开头的名称都是绝对名称，反之则为相对名称。ROS 中所有的节点内和节点间通信使用的都是使用绝对名称。例如在 base_control 中，指定订阅的速度控制话题是"cmd_vel"，这是一个相对名称,但是经过根命名空间后，话题名就变为"/cmd_vel"，所以使用的依然是绝对名称。

那么，能不能直接给节点或话题指定绝对名称？在 base_control 的例子中，将节点名取为" /base_control"，发布的话题名取为"/odom"。直接运行节点，节点名称为"/base_control"，它订阅的话题是"/odom"。这显然是没有问题的。

如果通过命名空间"robot_0"运行，那么节点名称依然是"/base_control"，它发布的话题依然是"/odom"，命名空间对于定义的绝对名称是无效的。

回顾 Linux 文件系统可以发现，ROS 中命名空间和名称的概念与 Linux 的文件系统是非常相似的，二者的对比见表 8-1。

表 8-1　Linux 文件系统和 ROS 命名空间对比

Linux 文件系统	ROS 命名空间
根目录"/"	根命名空间"/"
目录	命名空间
以"/"开头的绝对路径	以"/"开头的绝对名称
以非"/"字符开头的相对路径	以非"/"字符开头的相对名称

在编写 ROS 代码时命名通常采用相对名称，这样可以方便地通过命名空间来实现扩展。更多关于 ROS 中名称的概念可以参考 ROS 名称的相关资料。

在 robot_name 变量赋值的情况下，假设 robot_name 的值为"robot_0"，则 base_control 节点会在"robot_0"的命名空间下运行。节点、话题名会增加"/robot_0"前缀。在有多台机器人时，每个机器人运行 base_control.launch 时传入不同的 robot_name 变量值，就可以解决节点、话题等重名的问题。

如此一来，多机器人系统中每台机器人的 base_control 节点已运行在各自的命名空间中了，计算图通过命名空间的管理已经重归清晰、有序的状态。通过命名空间已经解决的多机器人系统中的"一幅图"的问题，最后还剩下"一棵树"的问题。

现在看第二处不同，假设 robot_name 变量的值依然为"robot_0"，在 launch 文件中，odom_frame 变量的默认值为"odom"，通过叠加之后节得到了 robot_0/odom 的坐标名称。通过对每台机器人的 robot_name 变量赋不同值，就可以得到不同的坐标名称，这就使坐标名称重名的问题解决了，"一棵树"的问题也得到了解决。

其实在 ROS 中提供了 tf_prefix 的机制解决坐标重名的问题，它和命名空间的机制类似，命名空间针对节点、话题名称，tf_prefix 则针对坐标名称，通过对 tf_prefix 赋值，可以为坐标名称加上前缀。但是这种机制现在已经停止支持，根据实际测试，越来越多的功能包中已经不再支持通过 tf_prefix 实现对坐标的命名，在未来的 ROS2 中则计划将其完全取消。所以在实体机器人的例子中是通过手动给坐标名称添加前缀的方式，而非使用 tf_prefix 来实现的。但在 Gazebo 仿真中会部分使用这种机制来实现坐标的重命名以供参考。

现在实体机器人上多机器人系统需要的"一张网""一条线""一幅图""一棵树"四个条件已经全部满足，可以实验检验一下效果了。

PC 端启动主节点：roscore。

robot_0 上启动 base_control 并传入 robot_name 变量值为 robot_0：roslaunch base_control base_control.launch robot_name:=robot_0。

robot_1 上启动 base_control 并传入 robot_name 变量值为 robot_1：roslaunch base_control base_control.launch robot_name:=robot_1。

正常启动后在任意一台设备上输出当前的话题列表，即运行 rostopic list，如图 8-11 所示，可以看到，当前的话题列表中两台 NanoRobot 所发布和订阅的话题名称分别加上了"robot_0"和"robot_1"的前缀。

在 PC 上通过 rqt_graph 查看当前的 ROS 计算图，如图 8-12 所示，两个独立的矩形各自包裹着一个椭圆，椭圆之前介绍过，代表的是一个节点，而矩形代表的则是命名空间，图中 robot_0 和 robot_1 两个命名空间中分别运行/robot_0/base_control 节点和/robot_1/base_control 节点。

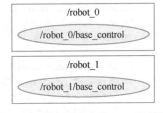

图 8-11 多机器人系统话题列表   图 8-12 两台机器人的 ROS 计算图

tf 树也可以在 PC 上运行，用 rosrun rqt_tf_tree rqt_tf_tree 查看，如图 8-13 所示，机器人的坐标名称前也加上了/robot_0 和/robot_1 的前缀。需要注意的是，由于两台机器人之间并没有相对的位置关系参考，所以两台机器人的里程计坐标并没有连接到一起。

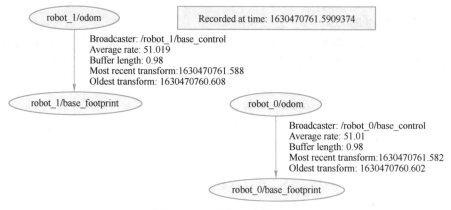

图 8-13　两台机器人的 tf 树

8.2.3　Gazebo 仿真环境中的多机器人

在 Gazebo 仿真器中，这里也提供一个具有两台机器人的仿真环境，仿真环境的 launch 文件为 robot_description 功能包中 launch 目录下的 two_robot_simulation.launch，如图 8-14 所示。

```
<launch>
<arg name="bot_0_name" default="robot_0"/><!-- first robot arg define -->
<arg name="bot_0_x_pos" default="0.0"/>
<arg name="bot_0_y_pos" default="0.0"/>
<arg name="bot_0_z_pos" default="0.0"/>

<arg name="bot_1_name" default="robot_1"/><!-- second robot arg define    -->
<arg name="bot_1_x_pos" default="0.0"/>
<arg name="bot_1_y_pos" default="1.0"/>
<arg name="bot_1_z_pos" default="0.0"/>

<param name="/use_sim_time" value="true" />

<include file="$(find gazebo_ros)/launch/empty_world.launch">
<arg name="world_name" value="$(find robot_description)/worlds/room.world"/>
<arg name="paused" value="false"/>
<arg name="use_sim_time" value="true"/>
<arg name="gui" value="true"/>
<arg name="headless" value="false"/>
<arg name="debug" value="false"/>
</include>

<group ns="$(arg bot_0_name)"><!-- spawn first robot    -->
<param name="tf_prefix" value="$(arg bot_0_name)" />
<param name="robot_description" command="$(find xacro)/xacro --inorder
     $(find robot_description)/urdf/robot_description.urdf.xacro robot_name:=$(arg bot_0_name)" />

<node pkg="gazebo_ros" type="spawn_model" name="spawn_urdf"
     args="-urdf -model $(arg bot_0_name) -x $(arg bot_0_x_pos) -y $(arg bot_0_y_pos) -z $(arg bot_0_z_pos)
```

图 8-14　two_robot_simulation.launch

```
        -robot_name $(arg bot_0_name) -param robot_description" />
    <node name="robot_state_publisher" pkg="robot_state_publisher" type="robot_state_publisher" />
</group>

<group ns="$(arg bot_1_name)"><!-- spawn second robot    -->
<param name="tf_prefix" value="$(arg bot_1_name)" />
<param name="robot_description" command="$(find xacro)/xacro --inorder
    $(find robot_description)/urdf/robot_description.urdf.xacro robot_name:=$(arg bot_1_name)" />

<node pkg="gazebo_ros" type="spawn_model" name="spawn_urdf"
        args="-urdf -model $(arg bot_1_name) -x $(arg bot_1_x_pos) -y $(arg bot_1_y_pos) -z $(arg bot_1_z_pos)
        -robot_name $(arg bot_1_name) -param robot_description" />
    <node name="robot_state_publisher" pkg="robot_state_publisher" type="robot_state_publisher" />
</group>

</launch>
```

图 8-14　two_robot_simulation.launch（续）

和单台机器人的仿真相比，在这个 launch 文件中定义了新的 bot_0_name 和 bot_1_name 变量用于机器人的名称，默认值分别为"robot_0"和"robot_1"。因为在仿真器中两台机器人需要放置在不同的位置，所以两台机器人的初始位置也是通过两组变量分别定义的，默认 robot_0 放置在（0，0，0）点，robot_1 放置在（0，1，0）点。

在多机器人仿真中，Gazebo 仿真环境只需要启动一个，所以 empty_world.launch 的启动部分和单机器人仿真中是一致的。

接下来需要在仿真环境中产生机器人，为了解决话题重名和用发布机器人模型中坐标 tf 变换的 robot_state_publisher 节点重名的问题，对于产生 robot_0 和 robot_1 的节点分别放入 robot_0 命名空间和 robot_1 命名空间中运行。以 robot_0 命名空间为例，在命名空间 robot_0 中，首先设置了 tf_prefix 参数值为变量 bot_0_name 的值，tf_prefix 参数用于处理多机器人中 tf 坐标名称。

但是根据实际测试，tf_prefix 参数对于 gazebo_ros 中的 spawn_model 节点有效，可以根据 tf_prefix 的值修改 tf 坐标名称。但是对于 ROS Noetic 版本中通过二进制包方式安装的 robot_state_publisher 功能包（版本号 1.15.0），tf_prefix 参数并不能改变模型文件中的坐标名称。而更早的 Melodic 版本中通过二进制包方式安装的版本号为 1.14.1 的 robot_state_publisher 是可以正常处理 tf 坐标重命名的。不过这里就不深究是什么样的修改导致的问题了，既然 tf_prefix 已经被弃用，建议读者在日后的开发中也尽可能的少用或者避免使用。

既然 tf_prefix 参数不能改变模型中的坐标名称，那么就可以在模型文件上做"手脚"，通过 command 读取模型的 xacro 文件时，相比单机器人的仿真，多传入 robot_name 变量的值，将变量值设置为 bot_0_name 变量的值，即 robot_0。

通过查看 robot_description.urdf.xacro 文件，如图 8-15 所示，xacro 文件中的 robot_name 变量默认值为空，变量的值作用于每个坐标名称，通过对 robot_name 变量赋值的方式，就可以实现"手动"修改模型文件中的坐标名称的效果。在 robot_description.gazebo.xacro 文件中也是通过相同的方式修改坐标名称的。

回到 launch 文件中，现在载入的模型文件中坐标名称已经处理好了，将模型放入 spawn_urdf 节点中，并传入机器人位置坐标的变量，在 Gazebo 仿真环境中产生机器人。再启动 robot_state_publisher 用于产生机器人模型中的坐标 tf 变换，到这里 robot_0 已经正常放入到 Gazebo 仿真环境中了, 放入 robot_1 也是同样的过程。

```xml
<?xml version="1.0" ?>
<robot name="robot_description"    xmlns:xacro="http://ros.org/wiki/xacro">
<xacro:arg name="robot_name" default=""/>
<xacro:include filename="$(find robot_description)/urdf/robot_description.gazebo.xacro" />
<link name="$(arg robot_name)/base_footprint"/>
<joint name="base_joint" type="fixed">
<parent link="$(arg robot_name)/base_footprint"/>
<child link="$(arg robot_name)/base_link"/>
<origin xyz="0.0 0.0 0.012" rpy="0 0 0"/>
</joint>
```

图 8-15   部分 robot_description.urdf.xacro 文件

现在通过 launch 启动仿真环境验证结果: roslaunch robot_description two_robot_simulation.launch。

如图 8-16 所示, Gazebo 仿真环境中产生了两台机器人, 两台机器人的位置分别为 (0, 0, 0) 和 (0, 1, 0)。

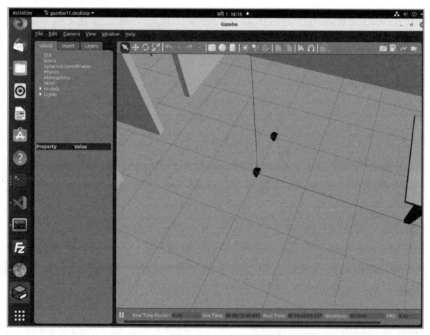

图 8-16   多机器人仿真环境

通过 rqt_graph 可以查看当前的计算图, 如图 8-17 所示。

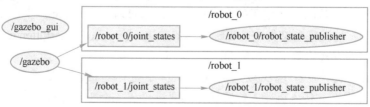

图 8-17   多机器人仿真中的计算图

使用 rosrun rqt_tf_tree rqt_tf_tree 查看 tf 树，如图 8-18 所示，tf 树中两台机器人都有着自己独立的坐标名称和坐标转换关系，这和预期是一致的，也是满足多机器人系统要求的。

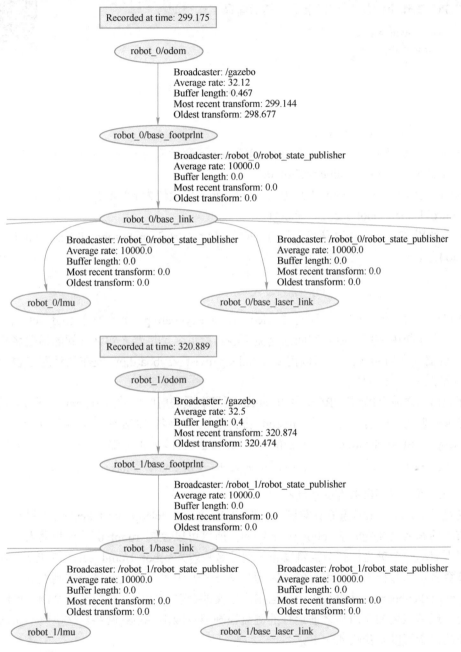

图 8-18　多机器人仿真中的 tf 树

8.3　多机器人系统的控制

在 8.2 节中已经搭建好了多机器人系统，并且验证了它的节点、话题和 tf 变换关系都正常，现在可以尝试控制机器人让机器人动起来了。

实验前将本章所需的功能包源码压缩包（可扫描二维码 8-1 获取）复制到 PC 工作空间的 src 目录中，然后编译工作空间：

8-1 功能包源码 multi_robot

```
cd ~/catkin_ws/src/
unzip multi_robot.zip
cd ~/catkin_ws/ &&catkin_make -j2
```

如果使用实体机器人，需要在 PC 端和两台机器人端分别启动以下节点。

PC 端启动主节点：roscore。

robot_0 上启动 base_control 并传入 robot_name 变量值为 robot_0：roslaunch base_control base_control.launch robot_name:=robot_0。

robot_1 上启动 base_control 并传入 robot_name 变量值为 robot_1：roslaunch base_control base_control.launch robot_name:=robot_1。

如果使用 Gazebo 仿真环境，则在 PC 上启动：roslaunch robot_description two_robot_simulatio.launch。

8.3.1 独立控制系统内的任一机器人

在单独一台机器人时，可以通过 teleop_twist_keyboard.py 节点发布/cmd_vel 话题，但是在多机器人系统中使用了命名空间来避免话题名称重名，机器人实际订阅的话题名称已经变为了"/机器人名/cmd_vel"，所以需要让 teleop_twist_keyboard.py 发布的话题名也对应地变为"/机器人名/cmd_vel"。

还记得在之前有提到过 ROS 中的 remap 话题名重映射吗？通过 rosrun 运行节点时是支持话题名重映射的，映射的方式是"rosrun 功能包名 节点名 原话题名:=目标话题名"，例如需要将 teleop_twist_keyboard.py 节点发布/cmd_vel 话题映射为/robot_0/cmd_vel，可以运行：

```
rosrun teleop_twist_keyboard teleop_twist_keyboard.py cmd_vel:=robot_0/cmd_vel
```

并在运行后观察机器人的运动状况。

通过 rqt_graph 工具查看计算图，如图 8-19 所示，teleop_twist_keyboard 键盘控制节点所发布的话题名已经变成了/robot_0/cmd_vel，所以可以控制 robot_0 这台机器人。但是如果这时候再启动一个键盘控制节点将发布的话题名映射为/robot_1/cmd_vel 用来控制 robot_1，通过计算图可以分析出是不可行的，因为从图 8-19 中可以看出，键盘控制控制节点名称为 teleop_twist_keyboard，并没有处于任何用户定义的命名空间中，再启动一个键盘控制节点，必然会出现节点名冲突而将之前运行的键盘控制节点踢出 ROS 网络。这里就不做演示了，感兴趣的读者可以实验验证一下。

为了能够运行多个键盘控制节点，最优的方法还是将键盘控制节点放入每台机器人的命名空间中去执行，这样话题名不匹配、节点重名的问题就都可以解决了。

通过前文对 base_control.launch 和 two_robot_simulation.launch 文件的分析得知，可以通过在 launch 文件中使用 group 标签中的 ns 属性设置节点运行的命名空间，实现将节点运行在命名空间内的功能。但是这样需要去编写 launch 文件，显然不太快捷。好在 rosrun 是支持指定节点运行的命名空间的，指定的方法为"rosrun 功能包名 节点名 __ns:=命名空间"，例如在 robot_0 命名空间中运行一个键盘控制节点，可以执行：rosrun teleop_twist_keyboard teleop_twist_keyboard.py __ns:=robot_0，执行后通过键盘控制机器人，观察机器人或仿真环境中机器人的运动状态。再次查看 rqt_graph 中的计算图，如图 8-20 所示，键盘控制节点 teleop_twist_keyboard 是运行在命名空间 robot_0 中的。

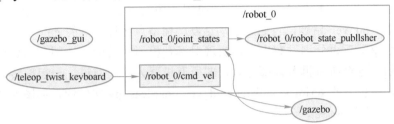

图 8-19　重映射话题名的键盘控制节点计算图

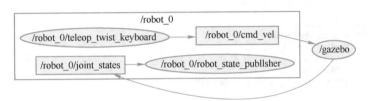

图 8-20　命名空间中运行键盘控制节点的计算图

如果需要控制 robot_1，再运行一个键盘控制节点并指定节点在 robot_1 命名空间中运行，即：rosrun teleop_twist_keyboard teleop_twist_keyboard.py __ns:=robot_1，运行后计算图如图 8-21 所示，键盘控制节点都运行在指定的命名空间中。

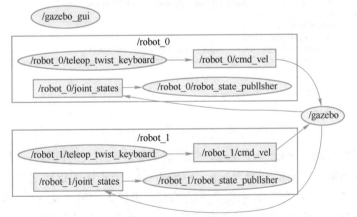

图 8-21　两个命名空间中运行键盘控制节点的计算图

8.3.2　同步控制系统内的所有机器人

在 8.3.1 节中实现了两个键盘控制节点分别控制两台机器人，但是有一些场景需要对机器人实现同步控制，即让所有机器人一起前进，一起旋转。这时候如果能够通过一个键盘控制节点控制系统内所有的机器人就是一种比较合适的方法。

首先比较容易想到的一种方法是，对多台机器人的速度控制话题做话题名重映射，将所有机器人的话题名都映射为/cmd_vel，这样通过一个键盘控制节点就可以控制所有的机器人了。这种方法能够满足同步控制系统内所有的机器人的要求，但是问题在于，对机器人速度控制话题做重映射后，就不能满足独立控制的需求了。

这里介绍的另一个方式是编写一个节点，称为话题广播，在这个节点中订阅速度控制话题，然后重新按照机器人需要的速度控制话题的话题名发布。实现的方法是用键盘控制节点发布 cmd_vel 话题，再通过启动话题广播节点将订阅到的 cmd_vel 话题加上各个机器人的命名空间后再分别发布出去，实现对多台机器人的同步控制，在这种模式下，键盘控制节点的指令对所有机器人都有效，即所有机器人一起前进，一起旋转。实现代码在 multi_robot 功能包下的 script 目录下的 cmd_vel_boardcast.py 文件中，如图 8-22 所示。

```python
#!/usr/bin/env python

import rospy, math
from geometry_msgs.msg import Twist

def cmd_callback(data):
    for i in range(robot_num):
        twist = Twist()
        twist = data
        twist.angular
        names['cmd_pub_%s'%i].publish(twist)

if __name__ == '__main__':
    try:
        rospy.init_node('cmd_vel_boardcast')
        robot_num = int(rospy.get_param('~robot_num','1'))
        if robot_num < 1:
            robot_num = 1
        twist_cmd_topic = rospy.get_param('~twist_cmd_topic', '/cmd_vel')
        rospy.Subscriber(twist_cmd_topic, Twist, cmd_callback, queue_size=1)
        info_string = "cmd_vel_boardcast running,robot_num:%d"%robot_num
        rospy.loginfo(info_string)
        names = locals()
        for i in range(robot_num):
            twist_cmd_topic_name = 'robot_%s%s'%(i,twist_cmd_topic)
            names['cmd_pub_%s'%i] = rospy.Publisher(twist_cmd_topic_name, Twist, queue_size=1)
        rospy.spin()

    except rospy.ROSInterruptException:
        pass
```

图 8-22　cmd_vel_boardcast.py 文件

在这个节点中订阅了 cmd_vel 话题，然后根据参数所定义的机器人数量，为每个机器人定义一个话题发布器，发布的话题为/robot_x/cmd_vel。节点中固定使用"robot_x"作为机器人命名空间的格式，其中"x"表示机器人的编号，机器人的编号从 0 开始。这是符合本书中多机器人命名空间名称规则的，如果有需要也可以修改为其他形式。

cmd_vel 话题订阅器的回调函数中将 cmd_vel 话题中的内容取出，依次通过各个话题发布器将话题发布出去。

现在来实验验证一下效果，首先需要先将多台机器人或者多机器人仿真环境运行起来，然后启动话题广播节点，定义机器人数量为2，再运行一个键盘控制节点，即：

rosrun multi_robot cmd_vel_boardcast.py _robot_num:=2

rosrun teleop_twist_keyboard teleop_twist_keyboard.py

现在通过键盘控制节点控制机器人，观察机器人的运动状态，如果需要通过键盘控制任意一台机器人，可以按照 8.3.1 节中在指定的命名空间中运行键盘控制节点的方法操作。这样总共有三个键盘控制节点在运行，其中两个被指定在机器人命名空间中运行的键盘控制节点可以分别控制两台机器人，未指定命名空间的键盘控制节点通过话题广播可以控制系统内所有的机器人。当前的计算图可通过 rqt_graph 查看，如图 8-23 所示。

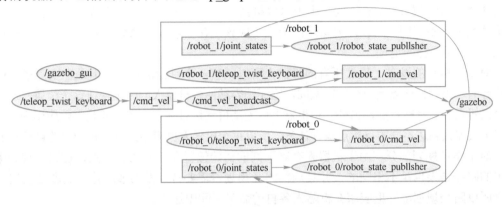

图 8-23　话题广播节点的计算图

在这一节中完成了多机器人系统内对任意一台机器人的控制和对多台机器人的同步控制，实现的过程是分析多机器人系统中话题、节点的名称变化，灵活运用话题映射、命名空间等方式来将 ROS 计算图中的节点通过话题连接起来，最终实现控制效果。本节以对机器人的控制为例，如果读者有其他的开发需求，也可以按照本节中的思路来尝试分解开发任务，最终实现需要的效果。

8.4　多机器人导航

在 7.3 节中实现了一台机器人在系统中的导航，并且知道了要实现导航需要四个功能模块：地图、定位、目标点、路径规划和路径执行。其中地图由/map_server 节点发布/map 话题提供；定位由/amcl 节点结合地图话题/map 和激光雷达话题/scan 提供，目标点可以通过 rviz 或者编写节点来发布；路径规划由/move_base 节点提供并发布/cmd_vel 速度控制话题；/cmd_vel 话题会被机器人的底盘驱动节点或 Gazebo 仿真器订阅，最终控制机器人到达给定的目标点。

本节将在搭建的多机器人系统中，对导航中需要的各功能模块做拆分，通过话题映射、命名空间等方法使多机器人系统中每台机器人都可以完成各自独立的导航任务。

8.4.1　多机器人导航问题分析

在多机器人系统中，实现导航功能前需要分析哪些话题或节点可以是共享的，而哪些话题或节点又必须通过命名空间等机制来保证互相独立。

首先是/map 话题，多机器人系统中所有机器人处于同一环境中，所以地图是一致的，并且在使用 amcl 定位的导航中，所有节点只会订阅/map 话题而不会对地图数据做修改，所以/map 话题和发布该话题的/map_server 节点可以是唯一的，所有需要使用地图的节点都订阅/map 话题即可。

然后是 amcl 定位节点以及它所需要的激光雷达话题 scan 和里程计话题 odom，amcl 节点定位的结果通过地图坐标→里程计坐标变换的形式发布。因为每个机器人的里程计坐标名称不同，并且所处的位置不同，所以地图坐标→里程计坐标之间的变换关系也是不同的，所以每台机器人所运行的 amcl 节点也应该相互独立，在各自的命名空间中运行。amcl 节点所需要的激光雷达数据 scan 话题，由于每台机器人都需要运行激光雷达节点，并且获取的激光雷达数据各不相同，所以激光雷达的节点也应该是在机器人的命名空间中运行。里程计话题 odom 也是同样的道理。

对于目标点的发布，虽然所有的机器人可以共享一个目标点话题，但是在实际操作中是不可行的，因为目标点是一个物理空间，它无法容纳两台机器人同时出现在这个位置，所以当一台机器人到达目标点后，另外一台机器人就无法再到达目标点位置。并且实际应用中通常需要每个机器人到达不同的目标点执行任务，所以每个机器人也应该是有互相独立的目标点的。

对于路径规划部分，由于机器人有着不同的初始位置和不同的目标点，在路径规划中规划出的路径结果也是不相同的，并且局部路径规划器需要持续发布速度控制话题使机器人移动，所以路径规划部分也应该在机器人各自的命名空间中运行。

最后是机器人执行部分，很显然每个机器人都是一个独立的个体，所以机器人驱动节点 base_control 也应该运行在机器人各自的命名空间中。

经过分析可以得出在两台机器人 robot_0 和 robot_1 的实验环境中，节点的分布方式应该如图 8-24 所示，地图服务器 map_server 运行在默认的根命名空间 "/" 中，激光雷达驱动、底盘驱动、amcl 和 move_base 都运行在机器人各自的命名空间中。由于在导航过程中，还会涉及一些坐标变换，例如地图坐标→里程计坐标的变换关系，所以在多机器人运行导航时，还需要对机器人以及导航需要用的节点中的坐标名称参数做重命名操作。

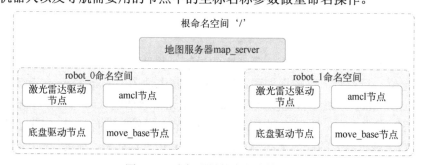

图 8-24　多机器导航中节点的分布

8.4.2　运行多机器人导航

在 Gazebo 仿真环境中已经通过命名空间和模型中坐标名称的修改，使仿真中每个机器人的底盘驱动和激光雷达驱动节点都运行在独立的命名空间中，并修改了机器人的坐标名称，所以仿真系统中的机器人底盘和激光雷达的运行条件已经满足。

8.2 节中分析了机器人的底盘驱动节点的 launch 文件，并且可以通过对 robot_name 变量赋值使底盘驱动节点运行在独立的命名空间中，坐标名称也通过叠加 robot_name 变量值的方式完成了修改，现在需要处理一下激光雷达驱动节点。

以下介绍的所有文件都位于 multi_robot 功能包下的 launch 目录中，注意和 robot_navigation 功能包中的文件做区分。

多机器人下激光雷达驱动节点和雷达坐标→底盘坐标的变换使用 lidar.launch 来启动，如图 8-25 所示。lidar.launch 中对于激光雷达驱动节点的处理方式和 base_control.launch 中的处理方式基本一致，依然是通过命名空间解决节点和话题重名，坐标名通过叠加 robot_name 变量值实现重命名。

```
<launch>
<!--robot bast type use different tf value-->
<arg name="robot_name" default=""/><!-- support multi robot -->
<arg name="base_type"          default="$(env BASE_TYPE)" />
<!-- robot frame -->
<arg name="base_frame"           default="$(arg robot_name)/base_footprint" />
<arg name="lidar_type"          default="$(env LIDAR_TYPE)" />
<arg name="lidar_frame" default="$(arg robot_name)/base_laser_link"/>
<group ns="$(arg robot_name)">
<include file="$(find robot_navigation)/launch/lidar/$(arg lidar_type).launch">
<arg name="lidar_frame"                value="$(arg lidar_frame)"/>
</include>

<group if="$(eval base_type == 'NanoRobot')">
<node pkg="tf" type="static_transform_publisher" name="base_footprint_to_laser"
            args="-0.01225 0.0 0.18 3.14159265 0.0 0.0 $(arg base_frame) $(arg lidar_frame) 20">
</node>
</group>
```

图 8-25　lidar.launch 文件

在实验中为了减少需要 launch 的次数，这里将 base_control.launch 和 lidar.launch 写入同一个 launch 文件 robot_lidar.launch，运行时设置 robot_name 变量即可为所启动的节点指定命名空间和修改坐标名称。

硬件驱动部分处理完成后再处理地图服务器的 launch 文件 map_server.launch，地图服务器由于运行在根命名空间中并且没有坐标名称修改的需求，所以和 robot_navigation 中地图服务器启动文件一致。

接下来处理 amcl 节点的 launch 文件 amcl.launch，如图 8-26 所示。amcl 节点需要运行在指定的命名空间中，也需要通过 robot_name 变量设置命名空间。在 amcl 的配置文件中会涉及地图、机器人底盘和里程计三个坐标，其中机器人底盘和里程计两个坐标需要修改名称，为了避免修改配置文件，可以通过传入参数的方式修改，坐标名称的修改依然通过坐标名称叠加 robot_name 变量值的方式完成。

```
<launch>
<arg name="robot_name" default=""/><!-- support multi robot -->
<!--    ************** Localization **************    -->
<group ns="$(arg robot_name)">
<node pkg="amcl" type="amcl" name="amcl" output="screen">
<rosparam   file="$(find   multi_robot)/param/$(env   BASE_TYPE)/amcl_params.yaml"
command="load" />
<param name="initial_pose_x"              value="0.0"/>
<param name="initial_pose_y"              value="0.0"/>
<param name="initial_pose_a"              value="0.0"/>
<param name="odom_frame_id" value="$(arg robot_name)/odom"/>
<param name="base_frame_id" value="$(arg robot_name)/base_footprint"/>
<remap from="map" to="/map" />
</node>
</group>
</launch>
```

图 8-26　amcl.launch 文件

amcl 节点需要订阅的 map 话题经过命名空间后，也会变为 robot_name/map，通过 remap 将需要的话题名称由相对名称 map 映射为绝对名称/map 免受命名空间的影响。

最后是路径规划部分 move_base.launch 文件，如图 8-27 所示，修改内容和 amcl.launch 比较相似，将 move_base 节点运行在命名空间中，通过叠加 robot_name 变量值的方式修改坐标名称，并使用传入参数方式修改节点中的坐标名称参数，最后通过 remap 将地图话题名固定为/map。

```
<launch>
<!-- Arguments -->
<arg name="cmd_vel_topic" default="cmd_vel" />
<arg name="odom_topic" default="odom" />
<arg name="planner"    default="teb" doc="opt: dwa, teb">
<arg name="use_dijkstra" default="true">
<arg name="move_forward_only" default="false"/>
<arg name="robot_name" default=""/><!-- support multi robot -->
<arg name="odom_frame_id"    default="$(arg robot_name)/odom"/>
<arg name="base_frame_id"    default="$(arg robot_name)/base_footprint"/>

<group ns="$(arg robot_name)">
<!-- move_base use DWA planner-->
<group if="$(eval planner == 'dwa')">
<node pkg="move_base" type="move_base" respawn="false" name="move_base" output="screen">
<!-- use global_planner replace default navfn as global planner
             global_planner support A* and dijkstra algorithm-->
<param name="base_global_planner" value="global_planner/GlobalPlanner"/>
<param name="base_local_planner" value="dwa_local_planner/DWAPlannerROS" />
<rosparam file="$(find robot_navigation)/param/$(env BASE_TYPE)/costmap_common_params.yaml"
            command="load" ns="global_costmap" />
<rosparam file="$(find robot_navigation)/param/$(env BASE_TYPE)/costmap_common_params.yaml"
            command="load" ns="local_costmap" />
<rosparam file="$(find robot_navigation)/param/$(env BASE_TYPE)/local_costmap_params.yaml"
            command="load" />
<rosparam file="$(find robot_navigation)/param/$(env BASE_TYPE)/global_costmap_params.yaml"
            command="load" />
<rosparam file="$(find robot_navigation)/param/$(env BASE_TYPE)/move_base_params.yaml"
            command="load" />
<rosparam file="$(find robot_navigation)/param/$(env BASE_TYPE)/dwa_local_planner_params.yaml"
            command="load" />
<remap from="cmd_vel" to="$(arg cmd_vel_topic)"/>
<remap from="odom" to="$(arg odom_topic)"/>
<param name="DWAPlannerROS/min_vel_x" value="0.0" if="$(arg move_forward_only)" />
<!--default is True,use dijkstra algorithm;set to False,usd A* algorithm-->
<param name="GlobalPlanner/use_dijkstra " value="$(arg use_dijkstra)" />
<!-- reset frame_id parameters using user input data -->
<param name="global_costmap/robot_base_frame" value="$(arg base_frame_id)"/>
<param name="local_costmap/global_frame" value="$(arg odom_frame_id)"/>
<param name="local_costmap/robot_base_frame" value="$(arg base_frame_id)"/>
<remap from="map" to="/map" />
</node>
</group>
```

图 8-27　move_base.launch 文件

在实验中，为了减少 launch 文件的数量，将 amcl.launch 和 move_base.launch 写入同一个 launch 文件取名为 navigation_stack.launch，运行时设置 robot_name 变量即可为所启动的节点指定命名空间和修改坐标名称。接下来通过实验来验证。

如果使用实体机器人，需要在 PC 端和两台机器人端分别启动以下节点。

PC 端启动主节点：roscore。

PC 端启动地图服务器：roslaunch multi_robot map_server.launch。

robot_0 上启动底盘驱动、激光雷达驱动、amcl 和 move_base 节点并传入 robot_name 变

量值为 robot_0:

> roslaunch multi_robot robot_lidar.launch robot_name:=robot_0
>
> roslaunch multi_robot navigation_stack.launch robot_name:=robot_0

robot_1 上启动 base_control 节点并传入 robot_name 变量值为 robot_1:

> roslaunch multi_robot robot_lidar.launch robot_name:=robot_1
>
> roslaunch multi_robot navigation_stack.launch robot_name:=robot_1

如果使用 Gazebo 仿真环境,则在 PC 上启动以下节点。

启动 Gazebo 仿真器:roslaunch robot_description two_robot_simulation.launch。

启动地图服务器:roslaunch multi_robot map_server.launch。

启动 amcl 和 move_base 节点并传入 robot_name 变量值为 robot_0:

> roslaunch multi_robot navigation_stack.launch robot_name:=robot_0

启动 amcl 和 move_base 节点并传入 robot_name 变量值为 robot_1:

> roslaunch multi_robot navigation_stack.launch robot_name:=robot_1

机器人和导航相关的节点启动完成后,可以通过 rviz 观察地图和控制机器人,这里提供一个配置好的 rviz 配置文件 roslaunch multi_robot robot_navigation.launch,启动后界面如图 8-28 所示。

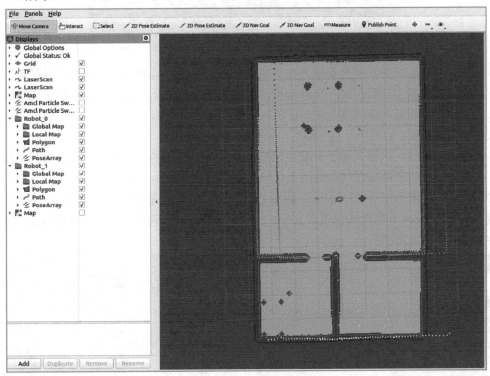

图 8-28　多机器人导航的 rviz 界面

由于 amcl 节点中设置的机器人初始位置都为(0,0,0)点,但是机器人实际位置可能并不都在这个点,所以需要手动指定机器人的初始位置。

和单机器人导航中使用的 rviz 配置文件不同，在这个 rviz 配置文件中，最上方的工具栏有两个 "2D Pose Estimate" 和两个 "2D Nav Goal" 按钮，如图 8-29 所示。因为系统中有两台机器人，所以需要两组初始位置指定和目标指定按钮。

图 8-29   rviz 界面中的工具栏

这里定义靠左侧的按钮对 robot_0 有效，右侧的按钮对 robot_1 有效。分别指定两台机器人的初始位置，使激光雷达数据和地图轮廓基本吻合。再通过 "2D Nav Goal" 按钮为两台机器人分别指定目标点，机器人将会各自规划路径并开始向目标点移动，如图 8-30 所示。

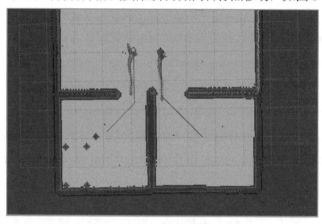

图 8-30   robot_0 和 robot_1 分别导航

可能有读者会好奇，两台机器人在导航的过程中有没有可能会发生碰撞，为此可以实验一下。给两台机器人分别指定一个目标点，使规划出的路径会有交叉点，并且交叉点距离机器人的出发距离相近，使机器人在相近的时间内到达交叉点附近，如图 8-31 所示，观察机器人导航中的表现。

经过实际测试，机器人并不会发生碰撞，原因是机器人的激光雷达可以检测到其他机器人，检测到的物体会体现在代价地图上，导航中会根据代价地图将其他机器人作为障碍物处理去避开它。关闭 rviz 中 "Display" 面板上 "Robot_0" 组的相关显示，如图 8-32 所示。可以清楚地看到 robot_0 所处的位置在 robot_1 的代价地图中标识为障碍物，所规划的局部路径也会绕开这个 "障碍物"。

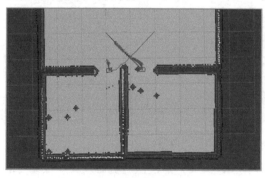

图 8-31   交叉的机器人路径

图 8-32   robot_1 的代价地图

本节实验的目的是通过 ROS 所提供的全局路径规划和局部路径规划搭建出多机器人系统导航的框架结构，并未对环境中"移动的障碍物"等动态环境特点做处理，所以导航效率必然会降低。针对动态环境优化机器人路径规划等问题是属于机器人路径规划算法研究方向的，不在本书的讨论范围，读者如果对此方向感兴趣可以查找相关资料了解。

最后，rviz 中怎样添加两个"2D Pose Estimate"和两个"2D Nav Goal"按钮呢？

一般来说 rviz 的图形化界面配置工具中是不支持这样添加多组按钮的。但可以修改 rviz 配置文件予以实现。实现的方法是打开 rviz 配置文件，找到"Tools"部分它即为工具栏相关配置，如图 8-33 所示，- Class:rviz/SetInitialPose 即为"2D Pose Estimate"按钮，将其复制粘贴在下面，并修改 Class 中的 Topic 为所期望按钮发布的话题名，使 Tools 下有两个 rviz/SetInitialPose 的 Class，则 rviz 中就产生了两个"2D Pose Estimate"按钮，并且两个按钮可发布两个不同名称的话题。"2D Nav Goal"按钮是 rviz/SetGoal 的 Class，也是同样的处理方法。

```
Tools:
  - Class: rviz/MoveCamera
  - Class: rviz/Interact
    Hide Inactive Objects: true
  - Class: rviz/Select
  - Class: rviz/SetInitialPose
    Theta std deviation: 0.2617993950843811
    Topic: robot_0/initialpose
    X std deviation: 0.5
    Y std deviation: 0.5
  - Class: rviz/SetInitialPose
    Theta std deviation: 0.2617993950843811
    Topic: robot_1/initialpose
    X std deviation: 0.5
    Y std deviation: 0.5
  - Class: rviz/SetGoal
    Topic: robot_0/move_base_simple/goal
  - Class: rviz/SetGoal
    Topic: robot_1/move_base_simple/goal
  - Class: rviz/Measure
  - Class: rviz/PublishPoint
    Single click: true
    Topic: /clicked_point
Value: true
```

图 8-33 rviz 界面配置文件修改

第9章 自己编写程序控制机器人

9.1 机器人控制例程开发

本节中将开发用于自动控制机器人运动并显示机器人运动轨迹的节点，希望读者能够独立完成创建功能包并编写代码的任务，如果完成起来有困难，可以参考本书提供的示例代码，可扫描二维码 9-1 获取。

9-1 示例代码

这里使用的功能包为 bingda_application，本章中代码都将以此功能包名作为示例，读者自己创建功能包可以按照自己的喜好命名。

9.1.1 控制机器人做圆周运动

首先尝试一个简单的例子，通过编写一个节点控制机器人做圆周运动。

通过前面章节的学习可以知道，实际的机器人和仿真环境中的机器人所订阅的运动控制话题为 cmd_vel，只要在节点中发布 cmd_vel 即可使机器人动起来。为了使 cmd_vel 话题能够定时发布，可以设置话题的发布频率。机器人需要做圆周运动，则机器人应同时具备角速度和线速度。根据圆周运动的公式 $v=\omega r$，假设使机器人按照 0.2m/s 的速度，0.5m 半径做圆周运动，则角速度 ω=0.4rad/s。

下面使用 Python 编写这个节点，文件名为 draw_circle.py，如图 9-1 所示。

```python
#!/usr/bin/python
# coding=gbk

import rospy
from geometry_msgs.msg import Twist

def cmd_vel_pub():
rospy.init_node('draw_circle', anonymous=False)
cmd_pub = rospy.Publisher('cmd_vel', Twist, queue_size=10)
    rate = rospy.Rate(10)
    twist = Twist()
rospy.loginfo('Start Control Robot Draw a Circle')
    while not rospy.is_shutdown():
        # set line.x speed and angular.z, line.x = angular.z*radius
        twist.linear.x = 0.2
        twist.angular.z = 0.4
cmd_pub.publish(twist)
        rate.sleep()

if __name__ == '__main__':
    try:
cmd_vel_pub()
        except rospy.ROSInterruptException:
            pass
```

图 9-1 draw_circle.py 文件

这段代码比较简单，和第 3 章中编写的话题发布器示例比较类似，只是换了发布的话题名和话题类型。代码中初始化了一个"draw_circle"节点，定义了一个话题发布器用于发布话题名为"cmd_vel"，消息类型为"geometry_msgs/Twist"的话题，并定义了一个 Twist 类型的变量 twist 用于存储消息，话题发布频率为 10Hz。

然后进入循环，将消息 twist 中的 linear.x（线速度）设置为 0.2m/s，angular.z（角速度）设置为 0.4rad/s，通过话题发布器发布出去，然后程序休眠等待下一次循环继续发布消息。

编写完成后记得为文件增加可执行权限，然后编译工作空间。现在就可以启动机器人或启动仿真器后运行 draw_circle 节点，即 rosrun bingda_application draw_circle.py。如果使用实体机器人，注意将机器人放在空旷的区域避免碰撞。

观察机器人的运动状况，会发现机器人将以 0.2m/s 速度，做半径为 0.5m 的圆周运动，停止节点的运行可使机器人停止运动。

9.1.2　实现机器人前进 1m-后退 1m 循环动作

9.1.1 节已经实现了通过节点发布话题使机器人运动，但是这个运动的过程是"开环"的，即节点只发布机器人的运动控制话题，却并不关心机器人当前的位置和速度等信息，这显然不符合机器人实际应用的需求。

本节将通过编写一个节点，实现机器人根据当前的运动距离来循环执行前进-后退的动作。机器人的运动可以通过发布 cmd_vel 话题实现控制，机器人的运动状态可以通过订阅里程计话题 odom 来获取，节点需要实现的功能就是发布 cmd_vel 话题，订阅 odom 话题，当机器人运动到设定的距离后切换运动方向，如此循环往复。

这里编写的文件名为 line_loop.py，设计的目标是使机器人前进 1m 后开始后退，后退达到 1m 后再前进，如此循环往复，代码如图 9-2 所示。

```
#!/usr/bin/python
# coding=gbk

import rospy
import math
from geometry_msgs.msg import Twist,Point
from nav_msgs.msg import Odometry

target_distance = 1.0
max_velocity = 0.3
min_velocity = 0.05
current_position = Point()

def get_odom(data):
    global current_position
    current_position = data.pose.pose.position

def cmd_vel_pub():
    global current_position

rospy.init_node('line_loop', anonymous=False)
cmd_pub = rospy.Publisher('cmd_vel', Twist, queue_size=10)
odom_sub = rospy.Subscriber('odom', Odometry, get_odom)
    rate = rospy.Rate(20)
    twist = Twist()
    forword_flag = True
rospy.loginfo('Start Line Loop')
rospy.sleep(0.1)    # wait odom get data
```

图 9-2　line_loop.py 文件

```
    while not rospy.is_shutdown( ):

        start_position = current_position
        while True:
            #calculate distance between current and target
            error = target_distance - ((current_position.x - start_position.x)**2 + (current_position.y - start_position.y)**2)**0.5
            if(error >= 0):
                #use sin function as accel and decel
                twist.linear.x = math.sin(error*3.14)
                #set a velocity threshold control
                if twist.linear.x < min_velocity:
                    twist.linear.x = min_velocity
elif twist.linear.x > max_velocity:
                    twist.linear.x = max_velocity
                else:
                    pass
                #if move back,set velocity as negative
                if not forword_flag:
                    twist.linear.x *=-1.0
                else:
                    pass
                #publish cmd_vel topic
rospy.loginfo(twist.linear.x)
cmd_pub.publish(twist)
            else: #arrive target,break this dead loop
                twist.linear.x = 0.0
cmd_pub.publish(twist)
                break
            rate.sleep( )
        forword_flag = bool(1-forword_flag) #change line move direction flag

if __name__ == '__main__':
    try:
cmd_vel_pub( )
    except rospy.ROSInterruptException:
        pass
```

图 9-2　line_loop.py 文件（续）

在这段代码中，定义了 cmd_vel 话题的发布器，odom 话题的订阅器，订阅器的回调函数 get_odom( )中将里程计 pose.pose.position 值存储在 current_position 中，这是一个 Point 类型的全局变量。

看到这里读者可能会有两个疑问：为什么不将里程计的值完整的存入一个 Odometry 类型的变量中？为什么 pose.pose.position 值可以存储在 Point 类型变量中？

首先，将里程计的值完整存入一个 Odometry 类型的变量中肯定是可行的，但是目前要实现的功能中只需要话题中的一部分信息，完整存储整个话题内容太过浪费，所以这里选择只存储需要的一部分信息。然后，为什么 pose.pose.position 值可以存储在 Point 类型变量中？通过查看 odom 话题消息类型 Odometry 的构成，如图 9-3 所示，可以看到消息中 pose.pose.position 项是一个 Point 类型，所以使用 Point 类型的变量来存储 pose.pose.position 值是完全合理的。在这个例程中，需要的只是例程计中 position 项的 x 和 y 的值，所以也可以选择只存储着两个值。

接下来程序进入一个 while 循环中，记录下进入循环时的值，记为 start_position。然后进入一个嵌套的死循环中，计算距离目标的差值 error，如果 error 大于 0，则认为没有到达设定的目标距离，根据当前的距离差值计算机器人的运动速度。这里使用了一个正弦三角函数来做速度控制，使机器人可以比较平滑地加减速。机器人的运动速度需要根据运动方向标志位 forword_flag 来判定取值的正负号，最后将计算的值通过 cmd_vel 话题发布器发布。

```
bingda@vmware-pc:~/catkin_ws$ rosmsg show nav_msgs/Odometry
std_msgs/Header header
  uint32 seq
  time stamp
  string frame_id
string child_frame_id
geometry_msgs/PoseWithCovariance pose
  geometry_msgs/Pose pose
    geometry_msgs/Point position
      float64 x
      float64 y
      float64 z
    geometry_msgs/Quaternion orientation
      float64 x
      float64 y
      float64 z
      float64 w
  float64[36] covariance
geometry_msgs/TwistWithCovariance twist
  geometry_msgs/Twist twist
    geometry_msgs/Vector3 linear
      float64 x
      float64 y
      float64 z
    geometry_msgs/Vector3 angular
      float64 x
      float64 y
      float64 z
  float64[36] covariance
```

图 9-3　Odometry 类型

如果 error 小于或等于 0，则机器人已经到达设置的目标距离，发布一条速度为 0 的 cmd_vel 话题使机器人停下来，然后跳出当前死循环，翻转运动方向标志位 forword_flag，再开始下一轮循环。

通过上面的这段代码，可以实现机器人前进 1m-后退 1m 的往复动作，编写完成后记得为文件增加可执行权限。

现在可以启动机器人或启动仿真器后运行 line_loop 节点，即：rosrun bingda_application line_loop.py。如果使用实体机器人，注意将机器人放在空旷的区域避免碰撞。

观察机器人的运动状况，机器人将沿着 x 轴循环做前进 1m-后退 1m 的运动。由于在这个例程中只计算了起始点到终点的距离，并没有对机器人的航向做闭环控制，所以机器人运行一段时间后会出现偏离初始方向的现象，读者有兴趣可以尝试在代码中加入航向闭环控制的代码，使机器人始终保持在一条线上运动。

9.1.3　在 rviz 中显示机器人运动轨迹

在机器人开发中，还有一类比较常见的需求，就是可视化地显示机器人的运动轨迹。为了实现显示这个功能，首先需要先找到一个可以在 rviz 中显示的消息类型，否则就需要自己设计消息类型，然后开发 rviz 显示插件，这种方法也可行，但是工作量会比较大。

在机器人导航时，rviz 中可以显示出路径规划器规划的路径，这就能满足可视化显示的需求了。通过对导航中话题的分析，找出了路径所使用的消息类型是 nav_msgs/Path，通过查看这个消息类型，如图 9-4 所示，可知这个消息类型是由 std_msgs/Header 类型的 header 和 geometry_msgs/PoseStamped 类型的数组 poses 所组成的。

如图 9-5 所示，geometry_msgs/PoseStamped 类型是由 std_msgs/Header 类型的 header 和 geometry_msgs/Pose 类型的 pose 所组成的。

```
bingda@vmware-pc:~/catkin_ws$ rosmsg show nav_msgs/Path
std_msgs/Header header
  uint32 seq
  time stamp
  string frame_id
geometry_msgs/PoseStamped[] poses
  std_msgs/Header header
    uint32 seq
    time stamp
    string frame_id
  geometry_msgs/Pose pose
    geometry_msgs/Point position
      float64 x
      float64 y
      float64 z
    geometry_msgs/Quaternion orientation
      float64 x
      float64 y
      float64 z
      float64 w
```

图 9-4　nav_msgs/Path 类型

```
bingda@vmware-pc:~/catkin_ws$ rosmsg show geometry_msgs/PoseStamped
std_msgs/Header header
  uint32 seq
  time stamp
  string frame_id
geometry_msgs/Pose pose
  geometry_msgs/Point position
    float64 x
    float64 y
    float64 z
  geometry_msgs/Quaternion orientation
    float64 x
    float64 y
    float64 z
    float64 w
```

图 9-5　geometry_msgs/PoseStamped 类型

通过上面的分析，显示机器人运动轨迹功能的实现思路是，将里程计话题 odom 中 geometry_msgs/Pose 类型的 pose 放入 geometry_msgs/PoseStamped 类型的 pose 中，再将这个消息放入 nav_msgs/Path 类型消息的数组 poses 中，就可以根据机器人的里程计信息得到一个 nav_msgs/Path 类型的消息了，将它发布后在 rviz 中通过插件显示对应话题名的话题就可以可视化显示机器人的运动轨迹了。

这里编写的文件名为 show_trajectory.py，代码如图 9-6 所示。

```
#!/usr/bin/python
# coding=gbk

import rospy
from nav_msgs.msg import Odometry
from nav_msgs.msg import Path
from geometry_msgs.msg import PoseStamped

path_pub = rospy.Publisher('robot_trajectory', Path, queue_size=10)
trajectory = Path()

def callback(data):
    global trajectory
    global path_pub

    this_pose_stamped = PoseStamped()
```

图 9-6　show_trajectory.py 文件

```
this_pose_stamped.pose = data.pose.pose
    this_pose_stamped.header.frame_id = data.header.frame_id
    this_pose_stamped.header.stamp = rospy.Time.now( )

    trajectory.header.frame_id = this_pose_stamped.header.frame_id
    trajectory.header.stamp = rospy.Time.now( )
    trajectory.poses.append(this_pose_stamped)
    path_pub.publish(trajectory)

def listener( ):

rospy.init_node('show_trajectory', anonymous=False)
rospy.Subscriber("odom", Odometry, callback)
rospy.loginfo('Start Show Robot trajectory ')
rospy.spin( )

if __name__ == '__main__':
    listener( )
```

图 9-6　show_trajectory.py 文件（续）

在代码中，按照分析的思路，定义一个全局的话题发布器 path_pub 用于发布轨迹话题 "robot_trajectory"，一个全局的 Path 类型变量 trajectory 用于存储轨迹。话题订阅器订阅 odom 话题，回调函数为 callback( )。

在回调函数中，会将 odom 中的时间戳、坐标、位置、方向信息放入 PoseStamped 类型的变量 this_pose_stamped 中，再将 this_pose_stamped 追加到 trajectory 的 poses 数组中，然后使用话题发布器 path_pub 发布话题。

现在可以启动机器人或启动仿真器后启动轨迹显示节点了，即：rosrun bingda_application show_trajectory.py。打开 rviz，增加轨迹的显示项，话题选择 "robot_trajectory"，Fixed Frame 设置为 odom。然后控制机器人运动，可以看到机器人的运动轨迹在 rviz 中显示，这里是启动了 draw_circle 节点使机器人做圆周运动，如图 9-7 所示。

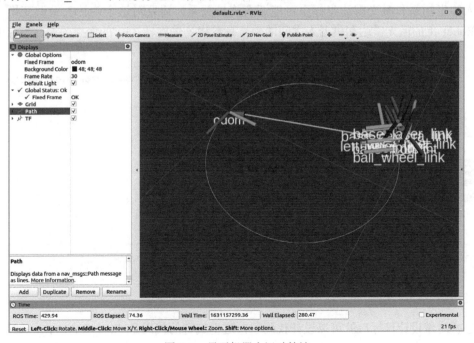

图 9-7　显示机器人运动轨迹

241

9.2 激光雷达跟随功能开发

在机器人中，除了有 AGV、无人驾驶汽车这类完全自主的机器人外，还有一类协作机器人。例如工厂中的自动跟随工具车可以跟随工人运动，免去工人移动时需要推工具车的动作。对于协作机器人，跟随操作者运动是一项很常用的功能，本节将使用激光雷达完成一个简单的机器人跟随的任务。

9.2.1 激光雷达跟随功能需求分析

在完成激光雷达跟踪之前先来拆解一下功能。要实现跟随，首先需要确定跟随的目标，在这个例程中，应使机器人跟随距离它最近的物体。周围物体的距离可以通过激光雷达测量结果得到，但是激光雷达是 360°的，在跟随的过程中很容易被周围的物体带"跑偏"。例如想要让机器人跟随人走过一段走廊，在跟随的过程中有可能走廊的墙体会比人距离更近，机器人会试图转而以墙体作为跟随目标。针对这种情况可以从激光雷达的数据中找出一定角度范围内的最近物体，如图 9-8 所示。

在检测到需要跟随的目标后，根据目标距离机器人的距离和角度信息，计算机器人的运动速度，使机器人朝目标运动。机器人跟随也不能无限制接近跟随的物体，否则就撞上了，可以设置一个安全的跟随距离，当小于跟随距离后，机器人不再继续靠近跟随目标。

查看激光雷达消息类型的内容，如图 9-9 所示，ranges 数组中存放的是距离信息，所以距离信息可以通过查找数组中最小值获取。数组元素和角度的对应关系可以通过 angle_min 和 angle_increment 计算得到。例如 ranges 中第 113 个元素为最小值，那么最小值所对应的角度就是 angle_min+angle_increment×113。但是这个角度是相对于激光雷达的坐标系而言的，机器人的坐标系和激光雷达坐标系可能还有旋转关系，需要对这个旋转关系做变换。例如 NanoRobot 上的激光雷达和机器人之间的坐标有着绕 z 轴旋转 180°的变换关系，节点中需要对这个变换关系做处理。

```
bingda@vmware-pc:~$ rosmsg show sensor_msgs/LaserScan
std_msgs/Header header
  uint32 seq
  time stamp
  string frame_id
float32 angle_min
float32 angle_max
float32 angle_increment
float32 time_increment
float32 scan_time
float32 range_min
float32 range_max
float32[] ranges
float32[] intensities
```

图 9-8　跟随物体范围　　　　　　　　　　图 9-9　激光雷达数据类型

9.2.2 编写代码实现激光雷达跟随功能

理解清楚设计目标后就可以设计代码了，这里编写的代码是 lidar_follow.py，如图 9-10 所示。

```
#!/usr/bin/python
import rospy
from sensor_msgs.msg import LaserScan
from geometry_msgs.msg import Twist
import numpy as np

class LidarTracker:
    def __init__(self):
rospy.init_node('lidar_follow', anonymous=False)
        self.scanSubscriber = rospy.Subscriber('/scan', LaserScan, self.scancallback)
        self.cmd_pub = rospy.Publisher('cmd_vel', Twist, queue_size=10)

        self.followDistance = rospy.get_param('~followDistance',0.5)
        self.minAngle = rospy.get_param('~minAngle',-0.5)
        self.maxAngle = rospy.get_param('~maxAngle',0.5)
        self.deltaDist = rospy.get_param('~deltaDist',0.2)
        self.winSize = rospy.get_param('~winSize',2)
        self.lidarInstallAngle = rospy.get_param('~lidarInstallAngle',0)
        self.max_velocity = 0.3
        self.min_velocity = 0.05
rospy.spin()

    def scancallback(self,scan_data):

if __name__ == '__main__':
    try:
LidarTracker()
    except rospy.ROSInterruptException:
        pass
```

图 9-10　lidar_follow.py 文件

代码在 LidarTracker 类中，定义了一个 cmd_vel 话题发布器 cmd_pub 和 scan 话题订阅器 scanSubscriber，话题订阅器的回调函数为 scancallback()。并设置一系列参数用于指定跟随角度范围、跟随最近距离、滤波窗口大小和激光雷达安装角度等。跟随动作的实现是在 scancallback() 函数中，如图 9-11 所示。

```
    def scancallback(self,scan_data):
        # make scan data as a array
        ranges = np.array(scan_data.ranges)
        # arrange data index ascending order
rangesIndex = np.argsort(ranges)
tempMinDistance = float("inf")
        for i in rangesIndex:
tempMinDistance = ranges[i]
            tempMinDistanceAngle = scan_data.angle_min + i*scan_data.angle_increment
            tempMinDistanceAngle += self.lidarInstallAngle
            if tempMinDistanceAngle > 3.14159:
                tempMinDistanceAngle -= 3.14159*2
elif tempMinDistanceAngle < -3.14159:
                tempMinDistanceAngle += 3.14159*2
        else:
            pass

windowIndex = np.clip([i-self.winSize, i+self.winSize+1],0,len(ranges))
            window = ranges[windowIndex[0]:windowIndex[1]]
            # filtsenser noise point
            with np.errstate(invalid='ignore'):
                if(np.any(abs(window - tempMinDistance) < self.deltaDist)):
                    if tempMinDistanceAngle > self.minAngle and tempMinDistanceAngle < self.maxAngle:
                        print (tempMinDistance,tempMinDistanceAngle)
                        break
                    else:
```

图 9-11　scancallback()函数

```
                    pass
            else:
                    pass
    #catches no scan, no minimum found, minimum is actually inf
    if tempMinDistance> scan_data.range_max:
rospy.logwarn('laser no object found')
    else:
            twist = Twist( )
            if tempMinDistance> self.followDistance:
                    twist.linear.x = tempMinDistance - self.followDistance
                    #set a velocity threshold control
                    if twist.linear.x < self.min_velocity:
                            twist.linear.x = self.min_velocity
    elif twist.linear.x > self.max_velocity:
                            twist.linear.x = self.max_velocity
                    else:
                            pass
            else:
                    twist.linear.x = 0.0
            if abs(tempMinDistanceAngle) > 0.05:
                    twist.angular.z = tempMinDistanceAngle*3
            self.cmd_pub.publish(twist)
```

图 9-11   scancallback( )函数（续）

在这段代码中，先将激光雷达消息中的 ranges 元素转换为一个 numpy 的数组 ranges，方便后续处理，然后获取数组的长度 rangesIndex，将最小值设置为无穷大"inf"。

接下来就从 ranges 数组中搜索最小距离值 tempMinDistance，计算出最小距离值相对激光雷达的角度 tempMinDistanceAngle，再根据激光雷达-底盘之间的安装角度关系对角度值做变换，转换为相对机器人底盘的角度。

为了防止获取到的最小值是由雷达传感器噪声产生的，可以对最小值和数组中临近的值做比较，如果最小值没有通过滤波器，则丢弃数据，继续寻找新的最小值。如果通过了滤波器，则判断最近距离点是否在设定的跟随角度范围内，如果不在，则丢弃数据，继续寻找新的最小值。如果在则跳出搜索最小值的循环。

在结束搜索最小值的循环后，对最小值做判断，如果是有效的最小值，则开始计算机器人运动速度。如果最小值大于跟随距离，则根据当前到目标的距离计算机器人沿 x 轴运动的线速度。如果最小值小于跟随距离，则将 x 轴线速度设为 0。z 轴的角速度根据跟随目标点和机器人的角度 tempMinDistanceAngle 值计算。计算完成后通过 cmd_pub 话题发布器发布话题。

现在可以测试一下效果，启动机器人底盘驱动、激光雷达节点，或者启动仿真器环境，然后运行激光雷达跟随节点：

```
rosrun bingda_application lidar_follow.py lidarInstallAngle:=3.14159
```

需要注意的是，NanoRobot 硬件上激光雷达和底盘有 180°的旋转关系，但仿真器中的机器人模型是不存在这个关系的，所以使用机器人硬件运行例程时，需要将 lidarInstallAngle 参数设置为 3.14159，使用仿真器则不需要设置，使用默认值 0 即可。

使用机器人硬件时可以使人站在机器人前方，通过运动来检验跟随效果。在仿真环境中可以通过添加或者移动仿真场景中的物体位置来检验跟随效果。例如移动仿真场景中桌子的位置，使机器人跟随桌腿运动，如图 9-12 所示。

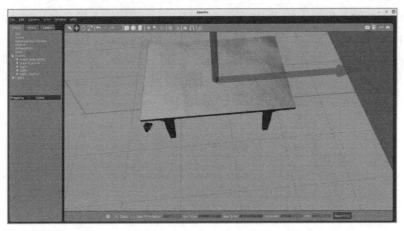

图 9-12 移动仿真场景中物体位置验证跟随效果

9.3 将编写的代码传输到机器人上

9.2 节中在 PC 上开发了机器人的几个应用程序，然后通过分布式通信的方式在 PC 上运行节点实现功能（对于使用机器人硬件的条件下）。

在实际开发中，无论是从开发环境的舒适性还是从设备的性能的角度来看，相比于直接在机器人上开发代码，PC 都是更理想的开发环境。但是在 PC 上开发的代码是存储在 PC 上的，如果期望代码在机器人上运行，就需要将代码传输到机器人上。

在 Linux 上，跨设备文件传输和共享有很多解决方案，如 NFS 服务器、scp 远程复制命令等，在这里推荐的是一款比较简单的图形化软件——FileZilla

FileZilla 的安装比较简单，通过 apt 方式即可安装：sudo apt install filezilla，安装完成后通过 filezilla 命令即可启动，软件界面如图 9-13 所示。

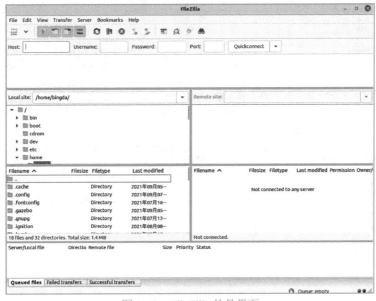

图 9-13 FileZilla 软件界面

在"Host"栏输入机器人的 IP 地址，在"Usernane"栏输入用户名，在"Password"栏输入用户密码，"Port"栏输入"22"，然后单击"Quickconnect"按钮即可连接，初次连接会弹出窗口提示未知设备，如图 9-14 所示，选中选择信任设备，然后单击"OK"按钮即可连接。

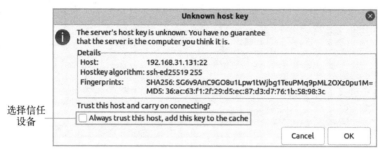

图 9-14   连接弹窗提示

建立连接后会在软件中显示两列文件，如图 9-15 所示，左侧为 PC 上的文件，右侧为机器人上的文件，可以通过鼠标左键点住文件或目录拖拽至另外一侧实现文件的传输。

FileZilla 支持双向传输，即 PC 可以将文件或目录发送给机器人，也可以将机器人上的文件发送至 PC。

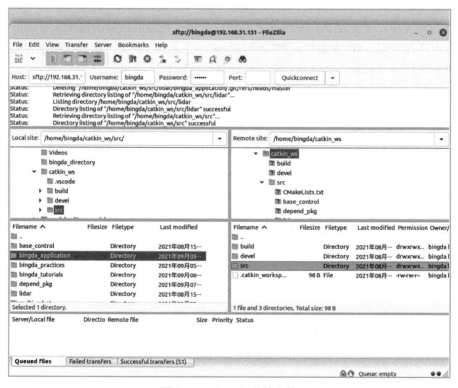

图 9-15   FileZilla 传输文件

参 考 文 献

[1] 胡春旭. ROS 机器人开发实践[M]. 北京：机械工业出版社，2018.

[2] MAHTANI A，SANCHEZ L，Fernández E，et al. ROS 机器人高效编程[M]. 3 版. 张瑞雷, 刘锦涛, 译. 北京：机械工业出版社，2017.

[3] MORGAN Q，BRIAN G，WILLIAM D S. ROS 机器人编程实践[M]. 张天雷, 李博, 谢远帆, 等译. 北京：机械工业出版社，2017.

[4] JOHN C. 机器人学导论[M]. 4 版. 负超，王伟，译. 北京：机械工业出版社，2018.